特　别　鸣　谢

国家哲学社会科学基金

浙江大学"一带一路"开发开放研究科技联盟

浙江大学中国西部发展研究院

浙江大学人口与发展研究所

浙江大学中国西部发展研究院环境与资源研究所

1980—2010：
Evolution of Population and
Resource Environmental
Correlation in Zhejiang Province

1980－2010：
浙江人口与资源-环境
关联演变

原华荣　/ 著

ZHEJIANG UNIVERSITY PRESS
浙江大学出版社

前　言

　　1999 年以来,围绕人－地关系的理论和实践研究,笔者先后承担和完成了《浙江省可持续发展中的人口、粮食与水环境问题研究》(N95E28,1999 年浙江省社科基金),《浙江人口、资源、环境与可持续发展问题研究》(浙江省第五次全国人口普查资料开发社会招标课题,2002),《浙江人口与资源环境重大问题和对策研究》(浙江人口发展战略研究子课题,2004),《人口与资源环境关联演变和粮食安全研究》(10BRK003,2010 年国家社会科学基金)和《浙江人口、资源、环境与可持续发展问题和对策研究》(浙江省第六次人口普查资料开发课题,2012),对 1980－2010 年浙江省人口与资源－环境的关联演变作了比较深入而系统的研究。以《人口与资源环境关联演变和粮食安全研究》为蓝本,综合以上研究成果的这部拙著——《1980－2010:浙江人口与资源－环境关联演变》即是笔者多年来思考的结果,以及作为一个移民对浙江所能尽的一份心意! 在此意义上,笔者还做过“杭州市人口居住选择研究”(“住在杭州”子课题,1999－2000),写过一篇鼓吹“大杭州”——“地域创新”、“空间创新”,克服地域限制和(上海)“后花园”意识,使杭州尽快走向中国,走向世界的论文(2001,附于书后)。

　　值拙著出版之际,谨向课题委托方、评审者和包括笔者研究生在内的参与者表示衷心感谢!

　　中国在 20 世纪 80 年代以来与发展安全有关的三大变化,一是人口－经济规模,特别是经济规模的指数式扩大;一是资源瓶颈显著强化和生态/环境陷入“局部改善,总体恶化”的困境;一是可称之为“粮食进口替代战略”导致的,粮食产－销格局由“南粮北调”向“北粮南运”,“中粮西调”向“中粮东调”,“中南补西南”向“中北补东南”的地域转变,及对粮食安全潜在的重大影响和生态/环境退化的加剧。

　　问题在于,粮食产－销格局的地域变化和影响鲜有人提及;人们也未意识到,作为一个规模问题,环境问题在根本上不存在技术－制度解,而一直将增加技术－制度投入作为“局部改善”通向“总体改善”的根本对策。

　　生态/环境随技术－制度投入增加的退化表明,人口－经济规模扩大是环境困境的第一成因:与 40 年前“环境无为时代”同时态的,是青山、绿水、白云、蓝天;与而今“环境有为时代”同时态的,是生态/环境陷于“总体恶化”困境,以及由“局部改善”无法达成“总体改善”而来的困惑:“路在何方”?

　　本书的写作目的是,给出 1980－2010 年浙江人口与资源－环境关联演变的总体图景,通过对人口与资源－环境关联演变和粮食安全问题的讨论,在理论上明晰技术的局限性,规模问题的无技术－制度解,以及缩减人口－经济规模对走出中国生态/环境困境的根本性;在实践上,论证改变“粮食进口替代战略”的必要性,给出浙江“安全发展”的指导思想，生态文明建设的具体对策、综合对策和保证措施，为地域性人口与资源－环境关联演变作一次有益的尝试。

本书的主要内容：一是浙江人口与资源的空间（地理区、行政区、密度区）分布和影响评价，结论是，人口与资源配置差异虽大但并未对经济、社会发展构成显著影响（第一章）；二是人口－环境冲击量和污染物排放的空间分布和时间变化（第一、二章）；三是城市环境空气（包括雾霾和酸雨）、陆地水环境、近岸海域水环境和湿地质量演变研究，结论是，自 20 世纪 80 年代以来，发生了不同程度的退化而以近岸海域和湿地最为严重（第三、四、五章）；四是对森林生态系统演变的分析，结论是数量扩张（覆盖率、总蓄积量）与质量退化（幼龄化、纯林化、针叶化，天然林式微等）并存，以及"休养生息"对系统良性演变的根本性（第六章）；五是"粮食进口替代战略"和粮食产－销格局地域变化对粮食安全和生态/环境构成威胁而必须改变（第七章）；六是新人－地关系的讨论，人口与资源－环境关联演变路径的给出和空间关联（遍历）、时序关联分析，结果是环境冲击量与废物排放量正相关，环境冲击量、废物排放量与环境质量负相关，人口与环境变化的密切关联，亦可从浙江、中国的历史中得到再现（第八章）；七是"发展安全"概念、宗旨、特征的讨论（第九章），资源安全、环境治理具体对策（第一、三、四、五、六、七章），以及协调人口与资源环境关系，保证发展安全指导思想、综合对策和保障措施（第九章）的给出。

本研究将人口、人口冲击量引入分析机制，从多种视觉观察，用多种方法研究人口与资源－环境关联演变，粮食安全和环境问题：人口与资源－环境关联演变路径、机制分析（第八章）与系统分析（第一、二、三、四、五、六、七章）相结合，时序关联分析与空间关联（遍历）分析相结合（第八章）；现实与历史研究（第八章）相结合，部分与整体（浙江与中国）相结合（第七、八章）；比较研究（浙江与部分国家）。

令人欣慰的是，生态文明建设，"环境保护优先"的贯彻和"五水共治"的实施，浙江地表水系水质在近年来有显著改善（第九章附录四）。

本研究的重要观点有五：

第一，技术在本质上指向物质、能量耗散而是"时间节约"的，对物质、能量的节约因"天花板效应"的存在而是有限的——对物质、能量节约与耗散的不对等，构成了技术的"软肋"。

技术在本质上指向物质、能量耗散而是"时间节约"的——在单位时间里把更多的自然物转化为人工物。技术的"时间节约"使人们可在更短的时间里，在一定地域耗散更多——数百倍、数千倍于历史的物质、能量，形成更高的经济密度而创造辉煌的文明（"一天等于 20 年"）。熵定律的存在，使物质、能源的耗散在很大程度上形成不可逆的"破坏效应"和环境相应的低修复（"覆水难收"）。

技术（人）既不能消灭，也不能创造物质和能量——对物质、能量的节约，作为"转换器"的技术所能做的，只限于提高转换/利用效率；热力学第二定律的存在，在这里又为利用效率随技术进步的提高设置了"天花板"——永远小于 100％。

技术的"软肋"即在于，对物质、能量的耗散是个存在极大空间的"大数"，对物质、能量的节约因"天花板"的存在而是个极不对等的"小数"。是故，技术永远无法改变人口－经济规模与物质能量耗散、环境冲击量和环境破坏的正相关而在"规模问题"面前"失灵"：不能有效修复生态/环境，克服"环境约束"和"资源瓶颈"，进而"增长的极限"（"熵垒")。是故,循环经济、低碳经济对改善生态/环境的作用是有限的——至少不像人们所认为的,希望的那样大,发展与碳排放"脱钩"则更是"异想天开"。

第二,"规模问题"不存在技术－制度解;资源枯竭、环境退化是个规模问题。

"规模问题"指由自身规模(数量)规定和引致的,只有通过改变自身规模(数量)才能解决的问题;或自身规模是问题的根本原因,除改变自身规模外,规模问题是无解的。

规模问题的无解是(有限)宇宙为维护"自然秩序"的一种规定。当对规模问题作了无解的规定之后,技术便必须存在"软肋",制度也不是万能的——否则,"自然的秩序"便会被破坏。为了保证宇宙的运行,自然必须是和谐的,规律必须是自洽的——自然允许对立要求的存在,但不允许矛盾和万能(排他)规律的存在。

人口数量作为"序参量"对人类社会前途的左右(马尔萨斯拉开"帷幕",赫尔曼·哈肯给出理论)和生物圈命运(笔者演绎)的规定,是规模问题无解的又一种表现形式。

"资源枯竭"(大规模地耗散物质、能量)和"环境退化"(向环境排放大量废物、废热)是由处于高位均衡态的人口－经济带来的规模问题。

第三,生态/环境"总体恶化"是"规模强制"下的必然;缩减人口－经济规模是中国生态/环境通往"总体改善"的必由之路。

人们将生态/环境退化归于废水、废物、废气的大量排放和化肥、农药的过量使用,但却似乎忘记了也许更为根本的事实,如化肥、农药使用量与粮食产量、人口规模的正相关——否则,我们还能生产那么多粮食,用 9% 的耕地养活 22% 的人口吗? 显然,生态/环境"总体恶化"和"局部改善"无法通向"总体改善"是人口－经济规模"强制"下的必然——"规模强制"/热力学第三定律阻破/破坏了"局部改善"的"加和性";缩减人口－经济规模是生态/环境"总体改善"的必由之路。

第四,"粮食进口替代战略"和粮食产－销格局地域大变化对中国粮食安全和生态/环境构成威胁而必须改变。

20 世纪 80 年代以来,东南部一些地区在发挥"比较优势"思想指导下,相继实施了通过粮食进口"替代"本地粮食生产,可称之为"进口替代"的粮食战略,即有计划地调减粮食种植面积,减少粮食生产,通过区外、国外进口解决粮食的产－销矛盾。

"粮食进口替代战略"带来的,是粮食产－销格局的地域大变化。1985－2010 年各地区粮食产量占全国的比重,南部由 59.24% 降至 45.76%,北部由 40.76% 升至 54.24%;东部由 36.76% 降至 28.61%,中部由 40.16% 升至 48.92%,西部由 23.09% 降至 22.47%;东南由 19.77% 降至 11.50%,中北由 17.92% 升至 30.26%。

以全国人均粮食占有量作"虚拟平衡",2010 年"北粮南运"的规模达 $6646 \times 10^4 t$,占到北、南部生产量的 26.58% 和 22.42%;"中粮东调"的规模为 $6915 \times 10^4 t$,占到中、东部生产量的 25.87% 和 42.23%;"中北补东南"的规模达到 $6263 \times 10^4 t$(浙江 $1461 \times 10^4 t$),占到中北、东南部产量的 45.42% 和 99.68%。

粮食产－销格局的变化,对中国的粮食安全、生态/环境等都将产生巨大而深远的影响:第一,将中国粮食安全置于高风险的"临界态";第二,加剧生态/环境,特别是中北部生态/环境的退化;第三,形成北方,特别是中北部"机制性缺水"。按每生产 1 吨粮食耗水 $1000 m^3$ 计,当前规模的"北粮南运"、"中北补东南"即意味着,每年要由缺水的北方、中北部向丰水的南方、东南部输送 $664.6 \times 10^8 m^3$、$626.3 \times 10^8 m^3$——相当"南水北调"工程东、中、西三线计划总调水 $480 \times 10^8 \mathrm{m}^3$ 1.38 倍和 1.30 倍的"虚拟水"，由之形成北方，特别是中北部（占北方向南方输入"虚拟水"的 94％）的"机制性缺水"。

第五，提出并讨论了新人－地关系和"发展安全"概念，指导了对浙江人口与资源－环境关联演变的分析。

指出传统人－地观的局限性，提出自然力主宰高层级－大尺度过程，人的主观能动性被严格限定在低层级－小尺度的新人－地关系论：随着层级－尺度的扩大，环境的决定性作用上升；随着层级－尺度的缩小，人对局部环境的影响增强。从可持续发展和对非传统安全的包容出发，提出更目的化、理论化、辨证化、系统化的"发展安全"概念，讨论了其宗旨/目的、内涵、特征并对之做了定义；在新人－地关系、发展安全指导下，分析了浙江人口与资源－环境的关联演变，给出了浙江可持续发展的具体和综合对策。

本书的学术贡献，可对相关研究的借鉴之处和对政府相关部门的建言有：

第一，进一步论证了技术的物质、能量耗散指向/"时间节约"本质，和无法改变生态/环境破坏与物质、能量耗散正相关的"软肋"。

第二，进一步论证了规模问题的无技术－制度解。

第三，提出、讨论了新人－地关系，以及更理论化、系统化的"发展安全"概念。

第四，首次指出中国生态/环境"局部改善，总体恶化"在本质上是个"规模问题"而非技术－制度投入的不足；技术－制度并非第一解，缩减人口－经济规模才是中国生态/环境走出困境，由"局部改善"通向"总体改善"的根本途径。

为人们所关注的"水十条"、"大气十条"、"土壤十条"，据说投资都将在数万亿之巨——这体现了政府对环境保护、生态建设的高度重视，也会收到显著的效果。但如果不重视缩减人口－经济规模而任之扩张，结果很可能"事倍功半"乃至"事与愿违"（但愿是"杞人忧天"）——9 年前在波及世界的美国"次贷危机"中，我们投下了 4 万个亿"救市"，结果转化成了推动生态/环境"总体恶化"和阻碍经济转型－升级的"过剩产能"。

第五，首次提出"粮食进口替代战略"、粮食产－销格局地域大变化问题和其对中国粮食安全、生态/环境构成威胁而必须改变。

第六，首次在省一级对人口与资源－环境的关联演变，进行了多因子、全方位、多学科，在新人－地关系论和发展安全观念指导下，运用时序关联、空间遍历分析的实证研究，验证了以上学术观点，给出了浙江贯彻生态文明、"环境保护优先"，协调人－地关系，保证发展安全、粮食安全，理论与实践结合的，从具体到综合，从指导思想、原则到保证措施的系统对策。

请读者和专家批评指正！

作　者

2017 年 5 月 10 日于信鸿花园

目　　录

第一章　人口与资源

　　2010 年浙江(常住)人口为 1949 年的 2.61 倍而有显著增长。以 1990 年为界,之前以自然增长为主,取波动态而先速后缓;之后以迁入为主且增速加快。人口增加带来的,是人均资源,特别是土地、耕地、水资源占有量的下降。浙江人口与资源空间配置差异显著且随空间单元的降阶而扩大,从对经济的影响,环境的刚性和作为人口、经济、环境相互作用的结果看,人口与资源空间配置的差异在一定程度上是内在合理的;存在的主要人口—资源问题是人多地少、矿产资源贫乏,能源的高度对外依赖,水资源的时—空配置性短缺和粮食生产的计划性陡减。

一、浙江概况

　　浙江位于 118°01′～123°10′E(东经),27°02′～31°11′N(北纬)之间;地处中国东南沿海、长江三角洲南翼,东濒东海,西界赣(江西)、皖(安徽),北接苏(江苏)、沪(上海),南联闽(福建);东西、南北长度皆约 450km,陆地面积 10.41×10⁴ km²,辖杭州、宁波、温州、嘉兴、湖州、绍兴、舟山、金华、衢州、台州、丽水 11 市,省会为有"天堂"之誉的杭州。

　　浙江省简称"浙",因"母亲河"钱塘江曲折、流长、支流多而得名。浙江历史悠久,人类活动可上溯至新石器时代——距今 4000—5000 年的良渚文化、距今 5000—7000 年的河姆渡文化、距今 7000—8000 年的跨湖桥文化等。自宋以降,一直为中国地饶物丰、人文荟萃之地。

　　浙江以山地、丘陵为主,平原、盆地、水面次之而有"七山一水两分田"之说。主要的平原有杭嘉湖、姚慈、绍虞、台州和温瑞,盆地有金衢、永康、仙居、新嵊、天台,河流有钱塘江、曹娥江、甬江、椒江、瓯江、飞云江、鳌江、苕溪和运河,湖库有西湖、鉴湖、东钱湖、南湖、千岛湖和青山、亭下、横山、皎口、长皎等水库。全省海岸线曲折,长 6632km(其中大陆海岸线 1840km),港湾众多而以杭州湾、象山港、三门湾、乐清湾为大;海域面积广阔,岛屿星罗棋布,500m² 以上的有 3061 个,是名副其实的"千岛之省",中以舟山群岛最大。

　　浙江总体由西南向东北倾斜,阶梯式下降而落差显著。西南为山峦盘结、地势高峻,海拔 800 米(黄茅尖最高 1929 米)的山区;中部多为大小 40 余个红层盆地(河谷较宽,沿河两岸断续分布大小不等的河谷平原)错落其间,海拔 500 米的低山丘陵;东北部、东部为地势低平、河网密布、零星山丘相间(向东北蜿蜒入海,形成星罗棋布的岛屿),仅高出海平面 2～5 米(最低处海拔为 0),被誉为"江南水乡"的堆积平原。境内山脉呈西南—东北方向延伸。北支天目山脉、中支仙霞岭,向东北延伸成天台山、会稽山、四明山及舟山群岛诸山脉;南支由福建洞宫山延伸,分为括苍山、雁荡山。各山脉分别成为浙江水系的分水岭,以仙霞岭—天目山为界,以北的钱塘江、曹娥江、甬江注入杭州湾(苕溪流入太湖,运河为长江水系),以南的椒江、瓯江、飞云江、鳌江汇入东海。

浙江属亚热带季风气候区。冬季受北方高压控制,盛行西北风,以晴冷、干燥天气为主;夏季受太平洋副热带高压控制,以东南风为主,高温湿热;在过渡期的春、秋季,气旋活动频繁、多锋面雨而冷暖变化大,主要灾害性天气有热带气旋(台风)、雨涝、冰雹、大风、伏旱和秋旱。总体而言,浙江四季分明,光照充足、热量丰富、降水充沛、雨热同期,森林资源丰富且宜于农耕,是中国自然条件最优越的地区之一。

浙江资源、能源十分贫乏。陆域无油,煤炭(基础储量,下同)0.49亿吨占全国的0.02%;矿产资源量和占全国的比例,硫铁矿0.16亿吨占0.07%,铜矿8.44万吨占0.29%,铅矿41.26万吨占3.24%,锌矿67.37万吨占2.07%,硫铁矿717.64万吨占0.45%,高岭土750.87万吨占1.17%[1]399-400。

浙江人口众多、经济发展。2010年,人口5447万占全国的4.06%,少于广东、山东、河南、四川、江苏、湖南、湖北、安徽,排全国第9位;人口密度523人/km²,为全国平均(141人/km²)的3.71倍,低于上海、北京、天津、江苏、山东、广东、河南,排全国第8位;国民生产总值27722.31亿元占全国的6.91%,少于广东、江苏、山东,居全国第4位;人均GDP 51711元,为全国平均(29992元)的1.72倍,少于上海、北京、天津和江苏,居第5位[1]44、57、59、98。

二、人口数量变化

(一)人口自然与迁移变化

——人口自然变化

1949—2010年浙江的人口自然变动有四大特征。(表1-1,图1-1)

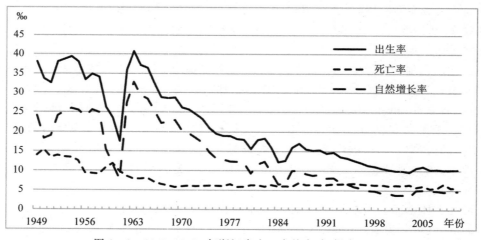

图1-1 1949—2010年浙江省人口自然变动(据表1-1)

第一,死亡率迅速、大幅度下降——由1950年的15.43‰降至1967年的6.55‰,此后长期维持在6‰左右,自然增长在很大程度上成了出生率的函数。

第二,出生率分阶段显著下降。由1963年40‰的最高值,相继降至20世纪70年代初的25‰、80年代末的15‰,从1999年开始稳定在10‰左右而进入低生育水平期。

　　第三，自然增长率分阶段显著下降。由 1963 年 32‰的最高值，相继降至 60 年代末的 22‰、80 年代中的 10‰，从 1995 年开始降至 5‰之下而进入低增长期。

　　第四，由于基数的增大，人口出生、死亡、增长量的变化并不同出生率、自然增长率的变化保持一致。1978—2010 年，出生率由 18.17‰降至 10.27‰，幅度达 43.48%，年出生人口由 67.75×10^4 人降至 55.08×10^4 人，幅度只有 18.70%；自然增长率由 12.34‰降至 4.73‰，降幅达 61.67%，年人口自然增长量由 46.00×10^4 人降至 25.38×10^4 人，幅度为 44.83%；死亡率虽然保持稳定，同期年死亡人口则由 21.75×10^4 人上升到 29.70×10^4 人，增 36.55%、7.95×10^4 人。

表 1-1　1949—2010 年浙江省人口自然变动

年份	出生		死亡		自然增长	
	10^4 人	‰	10^4 人	‰	10^4 人	‰
1949		38.10	14.00		24.10	
1950	70.82	33.69	32.44	15.43	38.38	18.26
1951	69.75	32.56	28.84	13.46	40.91	19.01
1952	83.35	38.10	30.54	13.96	52.81	24.14
1953	86.71	38.70	30.38	13.56	56.33	25.14
1954	90.50	39.40	30.87	13.44	59.63	25.96
1955	89.74	38.09	29.64	12.58	60.10	25.51
1956	80.64	33.40	22.84	9.46	57.80	23.94
1957	86.40	34.94	23.05	9.32	63.35	25.62
1958	86.38	34.10	23.19	9.15	63.19	24.95
1959	67.82	26.28	27.91	10.81	39.91	15.47
1960	61.36	23.52	30.99	11.88	30.37	11.64
1961	46.18	17.58	25.84	9.84	20.34	7.74
1962	96.18	36.02	22.99	8.61	73.19	27.41
1963	112.10	40.71	21.74	7.90	90.36	32.81
1964	105.50	37.18	26.14	7.90	79.36	29.28
1965	106.38	36.48	23.58	8.09	82.80	28.39
1966	97.30	32.48	21.32	7.12	75.98	25.36
1967	88.28	28.77	20.09	6.55	68.19	22.22
1968	89.71	28.58	19.27	6.14	70.44	22.44
1969	92.19	28.69	18.49	5.76	73.70	22.93
1970	85.93	26.16	19.57	5.96	66.36	20.20
1971	86.16	25.70	20.45	6.10	65.71	19.60
1972	83.72	24.48	20.60	6.02	63.12	18.46
1973	80.92	23.24	21.16	6.08	59.76	17.16
1974	74.00	20.92	21.78	6.16	52.22	14.76
1975	69.92	19.49	22.64	6.13	47.28	13.18

续　表

年份	出生		死亡		自然增长	
	10^4 人	‰	10^4 人	‰	10^4 人	‰
1976	68.89	18.96	22.00	6.05	46.99	12.91
1977	69.78	18.94	24.13	6.55	45.65	12.39
1978	67.75	18.17	21.75	5.83	46.00	12.34
1979	67.82	17.98	22.23	5.89	45.59	12.09
1980	59.40	15.59	23.97	6.29	35.43	9.30
1981	69.00	17.93	24.12	6.27	44.89	11.66
1982	71.38	18.31	23.17	5.94	48.21	12.37
1983	62.66	15.89	25.13	6.37	37.53	9.52
1984	49.80	12.25	23.82	5.99	25.97	6.53
1985	50.59	12.61	24.25	6.05	26.34	6.56
1986	64.64	15.96	24.06	5.94	40.58	10.02
1987	69.67	17.01	28.34	6.92	41.33	10.09
1988	64.42	15.54	26.32	6.35	38.10	9.19
1989	63.68	15.20	26.85	6.41	36.83	8.79
1990	64.75	15.33	26.65	6.31	38.10	9.02
1991	61.59	14.48	27.18	6.39	34.41	8.09
1992	63.10	14.72	28.17	6.57	34.93	8.15
1993	58.79	13.61	28.42	6.58	30.37	7.03
1994	56.67	13.24	28.25	6.64	28.42	6.60
1995	54.52	12.66	29.07	6.75	25.45	5.91
1996	53.21	12.09	28.96	6.58	24.25	5.51
1997	50.47	11.41	28.66	6.48	21.81	4.93
1998	49.57	11.15	28.14	6.33	21.43	4.82
1999	47.51	10.64	28.36	6.35	19.15	4.29
2000	48.09	10.30	28.63	6.13	19.46	4.17
2001	46.14	10.02	28.78	6.25	17.39	3.77
2002	46.19	9.98	28.65	6.19	17.54	3.79
2003	44.96	9.66	29.70	6.38	15.26	3.28
2004	50.12	10.71	26.95	5.76	23.16	4.95
2005	54.37	11.10	29.78	6.08	24.59	5.02
2006	50.78	10.29	26.75	5.42	24.03	4.87
2007	52.11	10.38	27.96	5.57	24.15	4.81
2008	51.92	10.20	28.61	6.62	23.31	4.58
2009	52.63	10.22	28.79	5.59	23.84	4.63
2010	55.08	10.27	29.70	5.54	25.38	4.73

资料来源：[2]45，[3]17。

——人口迁移变化

20 世纪 50 年代以来,浙江人口的省际迁移从未间断,而除"三年困难时期"——1959 年、1960 年、1961 年净迁出 5.20×10⁴ 人、8.76×10⁴ 人、7.01×10⁴ 人,分别占到当年人口变化的 14.98%、40.54% 和 52.59%——外,变动皆较小。

超过自然变化,在常住人口中占到显著比重的省际迁移,始于 20 世纪末,昭显于 2000 年以来。在 2000 年的常住人口[①]中,省际迁入 368.89×10⁴ 人,净迁入 161.58×10⁴ 人,占到常住人口的 8.03% 和 3.52%;2010 年的常住人口中,省际迁入 1182.40×10⁴ 人,净迁入 898.18×10⁴ 人,占 21.72% 和 16.50%。10 年间,省际净迁入增加 4.56 倍、736.61×10⁴ 人,占常住人口的比重上升了 12.98 个百分点,占常住人口增量(849.62×10⁴ 人)的比重,则达 86.70%。(表 1-2)

表 1-2 2000 年、2010 年浙江省的常住人口和省际迁移人口

年份	常住人口	净迁入人口		迁入人口		迁出人口	
	10⁴ 人	10⁴ 人	%	10⁴ 人	%	10⁴ 人	%
2000	4593.06	161.58	3.52	368.89	8.03	207.31	4.51
2010	5442.69	898.18	16.50	1182.40	21.72	284.22	5.22
2000—2010	849.63	736.61	12.98	813.51	13.69	76.91	0.71

资料来源:[2]75,[4]5,[5]753、756、895、898,[6]2,[7]762-763。

(二)人口总量变化

1949—2010 年,浙江人口由 2083.07×10⁴ 人升至 5446.51×10⁴ 人,61 年间总增 161.47%、3363.44×10⁴ 人,年均 55.14×10⁴ 人,年递增率 15.88‰;期间人口密度(人/km²,下同)[②]由 200 人升至 523 人,增 323 人,年平均 5.3 人。浙江人口总量的变化,按年递增速度,大致可分为快慢相间的 5 个阶段。(表 1-1、1-3)

表 1-3 1949—2010 年浙江省人口数量和密度变化*

年份	人口数量	数量变化	人口密度	密度变化
	10⁴ 人		人/km²	
1949	2083.07		200	
1950	2121.45	38.38	204	4
1951	2162.36	40.91	208	4
1952	2212.81	50.45	212	4
1953	2268.51	55.70	218	6
1954	2325.54	57.03	223	5

[①] 常住人口有年末统计数和普查数,这里是普查数。除与人口普查有关和有说明的外,本书常住人口一律采用年末统计数。

[②] 国土面积按 104141 平方千米(2008 年第二次农业普查数)计。

续　表

年份	人口数量	数量变化	人口密度	密度变化
	10^4 人		人/km^2	
1955	2386.53	60.99	229	6
1956	2442.87	56.34	235	6
1957	2503.34	60.47	240	5
1958	2563.54	60.29	246	6
1959	2598.25	34.71	249	3
1960	2619.86	21.61	252	3
1961	2633.19	13.33	253	1
1962	2707.42	74.23	260	7
1963	2800.47	93.05	269	9
1964	2874.56	74.09	276	7
1965	2957.35	82.79	284	8
1966	3033.39	76.04	291	7
1967	3103.41	70.02	298	7
1968	3173.18	69.77	305	7
1969	3252.98	79.80	312	7
1970	3315.84	62.86	318	6
1971	3389.89	74.05	326	8
1972	3450.79	60.90	331	5
1973	3512.92	62.13	337	6
1974	3560.87	47.95	342	5
1975	3614.47	53.60	347	5
1976	3662.82	48.35	352	5
1977	3707.10	44.28	356	4
1978	3750.96	43.86	360	4
1979	3792.33	41.37	364	4
1980	3826.58	34.25	367	3
1981	3871.51	44.93	372	5
1982	3924.32	52.81	377	5
1983	3963.10	38.78	381	4
1984	3993.09	29.99	383	2

续　表

年份	人口数量	数量变化	人口密度	密度变化
	10⁴ 人		人/km²	
1985	4029.56	36.47	387	4
1986	4070.07	40.51	391	4
1987	4121.19	51.12	396	5
1988	4169.85	48.66	400	4
1989	4208.88	39.03	404	4
1990	4234.91(4238.00)	26.03(29.12)	407(407)	3(3)
1991	4261.37(4269.50)	26.46(31.50)	409(410)	2(3)
1992	4285.91(4304.40)	24.54(34.90)	412(413)	3(3)
1993	4313.30(4334.80)	27.39(30.40)	414(416)	2(3)
1994	4341.20(4363.70)	27.90(28.90)	417(419)	3(3)
1995	4369.63(4389.00)	28.43(25.30)	420(421)	3(2)
1996	4400.09(4413.00)	30.46(24.00)	423(424)	3(3)
1997	4422.28(4434.80)	22.19(21.80)	425(426)	2(2)
1998	4446.86(4456.20)	24.58(21.40)	427(428)	2(2)
1999	4467.46(4475.40)	20.60(19.20)	429(430)	2(2)
2000	4501.22(*4679.91*)	33.76(*204.51*)	432(*449*)	3(*19*)
2001	4519.84(4728.80)	18.62(48.89)	434(454)	2(5)
2002	4535.98(4776.40)	16.14(47.60)	436(459)	2(5)
2003	4551.58(4856.80)	15.60(80.40)	437(466)	1(7)
2004	4577.22(4925.20)	25.64(68.40)	440(473)	3(7)
2005	4602.11(4990.90)	24.89(65.70)	442(479)	2(6)
2006	4628.43(5071.80)	26.32(80.90)	444(487)	2(8)
2007	4659.34(5154.90)	30.91(83.10)	447(495)	3(8)
2008	4687.85(5212.40)	28.51(57.50)	450(501)	3(6)
2009	4716.18(5275.50)	28.33(63.10)	453(507)	3(6)
2010	4747.95(*5446.51*)	31.77(*171.01*)	456(*523*)	3(*16*)

资料来源：[2]41、45，[3]16。

注：表中数据为年末统计数；括号内数据为常住人口或按常住人口计。2000 年、2010 年常住人口及相关数据的显著变化（用斜体字标出），因于对上次普查以来各年漏报的补计。

——1949—1958：以死亡率显著下降为特征的第一个人口自然增长高峰期

期间人口由 2083.07×10⁴ 人升至 2563.54×10⁴ 人，9 年增 23.07%、480.47×10⁴ 人，年

平均 53.39×10⁴ 人,年递增率 23.33‰,高出平均值 7.45 个千分点;人口密度由 200 人升至 246 人,增 46 人,年平均 5.1 人。该阶段人口增长高峰的形成,因于高出生率的保持和死亡率的显著下降:与 1949 年前相比,出生率保持在 39.40‰(1954)～33.40‰(1956)的高位态,年均出生人口 82.70×10⁴ 人;死亡率则因医疗、卫生条件的改善和生活的稳定,由 1949 年前的 30‰左右,相继降至 1950－1955 年的 12‰～15‰和 1956－1958 年的 9‰——相应地,自然增长率由期初的 19‰左右升至 23‰～25‰。

　　——1959－1961:以出生率显著下降和人口净迁出为特征的人口短暂缓慢增长期

　　1961 年人口 2633.19×10⁴ 人,与上期末的 1958 年相比,3 年增 2.72%、69.65×10⁴ 人,年平均 23.22×10⁴ 人,年递增率 8.98‰,低于多年平均值 6.90 个千分点;期间人口密度升至 253 人,增 7 人,年平均 2.3 人。浙江人口在该阶段的缓慢增加,因于"三年困难时期"出生率的显著下降、死亡率的小幅回升和人口净迁出:出生率由上一阶段末的 34‰,相继降至 1959 年的 26.28‰、1960 年的 23.52‰和 1961 年的 17.58‰,年均出生人口降至 58.45×10⁴ 人;死亡率由上一阶段末的 9‰,回升至 10‰～11‰,自然增长率相应地由上一阶段末的 24‰～25‰,降至对应年份的 15.47‰、11.64‰ 和 7.74‰;1959－1961 的 3 年中,人口净迁出 20.97×10⁴ 人。

　　——1962－1969:以补偿生育为特征的第二个人口自然增长高峰期

　　1969 年人口 3252.98×10⁴ 人,与 1961 年相比,8 年增 23.54%、619.79×10⁴ 人,年均 77.47×10⁴ 人,年递增率 26.77‰,高出多年平均值 10.89 个千分点;期间人口密度升至 312 人,增 59 人,年均 7.4 人。该阶段人口迅速增长的原因是以补偿生育为特征的出生率回升:8 年均在 28‰以上,其中 4 年超过 36‰,1963 年达 40.17‰(为 1949 年以来最高),出生人口年均 98.40×10⁴ 人,1963－1965 连续 3 年超过 100×10⁴ 人——相应地,自然增长率均保持在 20‰以上,其中 5 年超过 25‰,1963 年最高为 32.81‰。

　　——1970－1999:以出生率显著下降为特征的人口长期缓慢增长期

　　1999 年人口 4475.40×10⁴ 人,与 1969 年相比,30 年增 37.58%、1222.42×10⁴ 人,年平均 40.74×10⁴ 人,年递增率 10.69‰,低于多年平均值 5.19 个千分点;期间人口密度升至 430 人,增 118 人,年平均 3.9 人。该阶段人口长期缓慢增长的根本原因,是出生率以计划生育为背景的显著下降——1999 年 10.64‰,比上期末的 28.69‰低 18.05 个百分点,降幅达 63%,年均出生人口降至 64.68×10⁴ 人。以死亡率的稳定为背景,该阶段因出生率的不同又可分为前后两个时期。

　　1970－1990 年为人口慢增长的前期。1990 年人口 4238.00×10⁴ 人,与上期末的 1969 年相比,21 年增 30.28%、985.02×10⁴ 人,年平均 46.91×10⁴ 人,年递增率 12.68‰,低于多年平均值 3.20 个千分点;期间人口密度升至 407 人,增 95 人,年平均 4.5 人。在这一时期,人口出生率由 1969 年的 28.69‰降至 1990 年的 15.33‰,降幅达 13.36 个千分点,年均出生人口 68.80×10⁴ 人。

　　1991－1999 年为人口慢增长的后期。1999 年人口 4475.40×10⁴ 人,与上期末的 1990 年相比,9 年增 5.60%、237.40×10⁴ 人,年平均 26.38×10⁴ 人,年递增率 6.08‰,低于多年平均值 9.80 个千分点。期间,出生率由 15‰降至 11‰,年均出生人口 55.05×10⁴ 人;人口密度升至 430 人,增 23 人,年平均 2.6 人。

——2000—2010：以迁移增长为主的第三个人口增长高峰期

2010年人口5446.51×10⁴人，与1999年相比，11年增21.70%、971.11×10⁴人，年均88.28×10⁴人，年递增率18.02‰，高出多年平均值2.14个千分点；期间人口密度升至523人，增93人，年平8.5人。在该阶段，出生率稳定在10‰（年均出生人口50.22×10⁴人），死亡率稳定在6‰，自然增长率稳定在4‰（年均自然增加21.65×10⁴人），增长高峰期的形成全赖人口的净迁入。

三、人口与资源变化

（一）人口与耕地资源变化

——耕地总量变动

浙江耕地变动的趋势是，（以1957年为界）前期显著增加，时间短促而波动急剧，后期持续减少，幅度大而时间长、波动小。

按统计口径[①]，1949—2007年耕地由1734.67×10³hm²降至1597.34×10³hm²。期间减7.92%、137.33×10³hm²，年均2.37×10³hm²，年递减率1.42‰。其中，1949—1957年总增19.90%、345.20×10³hm²，年均43.15×10³hm²，年递增率22.94‰；1957—2007年减少23.20%、482.53×10³hm²，年均9.65×10³hm²，年递减率5.26‰。（表1-4）

表1-4 1949—2010年浙江省耕地资源

年份	耕地总量	人均耕地	年份	耕地总量	人均耕地	年份	耕地总量	人均耕地
	$10^3 hm^2$	$hm^2/$人		$10^3 hm^2$	$hm^2/$人		$10^3 hm^2$	$hm^2/$人
1949	1734.67	0.083	1962	1903.13	0.070	1975	1837.87	0.051
1950	1883.87	0.089	1963	1897.96	0.068	1976	1839.30	0.050
1951	2041.40	0.094	1964	1891.08	0.066	1977	1840.00	0.050
1952	2041.47	0.092	1965	1867.33	0.063	1978	1838.00	0.049
1953	1966.76	0.087	1966	1877.32	0.062	1979	1831.89	0.048
1954	1959.88	0.084	1967	1870.44	0.060	1980	1823.03	0.048
1955	1953.00	0.082	1968	1863.56	0.059	1981	1819.87	0.047
1956	1946.12	0.080	1969	1856.68	0.057	1982	1817.80	0.046
1957	2079.87	0.083	1970	1839.00	0.055	1983	1816.60	0.046
1958	1932.36	0.075	1971	1842.92	0.054	1984	1805.97	0.045
1959	1925.48	0.074	1972	1836.04	0.053	1985	1776.71	0.044
1960	1918.60	0.073	1973	1829.16	0.053	1986	1753.53	0.043
1961	1911.72	0.073	1974	1822.28	0.051	1987	1744.93	0.042

---

① 按统计数字计。从2008年开始按第二次农业普查口径计公布（相关数据在表1-4中用斜体字标出）。2006年、2007年按普查口径为1916.48×10³hm²和1917.55×10³hm²，比统计口径多出约1/5。这既是一个曾与农业税有关的利益问题，也是一个与粮食单位面积产量联系的，被称作"帮忙田"的全国性问题——全国的"帮忙田"多出浙江约1/4。

续 表

年份	耕地总量	人均耕地	年份	耕地总量	人均耕地	年份	耕地总量	人均耕地
	10^3 hm²	hm²/人		10^3 hm²	hm²/人		10^3 hm²	hm²/人
1988	1736.47	0.042	1996	1613.78	0.037(0.037)	2004	1594.92	0.035(0.032)
1989	1731.29	0.041	1997	1612.42	0.036(0.036)	2005	1593.55	0.035(0.032)
1990	1723.53	0.041(0.041)	1998	1613.44	0.036(0.036)	2006	1594.43	0.034(0.031)
1991	1715.01	0.040(0.040)	1999	1609.07	0.036(0.036)	2007	1597.34	0.034(0.031)
1992	1691.22	0.039(0.039)	2000	1607.56	0.036(0.034)	2008	*1920.87*	*0.041(0.037)*
1993	1661.22	0.039(0.038)	2001	1601.46	0.035(0.034)	2009	*1986.80*	*0.042(0.038)*
1994	1635.47	0.038(0.037)	2002	1599.11	0.035(0.033)	2010	*1986.80*	*0.042(0.036)*
1995	1617.80	0.037(0.037)	2003	1592.14	0.035(0.033)			

资料来源：[2]41,[3]16、133,[8]222,[9]。
注：表中括号内数据为按常住人口计。

———人均耕地变动

浙江人均耕地占有量的变动,处于"一个萝卜两头切"的境地———一方面是耕地总量的减少,一方面是人口数量的增加———而甚为迅速地减少。(表1-4)

人均耕地1952年0.094hm²,为20世纪50年代后的峰值。之后在1957年回落到1949年0.083hm²的水平。2007年人均耕地0.034hm²,与1957年相比,减少了59.04%、0.049hm²,年下降速率17.69‰,为同期耕地总量递减率的3.36倍。按常住人口,1990—2007年人均耕地由0.041hm²降至0.031hm²,减少了24.39%、0.010hm²。

(二) 人口与水资源变化

浙江水资源丰沛而人均占有量较少。(表1-5、1-6)

按多年平均水资源总量(955.41×10⁸m³)和户籍人口计,2010年浙江人均水资源2012m³,与全国2130m³的平均水平相近。与1949年的4587m³相比,则有大幅度减少———56.14%、2575m³,年均42m³,递减率为13.59‰。人均水资源量的变化,随人口增长的减速而取先快后慢的下降态:1949—1966年的17年中,减少31.33%、1437m³,占总减量的57.78%;除1959年、1960年、1961年外,年均减96m³;1966—1989年的23年中减27.94%、880m³,占总减量的35.38%,年均38m³;1989—2010年的21年中减11.37%、258m³,年均12m³。历年中,人均量下降最多的年份为1963年、1953年、1955年、1954年、1952年,分别达117m³、106m³、105m³、104m³和100m³。

2010年以常住人口平均的水资源,按多年平均为1754m³,比1949年少61.76%、2833m³;按丰水年可有2566m³,逢枯水年只有1055m³———相差达1511m³。

对变动不居的水资源———丰水的2010年1397.61×10⁸m³,比多年平均值多46.28%、442.20×10⁸m³,枯水的2003年574.48×10⁸m³,比多年平均值少39.87%、380.93×10⁸m³,只有丰水年的0.41,极差达823.13×10⁸m³[10][11]———来说,这种虚拟假定能给出较明确的变化趋势、更多的信息量和警示作用(枯水年应对)。

表 1-5　1949—1990 年浙江省按丰水年、枯水年和多年平均计的虚拟人均水资源

单位：m³/人

年份	丰水年	枯水年	多年平均	年份	丰水年	枯水年	多年平均
1949	6709	2758	4587	1970	4215	1733	2881
1950	6588	2708	4504	1971	4123	1695	2818
1951	6463	2657	4418	1972	4050	1665	2769
1952	6316	2596	4318	1973	3978	1635	2720
1953	6161	2532	4212	1974	3925	1613	2683
1954	6010	2470	4108	1975	3867	1589	2643
1955	5856	2407	4003	1976	3816	1568	2608
1956	5721	2352	3911	1977	3770	1550	2577
1957	5583	2295	3817	1978	3726	1532	2547
1958	5452	2241	3727	1979	3685	1515	2519
1959	5379	2211	3677	1980	3652	1501	2497
1960	5335	2193	3647	1981	3610	1484	2468
1961	5308	2182	3628	1982	3561	1464	2435
1962	5162	2122	3529	1983	3527	1450	2411
1963	4991	2051	3412	1984	3500	1439	2393
1964	4862	1998	3324	1985	3468	1426	2371
1965	4726	1943	3231	1986	3434	1411	2347
1966	4607	1894	3150	1987	3391	1394	2318
1967	4503	1851	3079	1988	3352	1378	2291
1968	4404	1810	3011	1989	3321	1365	2270
1969	4296	1766	2937	1990	3300	1357	2256

资料来源：[2]41,45,[3]16,[10],[11]。

（三）人口与森林资源变化

浙江人均森林资源(1957/1975—2009)变化特征有三。(表 1-7)

一是林业用地、有林地(一般概念上的森林)、林分地(乔木林)显著减少——林业用地减 49.80%、0.124hm²,有林地减 25.49%、0.039hm²,林分地减 41.35%、0.055hm²;二是天然林减少、人工林增加——天然有林地、林分地分别减少了 18.75%、0.015hm² 和 10.94%、0.007hm²,人工林地增加了 63.33%、0.019hm²;三是处于波动之中的人均资源,不论在总体上减少还是增加,在 1999 年(林分地中的用材林和人工林为 1994 年)后都处在减少之中(原因是常住人口由于迁移的显著增加);四是活立木蓄积、林分蓄积在总体上显著增加——活立木蓄积 1.01 倍、2.31m³,林分蓄积增 70.93%、1.83m³。

表1－6　1990－2010年浙江省分户籍、常住人口的丰水年、枯水年和多年平均虚拟人均水资源

单位：m³/人

年份	按户籍人口			按常住人口		
	丰水年	枯水年	多年平均	丰水年	枯水年	多年平均
1990	3300	1357	2256	3298	1356	2254
1991	3280	1348	2242	3273	1346	2237
1992	3261	1340	2229	3247	1335	2219
1993	3240	1332	2215	3224	1325	2203
1994	3219	1323	2201	3203	1316	2189
1995	3198	1315	2186	3184	1309	2176
1996	3176	1306	2171	3167	1302	2164
1997	3160	1299	2160	3152	1296	2154
1998	3143	1292	2149	3136	1289	2143
1999	3128	1286	2139	3123	1284	2134
2000	3105	1276	2123	2986	1228	2041
2001	3092	1271	2114	2956	1215	2020
2002	3081	1266	2106	2926	1203	2000
2003	3071	1262	2099	2878	1183	1967
2004	3053	1255	2087	2838	1166	1939
2005	3037	1248	2076	2800	1151	1914
2006	3020	1241	2064	2765	1133	1883
2007	3000	1233	2051	2711	1114	1853
2008	2981	1225	2038	2681	1102	1832
2009	2963	1218	2026	2649	1089	1811
2010	2944	1210	2012	2566	1055	1754

资料来源：同表1－5。

表 1-7　1957—2009 年浙江省按人口平均的森林资源*

项目				1957 年	1975 年	1979 年	1989 年	1994 年	1999 年	2004 年	2009 年
林业用地				0.249	0.169	0.156	0.146	0.147	0.147	0.136	0.125
其中	有林地	合计	hm²	0.153	0.110	0.090	0.104	0.119	0.124	0.119	0.114
		天然林			0.080	0.063	0.059	0.064	0.067	0.064	0.065
		人工林			0.030	0.027	0.045	0.055	0.057	0.054	0.049
		经济林		0.006	0.013	0.016	0.022	0.025	0.026	0.023	0.020
		竹林		0.015	0.012	0.013	0.012	0.014	0.017	0.016	0.016
	林分地	合计		0.133	0.085	0.061	0.070	0.079	0.081	0.080	0.078
		天然林			0.064	0.048	0.050	0.055	0.057	0.056	0.057
		人工林			0.021	0.013	0.021	0.022	0.024	0.024	0.021
		用材林			0.076	0.058	0.067	0.076	0.062	0.046	0.043
活立木蓄积					2.28	2.60	2.67	2.92	3.10	3.94	4.59
其中	林分蓄积	合计	m³	2.58	1.98	2.09	2.25	2.56	2.58	3.50	4.41
		天然林			1.81	1.88	1.76	1.91	1.80	2.28	2.81
		人工林			0.17	0.21	0.49	0.65	0.78	1.22	1.29
		用材林			1.94	1.95	2.11	2.43	2.07	2.06	2.23

资料来源：据表 1-3、6-1、6-2、6-3、6-6 数据计算。

注：合计栏为天然林与人工林之和，用材林为天然林、人工林的一部分；从 1994 年开始按常住人口计。

四、人口与资源的地理区分布

（一）人口的地理区分布

浙江人口按地理区分布的特征，一是东北多、西南少；二是近海、平原多而内陆、山地丘陵少；三是人口密度差异大。（表 1-8、1-9，图 1-2）

从大地理区①看，浙东北 2973.48×10⁴ 人（2010 年，常住人口，下同）占 54.63％，人口密度（人/km²，下同）648 人；浙西南 2469.21×10⁴ 人占 45.37％，人口密度 424 人。各地理区②中，浙东北平原区（Ⅰ）人口最多，2182.94×10⁴ 人占全省的 40.11％，人口密度

---

① 浙东北与浙西南是浙江最大的地理分区。浙东北包括杭州、宁波、嘉兴、湖州、绍兴和舟山；浙西南包括温州、金华、衢州、台州和丽水。

② 浙东北平原区包括杭州市区、宁波市区、余姚、慈溪，嘉兴市区、平湖、海宁、桐乡、嘉善、海盐，湖州市区、德清、长兴，绍兴市区、上虞、绍兴；浙西北丘陵山区包括富阳、临安、建德、桐庐、淳安，安吉和开化；浙中盆地丘陵区包括金华市区、兰溪、东阳、义乌、永康、武义、浦江、磐安，衢州市区、江山、常山、龙游，诸暨、嵊州和新昌；浙西南山地丘陵区包括丽水市区、龙泉、青田、云和、庆元、缙云、遂昌、松阳、景宁，文成、泰顺，天台、仙居和永嘉；浙东南沿海平原区包括温州市区、瑞安、乐清、洞头、平阳、苍南，台州市区、温岭、临海、玉环、三门，舟山市区、岱山、嵊泗，奉化、象山和宁海。

1137 人，为全省均值 523 人的 2.17 倍；浙东南沿海平原区（Ⅴ）次之，1589.31×10⁴ 人占29.20%，人口密度 884 人；浙中丘陵盆地区（Ⅲ）945.73×10⁴ 人占 17.38%，人口密度414 人；浙西南山地丘陵区（Ⅳ）407.71×10⁴ 人占 7.49%，浙西北丘陵山区（Ⅱ）317.00×10⁴ 人占 5.82%，人口密度 154 人、180 人，为浙东北平原区的 0.135 和 0.158，浙东南沿海平原区的 0.174 和 0.204。

（二）人口与资源的地理区分布

——人口与土地/耕地资源的地理区分布

浙江以人口为背景的土地/耕地资源地理区分布特征是，东北少、西南多；近海、平原少而内陆、山地丘陵多；人均占有量差异显著。

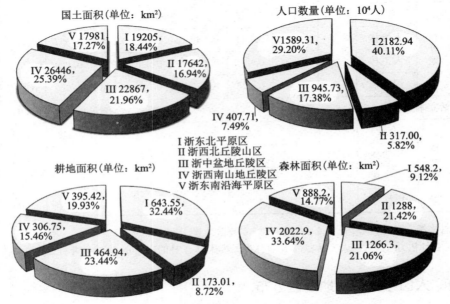

图 1-2　2010 年浙江省各地理区的土地、人口和资源（据表 1-8）

与浙西南相比，浙东北土地/耕地资源的特征是土地面积小、耕地多、垦殖指数高而人均量少。浙东北土地面积 45864km² 占全省的 44.04%，耕地面积 1021.59×10³hm²占全省的 51.50%，垦殖指数 22.27%高出全省均值（19.05%）3.22 个百分点，人均土地、耕地面积 0.154hm²、0.034hm²，少于全省均值（0.191hm²）0.037hm² 和（0.036hm²）0.002hm²；浙西南土地 58277km² 占全省的 55.96%，耕地 962.07×10³hm² 占全省的48.50%，垦殖指数 16.51%比浙东北低 5.86 个百分点，人均土地、耕地面积 0.236hm²、0.039hm²，分别比浙东北多 53%、0.082hm² 和 15%、0.005hm²。

各地理区以浙西南山地丘陵区最大，26446km² 占 25.39%，浙中盆地丘陵区次之，22867km² 占 21.96%，浙东北平原区（19205km²）、浙东南沿海平原区（17981km²）、浙西北丘陵山区（17642km²）土地面积相近，分别占 18.44%、17.27% 和 16.94%；人均土地面积浙西南山地丘陵区最多为 0.649hm²，浙西北丘陵山区次之为 0.557hm²，浙东北平原区、浙东南沿海平原区最少为 0.088hm²、0.113hm²，只有浙西南山地丘陵区的 13.6% 和 17.4%。

耕地的分布特征呈显著的两极，一极是垦殖指数高（33.51%）、耕地多（643.55×10³hm² 占

32.44%）、人均耕地少（0.0295hm²）的浙东北平原区，一极是垦殖指数低（9.81%）、耕地少（173.01×10³hm² 占8.72%）、人均耕地多（0.0546hm²）的浙西北丘陵山区。人均耕地以浙西南山地丘陵区的0.0752hm²最多，浙东南沿海平原区的0.0249hm²最少。

表1-8 2010年浙江省按地理区分别的人口与资源

项目	单位		全省	浙东北平原区（Ⅰ）	浙西北丘陵山区（Ⅱ）	浙中盆地丘陵区（Ⅲ）	浙西南山地丘陵区（Ⅳ）	浙东南沿海平原区（Ⅴ）
国土面积	km²		104141	19205	17642	22867	26446	17981
	%		1.10	18.44	16.94	21.96	25.39	17.27
人口	10⁴人		5442.69	2182.94	317.00	945.73	407.71	1589.31
	%		4.06	40.11	5.82	17.38	7.49	29.20
	人/km²		523	1137	180	414	154	884
耕地	10³hm²		1983.66	643.55	173.01	464.94	306.75	395.42
	%	A	1.58	32.44	8.72	23.44	15.46	19.93
		B	19.05	33.51	9.81	20.33	11.60	22.00
	hm²/人		0.0364	0.0295	0.0546	0.0492	0.0752	0.0249
	人/km²		2744	3392	1832	2034	1329	4019
森林（有林地）	10³hm²		6013.60	548.20	1288.00	1266.30	2022.90	888.20
	%	A	1.97	9.12	21.42	21.06	33.64	14.77
		B	57.77	28.54	73.01	55.38	76.49	49.40
	hm²/人		0.110	0.025	0.405	0.134	0.496	0.056
	10⁴m³		24224.93	1541.01	5778.38	4232.31	9676.81	2996.42
	%		1.62	6.36	23.85	17.47	39.95	12.37
	m³/人		4.451	0.706	18.228	4.475	23.722	1.885

资料来源：[2]427-428、463,550-551,[6]2-4,[9],[12]。

注：人口为2010年第六次人口普查数；森林数据（全省、地理区）为一类（抽样）调查推算数（浙江省森林清查，2009）。（以下数据，凡不说明者同此口径）耕地B栏为垦殖指数，森林B栏为覆盖率；全省栏土地、人口、耕地、森林面积、蓄积量比例（%）为占全国的份额。

——人口与水资源的地理区分布

浙江人口与水资源按地理区分布的特征是，西南人少而水多，东北人多而水少。

在全省955.41×10⁸m³的多年平均总量中，浙东北356.44×10⁸m³占37.31%，浙西南598.97×10⁸m³占62.69%；水资源密度（10⁴m³/km²），浙东北77.72×10⁴m³，比全省平均（91.74）少14.02×10⁴m³，浙西南102.87×10⁴m³，比浙东北多32%、25.15×10⁴m³；（常住人口）人均多年平均资源量，浙东北1199m³，比全省平均（1755m³）少556m³，浙西南2426m³，比全省、浙东北多38%、671m³和1.02倍、1227m³。

供/用水量,则显著呈东北多而西南少的态势。在 2010 年 220.08×10^8m^3 的全省总供用水量中,浙东北 137.81×10^8m^3 占 62.62%,浙西南 82.28×10^8m^3 占 37.39%。按人(常住人口)平均的供/用水量,浙东北 463m^3,浙西南 333m^3,相差 130m^3。

——人口与森林资源的地理区分布

浙江以人口为背景的森林资源的地理区分布,依然呈东北少、西南多,近海、平原少,而内陆、山地丘陵多和人均占有量差异显著的特征。(表 1-8、表 1-9)

总体而言,浙西南森林资源显著丰富于浙东北。林地面积,浙西南 3719.90×10^3hm^2 占 63.22%,浙东北 2163.72×10^3hm^2 占 36.78%;木材蓄积总量,浙西南 13746.20×10^4m^3 占 66.00%,浙东北 7082.00×10^4m^3 占 34.00%;人均林地,浙西南 0.150hm^2,为浙东北 0.071hm^2 的 2.11 倍;人均木材蓄积量,浙西南 5.567m^3,为浙东北 2.382m^3 的 2.34 倍;森林覆盖率,浙西南 63.83%,高出全省均值(57.77%)、浙东北(47.18%)6.06 个和 16.65 个百分点。

各地理区中,浙西南山地丘陵区资源最为丰富——面积 2022.90×10^3hm^2 占全省的 33.64%,覆盖率 76.49% 居首,人均林地最多,0.496hm^2 为全省平均(0.110hm^2)的 4.51 倍,木材蓄积总量 9676.81×10^4m^3 占 39.95%,人均蓄积总量最多,23.722m^3 为全省平均(4.451m^3)的 5.33 倍;浙西北丘陵山区次之——面积 1288.00×10^3hm^2 占 21.42%,覆盖率 73.01%,人均林地 0.405hm^2,木材蓄积总量 5778.38×10^4m^3 占 23.85%,人均 18.228m^3;浙东北平原区资源最为贫乏——面积 548.20×10^3hm^2 占 9.12%,木材蓄积总量 1541.01×10^4m^3 占 9.12%,与浙西南山地丘陵区相比,覆盖率 28.54% 低 47.95 百分点,人均林地 0.025hm^2 只相当 1/20,人均木材蓄积量 0.706m^3 不到 1/33。

五、人口与资源的行政区和密度区分布

(一) 人口与资源的行政区分布

人口按行政区分布的总体特征是数量和密度差异悬殊,资源(土地/耕地资源、水资源、森林资源)接行政区分布的总体特征是从数量、人均到各相关指标皆呈差导大而两极分布显著之态势。(表 1-9)

——人口的行政区分布

各市之中温州人口最多,912.21×10^4 人占 16.71%,杭州次之,870.04×10^4 人占 15.99%,衢州 212.27×10^4 人占 3.90%,丽水 211.70×10^4 人占 3.89%,舟山最少,112.13×10^4 人占 2.06%;人口密度嘉兴最高 1150 人,舟山、宁波、温州次之 779 人、775 人和 774 人,丽水最低,122 人,为嘉兴的 0.106。

——土地/耕地资源的行政区分布

各市之中,丽水土地面积最大,17298km^2 占 16.61%,杭州次之,16596km^2 占 15.94%,舟山最小,1441km^2 仅 1.38%,嘉兴居倒数第 2 位,3915km^2 占 3.76%;除舟山——24.24×10^3hm^2 占全省的 1.22%——外,多数市耕地规模比较接近——温州 242.50×10^3hm^2 占 12.22%,金华、宁波、杭州、嘉兴、绍兴、台州依次占 11.35%、11.11%、10.90%、10.46%、10.14% 和 9.69%;人均耕地差异显著,丽水最多 0.078hm^2,衢州、湖州次之 0.065hm^2、0.053hm^2,超出全省平均(0.036hm^2)0.042hm^2、0.028hm^2 和 0.016hm^2,舟山(0.022hm^2)、温州(0.027hm^2)、杭州(0.025hm^2)、宁波(0.029hm^2)和

台州(0.032hm²)则少于平均值;各市垦殖指数分布的态势是,多数(嘉兴、湖州、绍兴、宁波、金华、温州、台州)在 20% 以上,差异显著并在嘉兴(53.00%)与丽水(8.86%)之间形成 44.14 个百分点的极差。

表 1 - 9　2010 年浙江省按行政区分别的人口与资源

项目	单位	全省	浙西南					
			合计	温州	金华	衢州	台州	丽水
国土面积	km²	104141	58277	11786	10941	8840	9411	17298
	%	100.00	55.96	11.32	10.51	8.49	9.04	16.61
人口	10^4 人	5442.69	2469.21	912.21	536.16	212.27	596.88	211.70
	%	100.00	45.37	16.76	9.85	3.90	10.97	3.89
	人/km²	523	424	774	490	240	634	122
耕地	10^3 hm²	1983.66	962.07	242.50	225.13	136.94	192.17	165.33
	%	100.00	48.50	12.22	11.35	6.90	9.69	8.33
		19.05	*16.51*	*20.575*	*20.577*	*15.49*	*20.42*	*8.86*
	hm²/人	0.0364	0.0390	0.0266	0.0420	0.0645	0.0322	0.0781
	人/km²	2744	2567	3762	2382	1550	3106	1280
森林	10^3 hm²	5883.61	3719.90	676.11	597.47	563.45	539.95	1342.92
	%	100.00	63.22	11.49	10.15	9.58	9.18	22.82
			63.83	57.37	54.61	63.74	57.37	77.63
	hm²/人		0.1501	0.074	0.111	0.265	0.095	0.634
	10^4 m³	20828.19	13746.20	1973.56	1929.73	2059.20	1879.42	5904.29
	%		66.00	9.48	9.26	9.89	9.02	28.35
	m³/人		5.567	2.163	3.600	9.701	3.149	27.890
水资源量	mm	1604		1828	1513	1819	1634	1734
	10^8 m³	955.41	598.97	130.53	91.73	101.32	90.80	184.59
	%	3.46	62.69	13.66	9.60	10.60	9.50	19.32
	10^4 m³/km²	91.74	102.87	110.75	83.84	114.60	96.48	106.71
	m³/人	1755	2426	1431	1711	4773	1521	8719
供用水量	10^8 m³	220.08	82.28	21.17	19.44	13.58	19.53	8.56
	%	100.00	37.39	9.62	8.83	6.18	8.87	3.89
	m³/人	404	333	232	363	640	327	404

续　表

项目	单位	浙东北						
		合计	杭州	宁波	嘉兴	湖州	绍兴	舟山
国土面积	km²	45864	16596	9816	3915	5819	8279	1441
	%	44.04	15.94.	9.43	3.76	5.59	7.95	1.38
人口	10⁴ 人	2973.48	870.04	760.57	450.17	289.35	491.22	112.13
	%	54.63	15.99	13.97	8.27	5.32	9.03	2.06
	人/km²	648	524	775	1150	497	593	778
耕地	10³ hm²	1021.59	216.16	220.48	207.48	152.08	201.16	24.24
	%	51.50	10.90	11.11	10.46	7.67	10.14	1.22
		22.27	*13.02*	*22.46*	*53.00*	*26.14*	*24.30*	*16.82*
	hm²/人	0.0346	0.0248	0.0290	0.0461	0.0526	0.0410	0.0216
	人/km	22911	4025	3450	2170	1903	2442	4626
森林	10³ hm²	2163.72	1018.36	397.91	17.63	259.54	410.03	60.25
	%	36.78	17.31	6.76	0.30	4.41	6.97	1.02
		47.18	61.36	40.54	4.50	44.60	49.53	41.81
	hm²/人	0.071	0.117	0.052	0.004	0.090	0.081	0.054
	10⁴ m³	7082.00	3950.76	1086.10	114.93	581.56	1290.16	58.49
	%	34.00	18.97	5.21	0.55	2.79	6.19	0.28
	m³/人	2.382	4.541	1.412	0.255	2.001	2.626	0.522
水资源量	mm		1604	1518	1194	1399	1462	1276
	10⁸ m³	356.44	145.24	79.73	20.76	39.46	63.30	7.95
	%	37.31	15.20	8.35	2.17	4.13	6.63	0.83
	10⁴ m³/km²	77.72	87.52	81.22	53.03	67.82	76.46	55.21
	m³/人	1199	1669	1048	461	1364	1289	709
供用水量	10⁸ m³	137.81	54.95	21.51	19.87	17.58	22.53	1.37
	%	62.62	24.97	9.77	9.03	7.99	10.24	0.62
	m³/人	463	632	283	441	607	459	122

资料来源：[2]531、550－551、542；[6]2-4,[9],[11],[12]。

注：森林数据为二类（以县为单元）调查数（2009），全省、各市数为各县合计数，与表1－8数据（一类/抽样调查推算数）不一致；耕地比例（%）的第2行为垦殖指数，以斜体标出。

　　——人口与水资源的行政区分布

　　按多年平均，各市之中丽水水资源最多，184.59×10⁸m³ 占 19.32%，杭州次之，145.24×10⁸m³ 占 15.20%，舟山最少，7.95×10⁸m³ 仅占 0.83%；水资源密度（10⁴m³/km²）

衢州最高 114.60,温州、丽水次之 110.75 和 106.71,嘉兴、舟山最低仅 53.03 和 55.21,为衢州的0.46 和 0.48;按多年平均计的人均水资源量,丽水最多 8719m^3,衢州次之 4773m^3,嘉兴最少——461m^3,仅为丽水的 1/19。

供/用水量杭州最多,54.95×10^{8}m^3 占全省的 24.97%,舟山最少,1.37×10^{8}m^3 仅占 0.62%;按人平均的供/用水量,衢州最多 640m^3,杭州、湖州次之632m^3 和 607m^3,舟山最少只有 122m^3,极差达 518m^3。

—— 人口与森林资源的行政区分布

丽水森林资源最为丰富,各项指标皆居各市之首——面积 1342.92×10^{3}hm^2 占全省的 22.82%,覆盖率 77.63%,人均林地 0.634hm^2 为全省平均的 5.76 倍,木材蓄积总量 5904.29×10^{4}m^3 占全省的 28.35%,人均蓄积量 27.89m^3 为全省平均的 6.27 倍;杭州林地、木材蓄积总量次之——1018.36×10^{3}hm^2 占 17.31,3950.76×10^{4}m^3 占 18.97%,衢州人均林地(0.265hm^2)、木材蓄积量(9.701m^3)和覆盖率(63.74%)次之。

嘉兴、舟山森林资源最为贫乏——嘉兴林地最少,17.63×10^{3}hm^2 仅占全省的 0.30%,覆盖率最低 4.50%,人均林地最少 0.004hm^2,木材蓄积总量 114.93×10^{4}m^3 占 0.55%,人均蓄积量最少 0.255m^3;舟山林地仅多于嘉兴,60.25×10^{3}hm^2 占全省的 1.02%,覆盖率 41.81%,人均林地 0.054hm^2,木材蓄积总量最少,58.49×10^{4}m^3 占全省的 0.28%,人均蓄积总量 0.522m^3。

(二) 人口与土地/耕地资源的密度区分布

—— 人口的密度区分布

浙江人口按密度区[①]分布的总体特征是,数量随密度(上升)梯次增加而呈"小集中、大分散"的态势——大量人口密集在小部分土地上,大部分土地上只分布着少量人口[②]。(表 1-10,图 1-3)

在占全省 3/5(59.58%)的土地上,分布着不到 1/4(23.29%)的人口(A 区、B 区、C 区),而一半(49.84%)人口密集在 1/6 多(17.42%)的土地上(F 区、G 区)。各密度区中,F 区人口最多,1497.52×10^4 人占全省的 27.51%,G 区次之,1214.84×10^4 人占 22.32%,A 区最少,229.67×10^4 人占 4.22%。在 3 个人口最稠密的地区——温州市区(2561 人/km^2)、绍兴市区(2476 人/km^2)、杭州市区(2035 人/km^2),人口 1016.52×10^4 人占全省的 18.68%,土地面积 4612km^2 只占 4.43%,人口-土地对应比0.237;在 3 个人口最稀疏的地区——庆元(75 人/km^2)、遂昌(75 人/km^2)、景宁(55 人/km^2),人口 43.88×10^4 人只占 0.81%,土地 4612km^2 却有 6.13%,人口-土地对应比7.568[2]550-551。

---

①　A 区包括磐安、青田、泰顺、松阳、云和、开化、淳安、龙泉、庆元、遂昌和景宁;B 区包括永嘉、天台、安吉、缙云、江山、桐庐、武义、常山、建德、临安、仙居和文成;C 区包括富阳、奉化、嵊州、象山、宁海、衢州市区、龙游、新昌、三门和丽水市区;D 区包括金华市区、上虞、德清、诸暨、浦江、临海、东阳、长兴和兰溪;E 区包括苍南、嵊泗、洞头、绍兴、海盐、湖州市区、舟山市区、平阳、永康、余姚和岱山;F 区包括宁波市区、平湖、嘉兴市区、台州市区、海宁、乐清、嘉善、桐乡、瑞安、义乌和慈溪;G 区包括温州市区、绍兴市区、杭州市区、温岭和玉环。

②　"小集中、大分散"是中国人口空间分布的普遍特征。在人口分布相对均衡的浙江,也同样如此——不论是地理区、行政区还是(人口)密度区。

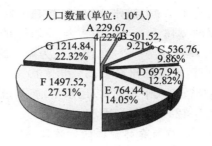
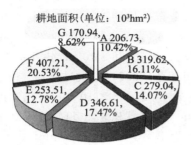

A区＜150人/km²
B区 150~299人/km²
C区 300~399人/km²
D区 400~599人/km²
E区 600~1000人/km²
F区 1000~1499人/km²
G区≥1500人/km²

图1-3　2010年浙江省各地理区的土地、人口和资源（据表1-10）

表1-10　2010年浙江省各人口密度区的人口与资源*

项目	单位	密度区（人/km²）						
		—150—	300—	400—	600—	1000—	1500—	
		A	B	C	D	E	F	G
面积	km²	23955	22714	15375	14265	9691	12316	5826
	%	23.00	21.81	14.76	13.70	9.31	11.83	5.59
人口	10⁴人	229.67	501.52	536.76	697.94	764.44	1497.52	1214.84
	%	4.22	9.21	9.86	12.82	14.05	27.51	22.32
	人/km²	96	221	349	489	789	1216	2085
耕地	10³hm²	206.73	319.62	279.04	346.61	253.51	407.21	170.94
	%	10.422	16.112	14.067	17.473	12.780	20.528	8.617
		8.63	*14.07*	*18.15*	*24.30*	*26.16*	*33.06*	*29.34*
	hm²/人	0.090	0.064	0.052	0.050	0.033	0.027	0.014
	人/km²	1111	1569	1924	2014	3015	3678	7107
人口—资源对应比	面积	5.451	2.367	1.497	1.068	0.663	0.430	0.251
	耕地	2.470	1.748	1.426	1.363	0.910	0.746	0.306
	GDP	0.570	0.730	0.903	0.841	0.956	1.118	1.210

资料来源：[2]550-551,[6]2-4,[9]；表2-11。

注：耕地比例（%）的第2行为垦殖指数，以斜体标出。

——人口与土地/耕地资源的密度区分布

浙江人口与土地/耕地资源密度区分布的基本特征是,人口密度与土地、耕地、人均耕地反相关,与垦殖指数正相关——人口密度愈高,土地、耕地和人均耕地愈少,垦殖指数愈高。(表1-10,图1-3)

各密度区的土地面积A区最大,23955km² 占全省的23.00%,B区次之,22714km² 占21.81%,G区最小,5826km² 占5.59%;人均土地面积以A、G区为两极——A区1.043hm²,为G区0.048hm²的21.73倍。耕地F区最多,407.21×10³hm² 占20.53%,G区最少,170.94×10³hm² 占8.617%,其余各密度区在10%~17%之间;人均耕地随人口密度的上升而依次减少,A区0.090hm²,G区0.014hm²,极差达5.43倍、0.076hm²;垦殖指数基本随人口密度的上升而增加,F区最高33.06%,G区次之29.34%,A区最低8.63%,极差达24.43个百分点。

六、人口与资源的空间配置、影响评价及人口资源问题

(一)人口与资源的空间配置

——人口-资源对应比

浙江人口与水、土资源在局部地区存在差异,水-土资源空间配置有一定程度不均,由此带来对发展的制约,但总体来看,浙江人口与水、土资源的分布是相对均衡的。对此,本研究以地理区、行政区、密度区为单元,通过对人口-资源对应比的分析予以说明。资源对应比为人口与资源、一种资源与另一种资源占比的比值,比值越趋近于1,某一种资源相对于人口或另一种资源的空间配置度便越高。(表1-11)

——人口与资源的地理区配置

浙江人口与资源地理区配置的总体状况是,浙东北资源相对贫乏,浙西南资源相对丰裕;平原区资源相对贫乏,丘陵山区资源相对丰裕,各地理区差异显著。

人口-土地、人口-森林、人口-林木蓄积、人口-耕地、人口-水资源、水资源-耕地的对应比,浙东北为0.806、0.673、0.622、0.943、0.683和1.380(相对于耕地而言的水资源贫乏),浙西南为1.233、1.393、1.455、1.069、1.382和0.774(相对于耕地而言的水资源丰裕)。各种资源对应比的极差不大,从小到大依次为人口-耕地比(0.126)、人口-土地比(0.427)、水资源-耕地比(0.681)、人口-水资源比(0.699)、人口-森林比(0.720)和人口-林木蓄积比(0.833)。

各地理区中,浙东北平原区(Ⅰ)、浙东南沿海平原区(Ⅴ)资源相对贫乏——人口-土地、人口-森林、人口-林木蓄积、人口-耕地对应比为0.460、0.227、0.159、0.809和0.591、0.506、0.424、0.683;浙西南山地丘陵区(Ⅳ)、浙西北丘陵山区(Ⅱ)资源相对丰裕——对应数据为3.390、4.491、5.334、2.064和2.911、3.680、4.098、1.498。

地理区之间,各种资源的配置都存在极大的差异。人口-土地、人口-森林、人口-林木蓄积比以浙西南山地丘陵区(Ⅳ)与浙东北平原区(Ⅰ)为两极,分别为3.390、4.491、5.334和0.460、0.227、0.159,人口-耕地比浙西南山地丘陵区(Ⅳ)2.064最高,浙东南沿海平原区(Ⅴ)0.683最低。与浙东北、浙西南的分区相比,地理区各种资源对应比的极差则显著扩大——从小到大依次为人口-耕地比(1.381)、人口-土地比(2.930),人口-森林比(4.264)和人口-林木蓄积比(5.175)。

表 1-11　2010 年浙江省人口—资源对应比

地域	人口—土地	人口—森林	人口—林木蓄积	人口—耕地	人口—水资源	人口—GDP	水资源—耕地	水资源—GDP
	人口=1.00						水资源=1.00	
浙东北	0.806	0.673	0.622	0.943	0.683	1.199	1.380	1.755
浙西南	1.233	1.393	1.455	1.069	1.382	0.706	0.774	0.511
Ⅰ	0.460	0.227	0.159	0.809		1.279		
Ⅱ	2.911	3.680	4.098	1.498		0.909		
Ⅲ	1.264	1.212	1.005	1.349		0.811		
Ⅳ	3.390	4.491	5.334	2.064		0.562		
Ⅴ	0.591	0.506	0.424	0.683		0.771		
杭州	0.997	1.083	1.186	0.682	0.951	1.342	0.717	1.412
宁波	0.675	0.484	0.373	0.795	0.598	1.333	1.331	2.230
嘉兴	0.455	0.036	0.067	1.264	0.262	1.004	4.816	3.825
湖州	1.051	0.829	0.524	1.442	0.776	0.883	1.857	1.138
绍兴	0.880	0.772	0.685	1.123	0.734	1.116	1.529	1.520
舟山	0.670	0.495	0.136	0.592	0.403	0.301	1.470	2.795
温州	0.675	0.686	0.566	0.729	0.815	0.629	0.896	0.772
金华	1.067	1.030	0.940	1.152	0.975	0.773	1.182	0.793
衢州	2.177	2.456	2.536	1.769	2.718	0.700	0.651	0.258
台州	0.824	0.837	0.822	0.883	0.866	0.798	1.020	0.921
丽水	4.270	5.866	7.288	2.141	4.967	0.614	0.431	0.124

资料来源：据表 1-8、1-9、2-10、2-12 数据计算。

注：表中Ⅰ、Ⅱ、Ⅲ、Ⅳ、Ⅴ为地理区代码（见表 1-8）。

——人口与资源的行政区配置

与地理区相比，行政区人口与资源的配置差异进一步扩大。从小到大，各市对应比的极差依次为人口—耕地比（1.549）、人口—土地比（3.815）、水资源—耕地比（4.385）、人口—水资源比（4.705）、人口—森林比（5.797）和人口—林木蓄积比（7.221）。

各市之中，资源相对丰裕和与人口较对应的为丽水、衢州、金华、湖州和杭州。丽水资源最为丰富，人口—土地、人口—森林、人口—林木蓄积、人口—耕地、人口—水资源、水资源—耕地比为 4.270、5.866、7.288、2.141、4.967 和 0.431，衢州次之 2.177、2.456、2.536、1.769、2.718 和 0.651，嘉兴（除耕地外）资源最为贫乏，对应数据为 0.455、0.036、0.067、1.264、0.262 和 4.816，其次是舟山，对应数据为 0.670、0.495、0.136、0.592、0.403 和 1.470。

——人口与土地/耕地资源的密度区配置

密度区人口与土地/耕地资源的配置差异，同行政区一样显著。（表 1-10）

从 A 区到 G 区，人口—面积比依次为 5.451、2.367、1.497、1.068、0.663、0.430 和 0.251，人口—耕地比依次为 2.470、1.748、1.426、1.363、0.910、0.746 和 0.306。人口—资源对应比表明，人口与土地/耕地资源按密度区配置的特点有三：一是资源的丰裕程度与人口密度反相关，即随人口密度的上升，资源的丰裕程度下降而形成大于地理区、行政区的两极；二是密度区之间的配置差异，显著大于资源（土地、耕地）之间的配置差异；三是存在平衡点——于人口—面积比是 D 区的 1.068，于人口—耕地比是 E 区的 0.910，由平衡点向左（人口密度减小），对应比上升而资源丰裕度迅速增加，由平衡点向右（人口密度增大），对应比下降而资源丰裕度迅速减小。

（二）人口与资源空间配置影响评价

——人口与资源空间差异配置特征

浙江人口—资源空间配置差异显著且呈以下特征。

第一，在同一地理区内，人口与（各种）资源空间配置度差异小，且偏差在方向上呈一致性——资源或相对贫乏，或相对丰裕；在地理区之间，人口与（同一种）资源空间配置度差异大。

第二，在同一行政区内，人口与（各种）资源空间配置度差异小，但偏差在方向性上弱化而出现不一致性——有的资源相对贫乏，有的资源相对丰裕；在行政区之间，（同一种）资源空间配置度差异更为显著。

第三，资源在人口密度区之间的配置差异最大且存在平衡点。

第四，人口与资源配置差异随空间单元的降阶（大地理区→地理区→行政区、密度区）而增大。

——人口与资源空间配置影响评价

在浙江人口与资源的配置中，有三个重要因素：一是人口，一是地形和降水，一是经济。首先，人口数量与各种资源的人均量毋庸置疑地反相关；第二，降水的差异，决定了浙西南水资源总量多于浙东北；第三，地形——平原、盆地、山地和丘陵——在作为地理分区基础的同时，规定着垦殖指数和耕地（数量、质量）、承载能力、区位优势度（交通等），进而人口（数量和密度）分布，经济布局和发展度（规模、密度）；第四，人口（数量、密度）、地形和经济（用地），显著地影响着森林资源的分布；第五，经济布局和发展度调节着人口的再分配（省内外移民）。

基于以下三点，存在差异显著的浙江人口与资源的空间配置，在一定程度上是内在合理的：第一，人口—GDP 对应比、人均 GDP 的差异明显小于人口与资源的配置差异表明，浙江人口与资源的差异配置，并未对经济、社会发展构成显著影响；第二，浙江人口与资源差异配置的现状，是人口、经济、地形和降水长期相互作用的结果；第三，特别重要的是，作为重要影响因子、自然本底、受气候带影响的降水和由构造运动决定的地形，特别是后者，在一定时间（如上千年）和空间（浙东北与浙西南）尺度上是不变的。（表 1－8、1－9、1－10、2－10、2－11、2－12）

（三）人口资源问题

浙江存在的主要人口资源问题是，人多地少，矿产资源贫乏和能源的极高对外依赖度，水资源的季节性短缺和粮食生产的计划性减少。

——人多地少，矿产资源贫乏，人均占有量低，人口/资源对发展的"瓶颈"强烈而持久

浙江的基本省情是人多地少、资源贫乏。国土占全国的 1.08%，（常住）人口占

4.06％,人口－面积比 0.27,人口密度(人/km²)523 人,为全国 141 人的 3.71 倍,是中国人口稠密的地区之一;耕地占全国的 1.58％,人口－耕地比 0.39,人均耕地(普查数) 0.036hm² 仅为全国平均 0.091hm² 的 2/5,耕地人口密度(人/km²)2744 人,为全国平均的 2.77 倍;人均水资源(多年平均)1754m³,为全国平均 2060m³ 的 0.85;有林地(森林)占全国的 1.97％,人均 0.110hm² 为全国(0.228hm²)的 0.48,活立木蓄积占全国的 1.62％,人均 4.451m³ 为全国(11.13m³)的 0.40。(表 1－6、1－7、1－8)

——水资源的时空－配置性短缺

从降水到资源总量和密度,浙江淡水并不缺乏。"水乡缺水"既因于需求(工业化、城市化、人口增加)扩张,又因于水质污染和承压水过度利用(参见第四章)而以水资源时－空配置不均为主。(表 1－9、1－11)

从时序看,降水的年内分布不均(主要集中在 5－7 月上旬的梅汛期和 7－9 月的台汛期)导致(春、秋)季节性干旱,年际波动则带来干旱年份的水资源紧缺——2003 年降水 1201mm,比多年平均值(1604mm)少 25％、403mm,比丰水的 2010 年(1835mm)少 35％、634mm;水资源总量 574.48×10⁸m³,比多年平均值(955.41×10⁸m³)少 40％、380.93×10⁸m³,比 2010 年(1397.61×10⁸m³)少 59％、823.13×10⁸m³。从地域看,降水、资源密度均呈由西南向东北的递减态,而人口密度、经济密度的东北高、西南低,耕地的东北多、西南少,构成浙东北水资源的配置性短缺,形成嘉兴、舟山两个缺水区。

——粮食生产计划性陡降,供需缺口加速扩大,自给率大幅度降低

与粮食生产自 1984 年以来数次陡降同时发生的,是需求的稳步增长和产需不平衡导致的供给缺口的加速扩大,以及自给率的大幅度下降。1985－2010 年的 26 年中,粮食缺口逐年扩大,粮食自给率急剧下降。而粮食生产的数次陡降,又皆是粮播面积计划调减的结果。(参见第七章)

参考文献

[1] 中华人民共和国国家统计局.中国统计年鉴(2011)[M].北京:中国统计出版社,2011.

[2] 浙江省统计局、国家统计局浙江调查总队.浙江统计年鉴——2011[M].北京:中国统计出版社,2011.

[3] 浙江省统计局.新浙江五十年统计资料汇编[M].北京:中国统计出版社,2000.

[4] 浙江省人口普查办公室.浙江省 2000 年人口普查资料(1)[M].北京:中国统计出版社,2002.

[5] 浙江省人口普查办公室.浙江省 2000 年人口普查资料(2)[M].北京:中国统计出版社,2002.

[6] 浙江省人口普查办公室.浙江省 2010 年人口普查资料(1)[M].北京:中国统计出版社,2012.

[7] 浙江省人口普查办公室.浙江省 2010 年人口普查资料(2)[M].北京:中国统计出版社,2012.

[8] 浙江省统计局.浙江统计年鉴(2008)[M].北京:中国统计出版社,2008.

[9] 浙江省国土资源厅土地勘测规划院(提供).

[10] 浙江省水利厅.浙江省水资源公报(2003).杭州,2004.

[11] 浙江省水利厅.浙江省水资源公报(2010).杭州,2011.

[12] 浙江省林业厅林业调查规划设计院(提供).

第二章　环境冲击量

浙江人类活动自20世纪80年代以来对环境的冲击量一直处于上升之中。对环境的这种扰动力,表现为能源和物质消费的增长,废水、(工业)废气、固体废物排放量的增加,且在时空上呈与人口、经济规模和消费水平的正向关联态。

一、人口、生产和消费

(一) 人口压力

——人口增量

1978年以来人口增量呈由自然增长到迁移增长为主的变化。(表1-1、1-2、1-3)

按户籍人口,浙江人口增量的变化可分为两个阶段:1979—1996年为较快增长阶段,18年中计增17.31%、649.13×10^4人,年递增率8.91‰,年均36.06×10^4人;1997—2010年增加显著放缓,14年中计增7.91%、347.86×10^4人,年递增率5.45‰,年均24.85×10^4人,较上一阶段减31.09%、11.21×10^4人。

按常住人口(1990年以来),1991—1999年为缓慢增长阶段,9年中计增5.60%、237.40×10^4人,年递增率6.08‰,年均26.38×10^4人;2000—2010年为快速增长阶段,11年中计增21.70%、971.11×10^4人,年递增率18.02‰,年均88.28×10^4人,比上阶段增2.69倍、64.34×10^4人。

——人口存量和人口密度

1978年以来浙江人口存量和密度的变化,大致可分为四个阶段。(表1-3)

1978—1984年的7年中,各年人口存量少于4000×10^4人(累计27121.89×10^4人),年均3874.56×10^4人;1985—1999年的15年中,各年人口存量超过4000×10^4人(累计64278.35×10^4人),年均4285.22×10^4人,比上阶段增10.60%、410.66×10^4人;2000—2005年的6年中,各年人口存量超过4600×10^4人(累计28958.01×10^4人),年均4826.34×10^4人,比上阶段增加12.60%、540.12×10^4人;2006—2010年的5年中,各年人口存量超过5000×10^4人(累计26161.11×10^4人),年均5232.22×10^4人,比上阶段增9.41%、405.88×10^4人。

1978—2010年的32年间,浙江存量人口按户籍计由3750.96×10^4人升至4747.95×10^4人,增26.58%、996.99×10^4人,年递增率7.39‰,相应地,人口密度(人/km^2)增96人,由360人升至456人;按期末常住人口计(1978年时人口流动量甚少,户籍人口与常住人口差距很小),由3750.96×10^4人升至5446.51×10^4人,增45.20%、1695.55×10^4人,年递增率11.72‰;相应地,人口密度增163人,由360人升至523人,在各省区市中低于上海、北京、天津、江苏、山东、广东、河南,居第8位。

（二）经济发展与消费上升

20世纪80年代以来，浙江经济得到了迅猛发展，居民消费水平也有了极大提高。（表2-1，图2-1）

1978—2010年，（当年值）国民生产总值由 123.72×10^8 元增加到 27722.31×10^8 元；人均GDP由331元上升到51711元；居民消费总水平由193元上升到18097元——农村居民由164元增至9878元，城镇居民由410元增至23624元[1]14,21。2010年经济密度 2662×10^4 元/km²，为全国平均值（ 415×10^4 元/km²）的6.42倍。

与1978年相比（可比价），2010年GDP总增48.45倍，年递增率12.97%；人均GDP增33.48倍，年递增率11.70%；居民消费总水平增16.78倍，年递增率9.41%；农村居民消费总水平增12.85倍，年递增率8.56%；城镇居民消费总水平增7.60倍，年递增率6.96%。

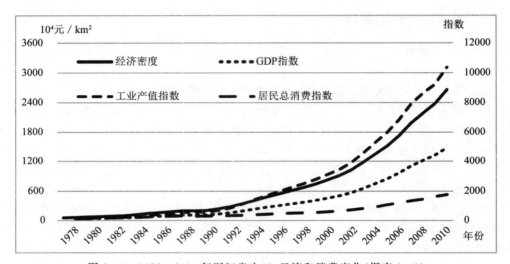

图2-1　1978—2010年浙江省人口、经济和消费变化（据表2-1）

表2-1　1978—2010年浙江省国民生产总值和消费水平指数

年份	经济密度 10⁴ 元/km²	GDP 指数	工业 产值	建筑业 产值	人均 GDP	居民 总消费	城镇居 民消费	农村居 民消费
1978	54	100.00						
1979	61	113.6	118.0	124.3	112.3	112.1	110.6	111.1
1980	71	132.2	155.7	153.6	129.2	120.1	111.0	119.6
1981	79	147.4	173.4	151.8	142.8	156.2	127.0	161.6
1982	88	164.2	182.0	160.4	157.0	173.4	132.0	181.4
1983	95	177.4	210.3	147.7	167.7	184.3	137.0	192.8
1984	116	215.9	260.8	178.2	202.2	206.7	154.0	213.5
1985	141	262.8	352.9	247.6	244.3	237.6	181.4	238.7

续 表

年份	经济密度 10⁴ 元/km²	GDP 指数	工业 产值	建筑业 产值	人均 GDP	居民 总消费	城镇居 民消费	农村居 民消费
1986	159	294.5	402.1	275.3	271.0	270.5	206.1	266.1
1987	177	329.3	469.9	334.2	299.7	295.2	216.1	293.4
1988	197	366.3	546.6	348.1	329.4	314.6	229.9	309.8
1989	196	364.1	551.2	315.2	324.1	293.7	215.5	285.6
1990	204	378.5	579.9	322.3	334.3	297.5	220.0	285.2
1991	240	446.0	685.8	377.5	391.4	317.7	232.5	303.4
1992	286	530.8	858.8	429.8	463.2	335.6	245.9	314.5
1993	349	647.7	1143.9	488.8	561.8	351.2	253.6	325.1
1994	418	777.0	1458.0	593.2	669.7	389.0	282.4	346.7
1995	488	907.4	1725.8	739.2	776.9	423.2	301.9	374.0
1996	550	1022.5	1993.3	829.4	871.6	473.5	325.4	423.7
1997	612	1136.1	2249.0	891.5	962.7	496.8	330.0	444.8
1998	674	1251.6	2491.0	946.7	1055.0	515.1	326.6	466.5
1999	741	1377.2	2773.8	1004.4	1155.0	534.7	326.6	485.6
2000	823	1529.2	3099.2	1093.7	1248.7	587.5	339.1	547.9
2001	911	1692.0	3441.6	1224.1	1344.4	641.2	356.8	605.3
2002	1026	1905.9	3902.3	1364.9	1499.0	711.6	379.2	675.3
2003	1177	2186.0	4557.4	1728.5	1696.5	810.6	423.5	737.4
2004	1347	2502.5	5305.3	1930.8	1912.5	912.3	489.6	769.7
2005	1519	2821.9	5977.6	2101.0	2127.5	1066.5	575.8	851.3
2006	1730	3213.5	6833.9	2353.8	2387.4	1211.5	642.6	957.7
2007	1984	3684.8	7897.9	2559.8	2693.7	1352.1	668.9	1081.2
2008	2183	4055.2	8634.4	2642.5	2924.2	1469.7	729.8	1136.4
2009	2378	4417.9	9225.2	3046.6	3149.1	1646.0	821.7	1235.3
2010	2662	4945.2	10372.0	3355.6	3448.0	1777.7	860.3	1384.7

资料来源：[1]14、17、21。

注：经济密度按 GDP 指数作了校正；人均 GDP 从 1990 年开始按常住人口计。

1978—2010 年，浙江猪、牛、羊肉产量由 42.27×10⁴t 升至 134.90×10⁴t，增 2.19 倍、92.63×10⁴t，人均由 11.33 千克升至 25.17 千克，增 1.22 倍、13.84 千克；水产品产量由 87.52×10⁴t 升至 477.95×10⁴t，增 4.46 倍、390.43×10⁴t，人均由 23.47 千克升至 89.15 千克，增 2.80 倍、65.68 千克；淡水养殖业的发展，使海水产品占水产品的比重，由

93%(81.69×10^4 t)降到了 80%(381.23×10^4 t)[1]251、253。

（三）住房和交通运输

——住房压力：户数、户均住房面积显著增加，住房质量明显提高

浙江住房对环境的压力来自三个方面：

第一，家庭规模小型化，家庭户户数显著快于人口数量的增加。

浙江家庭户的规模（人/户）由 1964 年的 4.31 降至 2010 年的 2.62。1964 年、1982 年、1990 年、2000 年、2010 年各普查年的人口规模指数（上一普查年＝100），依次为 126.33、137.31、106.59、110.82 和 118.50；对应年份家庭户数量指数（上一普查年＝100），依次为 113.22、145.57、122.24、120.99 和 131.25——家庭户规模的小型化，使家庭户数量的增加，自 1964 年之后显著快于人口规模（总量）的增长。（表 2－2）

表 2－2　浙江省各普查年的家庭户数量和家庭规模

项目	单位	1953 年	1964 年	1982 年	1990 年	2000 年	2010 年
家庭户规模	人/户	3.87	4.31	3.96	3.46	3.00	2.62
家庭户数量	10^4 户	579.96	656.63	955.86	1168.47	1413.69	1855.40
人口总量	10^4 人	2241.57	2831.86	3888.46	4144.59	4593.06	5442.69

资料来源：[1]75,[2]2-3,[3]151。

第二，家庭户户均住房面积显著增加。

1949 年，特别是 20 世纪 80 年代以来，浙江家庭户户均住房间数、住房面积都呈显著增长态。在 1990—1999 年的峰期（2000 年后的下降因于流动人口家庭的大幅增加），户均住房 3.13 间，比 1949 年前、1980—1989 年增加 1.18 间、0.96 间，幅度为 61% 和 44%；户均住房面积 120.38 平方米，比 1949 年前、1980—1989 年增加 55.30 平方米、20.40 平方米，幅度为 85% 和 20%。（表 2－3）

表 2－3　浙江省按建筑年代分的家庭户住房状况

住房状况	1949 年之前	1949—1959 年	1960—1969 年	1970—1979 年	1980—1989 年	1990—1999 年	2000—2010 年
间/户	1.95	2.05	2.18	2.30	2.17	3.13	2.91
m^2/间	33.35	33.36	33.55	34.58	36.86	38.49	38.79
m^2/户	65.08	68.51	73.27	79.44	99.98	120.38	112.91

资料来源：[4]3143-3148。

第三，住房质量明显提高。

2000 年，钢混、砖石、木竹草、其他建筑材料住房的比例为 8.38%、78.32%、6.86% 和 6.44%[3]324；2010 年，钢混、混合、砖木、其他建筑材料住房的比例为 19.38%、56.47%、21.17% 和 2.98%[4]3129。同数量一样，质量也负荷着对环境的冲击：住房质量的显著提高，强化了对环境的扰动，大量砖、木材负荷着对土地（耕地）和森林的冲击，高耗能、高污染钢材、水泥的大量使用，意味着相应的能源消耗和环境污染。

——交通运输压力：越来越长的公路,越来越大的运输能力,越来越多的人口和物资流动

浙江交通运输对环境冲击力的特征展现在三个方面。(表2-4)

表2-4 1978/1985—2010年浙江省运输能力和旅客、货物输送量

年份	铁路里程	公路里程	民用汽车	机动船净吨位	港口吞吐量	客运量	旅客周转量	货运量	货物周转量
	km		10^4 辆	10^4 t		10^4 人	亿人公里	10^4 t	亿吨公里
1978	779	18621			867	20535	66.68	8460	164.19
1979	779	20574			1148	23781	68.22	9202	181.08
1980	775	21856			1289	28454	96.74	9577	190.76
1981	775	22766			1383	32458	111.40	9608	192.29
1982	832	23506			1465	35988	120.66	10746	201.83
1983	832	24152			1625	37856	134.73	10877	212.49
1984	832	24659			1922	40827	157.81	11781	232.67
1985	832	25611			2511	52776	201.35	22358	293.54
1986	832	26689	8.91	89.25	3341	57973	220.38	31775	341.20
1987	833	27844	11.26	95.29	3995	61403	246.98	32346	369.21
1988	833	28854	12.75	111.80	4380	64571	269.43	37502	403.96
1989	832	29509	14.77	122.16	4255	59477	257.28	36358	408.99
1990	833	30195	15.36	121.02	4321	60347	257.29	33474	400.65
1991	836	30700	17.20	125.12	5509	64906	285.85	35198	456.00
1992	867	31294	20.17	141.60	7018	71017	322.40	41115	546.81
1993	921	32838	24.57	190.04	8424	91553	398.87	49867	617.69
1994	921	33438	29.46	227.97	9311	100068	435.15	54765	685.41
1995	921	34329	35.92	248.23	10483	109139	483.06	62287	874.29
1996	921	35355	37.44	256.11	11612	114098	500.98	63875	900.80
1997	1051	36127	41.58	251.96	12187	115151	529.79	60956	914.54
1998	1196	38900	42.83	282.78	13487	118329	552.35	60369	897.88
1999	1198	40630	57.59	345.25	14452	118819	582.71	64004	1004.10
2000	1193	41970	68.06	396.03	19638	124133	606.73	74884	1199.74
2001	1207	44005	85.56	463.27	21827	132881	651.79	77832	1371.60
2002	1212	45645	107.83	550.73	25503	135995	706.85	90507	1616.61
2003	1212	46193	135,82	671.54	32216	140699	718.39	103163	2047.48

续　表

年份	铁路里程	公路里程	民用汽车	机动船净吨位	港口吞吐量	客运量	旅客周转量	货运量	货物周转量
	km		10^4 辆	10^4 t		10^4 人	亿人公里	10^4 t	亿吨公里
2004	1212	46935	164.74	806.24	40810	150254	795.32	117298	2701.48
2005	1255	48600	204.66	1011.46	47900 *70871*	160669	848.49	120176	3416.90
2006	1265	*95310*	250.11	1128.69	55238 *82186*	174626	929.15	140095	4363.71
2007	1306	*99812*	303.27	1186.51	62112 *88661*	189658	1026.50	153318	4962.38
2008	1306	*103652*	354.51	1276.94	*95638*	217209	1118.62	146637	5476.25
2009	1665	*106942*	433.30	1538.25	*103744*	222130	1152.38	151239	5659.78
2010	1761	*110177*	543.57	1800.48	*112787*	228017	1250.74	170540	7117.04

资料来源：[1]361－365，[5]210－211，[6]78，[7]378－379，[8]224、227、378－379，[9]421－423，[10]373－375，[11]13－14，[12]15－16，[13]15－16，[14]13，[15]13。

注：公路里程从2006年开始含村道，用斜体标出；港口吞吐量从2005年开始的斜体数为扩大内河港口统计数。

第一，越来越长的通车里程。

1978－2010年，铁路营业里程由779千米增至1761千米，增1.26倍、982千米，年递增率2.58%。公路通车里程（不含村道）1978－2005年由18621千米升至48600千米，增1.61倍、29979千米，年递增率3.61%；2006－2010年（含村道）由95310千米升至110177千米，增15.60%、14867千米，年递增率3.69%。

第二，越来越大的运输能力。

至2010年，民用汽车由1986年的8.91×10^4辆升至543.57×10^4辆，增60倍、534.66×10^4辆，年递增率18.60%①；机动船（净）载重量（吨位）由1986年的89.25×10^4t升至1800.48×10^4t，增19倍、1711.23×10^4t，年递增率13.33%。港口货物吞吐量，则由1978年的867×10^4t升至2007年的62112×10^4t，增71倍、61245×10^4t，年递增率15.87%；2005－2010年，按扩大内河港口计的吞吐量，由70871×10^4t升至112787×10^4t（沿海港口78846×10^4t，内河港口33941×10^4t），增59%、412916×10^4t，年递增率9.77%。

第三，越来越多的人口和物资流动。

浙江交通运输的发展带来的，或交通运输发展的标志是，越来越多的人在流动，越来

① 其中轿车，特别是占轿车85%以上的私人小轿车的增长更是迅猛——2004－2010年，轿车由68.21×10^4辆升至324.73×10^4辆，增3.80倍、259.52×10^4辆，年递增率29.88%；私人小轿车由49.38×10^4辆升至280.62×10^4辆，增4.68倍、231.24×10^4辆，年递增率33.59%[1]362[5]374[9]422。

越多的人在越来越长的距离上(更大的空间)流动;越来越多的货物在流动,越来越多的货物在越来越长的距离上(更大的空间)流动。1978—2010年,年客运量由20535×10⁴人升至228017×10⁴人,增10.10倍,年递增率7.81%;旅客周转量由66.68亿人公里升至1250.74亿人公里,增17.76倍,年递增率9.59%。同期,货运量由8460×10⁴t升至170540×10⁴t,增19.16倍,递增率9.84%;货物周转量由164.19亿吨公里升至7117.04亿吨公里,增42.35倍,年递增率12.50%。

(四)能源和物质消费

2010年,浙江能源年消费总量(标煤)16865.29×10⁴t,比1980年(1028.18×10⁴t)增15.4倍、15837.11×10⁴t,年递增率9.77%,能源强度1619t/km²,为1980年(99t/km²)的16.40倍;农业机械总动力2499.9×10⁷W,比1978年(329.9×10⁷W)增6.6倍、2170.0×10⁷W,年递增率6.53%,农业机械总动力强度240×10³W/km²,为1978年(38×10³W/km²)的7.58倍;化肥用量(折纯)92.20×10⁴t,比1978年(36.72×10⁴t)增1.51倍、55.48×10⁴t,年递增率2.92%,每平方千米的化肥使用量,1997年最高9504千克,为1978年3526千克的2.70倍;1981年以来,农药施用量在一半年份(1996—2010)保持在6.5×10⁴t的水平上,最多的年份(1982)8.31×10⁴t,最少的年份(1985)3.40×10⁴t。(表2-5)

在能源消费中,作为终端消费的电力增长更为迅速。2010年2820.93×10⁸kW·h(按0.404kg/kW·h换算,折标煤11396.56×10⁴t,占总消费的67.6%),比1990年(230.29×10⁸kW·h,折标煤930.37×10⁴t,占总消费的34.0%)增20.65倍、25590.64×10⁸kW·h,年递增率16.62%[1]334。

表2-5 1978—2010年浙江省能源、农业机械动力、化肥和农药投入

年份	能源总消费(标煤)			农业机械总动力		化肥折纯量		农药施用量	
	10⁴t	t/km²	kg/人	10⁷W	10³W/km²	10⁴t	kg/km²	10⁴t	kg/km²
1978				392.9	38	36.72	3526		
1979				469.9	45	50.60	4859		
1980	1028.18	99	269	534.7	51	62.29	5981		
1981	1109.62	107	287	585.0	56	63.78	6124	7.69	738
1982	1170.70	112	298	628.5	60	67.95	6525	8.31	798
1983	1282.68	123	324	682.3	66	70.18	6739	7.33	704
1984	1394.66	134	349	746.3	72	71.77	6892	4.19	402
1985	1628.80	156	404	810.2	78	71.83	6897	3.40	326
1986	1801.86	173	443	888.7	85	79.37	7621	4.12	396
1987	2005.46	193	487	974.6	94	85.45	8205	4.62	444
1988	2239.60	215	537	1075.9	103	91.44	8780	4.28	411
1989	2280.32	219	542	1133.5	109	92.56	8888	4.94	474

续　表

年份	能源总消费(标煤)			农业机械总动力		化肥折纯量		农药施用量	
	10^4 t	t/km²	kg/人	10^7 W	10^3 W/km²	10^4 t	kg/km²	10^4 t	kg/km²
1990	2732.86	262	645	1215.7	117	94.64	9088	5.33	512
1991	3123.17	300	732	1265.5	122	96.97	9311	5.87	564
1992	3484.22	335	809	1352.0	130	94.84	9107	5.75	552
1993	4044.22	388	933	1417.9	136	83.68	8035	4.81	462
1994	4496.67	432	1030	1497.3	144	87.45	8397	5.42	520
1995	4851.26	466	1103	1639.9	157	97.52	9364	5.89	566
1996	5165.43	496	1171	1707.6	164	98.30	9439	6.34	609
1997	5446.74	523	1228	1733.3	166	98.98	9504	6.52	626
1998	5656.96	543	1269	1798.8	172	90.78	8717	6.59	633
1999	5960.14	572	1332	1912.5	184	92.68	8899	6.70	643
2000	6560.37	630	1402	1990.1	191	89.72	8615	6.53	627
2001	7253.11	694	1534	2017.2	194	90.32	8673	6.63	637
2002	8279.64	795	1733	2053.2	197	91.91	8826	6.39	614
2003	9522.56	914	1961	2039.7	196	90.38	8679	6.17	592
2004	10824.69	1039	2198	2026.7	195	93.34	8963	6.34	609
2005	12031.67	1155	2411	2111.3	203	94.27	9052	6.56	630
2006	13218.85	1170	2606	2293.0	220	93.98	9024	6.62	636
2007	14524.13	1395	2818	2331.6	224	92.82	8913	6.49	623
2008	15106.88	1451	2898	2331.4	224	92.98	8928	6.58	632
2009	15566.89	1495	2951	2450.6	235	93.60	8988	6.55	629
2010	16865.29	1619	3097	2499.9	240	92.20	8853	6.51	625

资料来源：[1]230、234、334,[5]137－138,[6]16,[7]219、223,[9]264。

　　人均能耗的增长，也甚为迅速且以 2000 年之后为著。2010 年，人均总耗能 3096 千克标煤，比 1980 年(269 千克)增 10.51 倍、2827 千克，年均 94 千克，递增率 8.48％，其中 2000－2007 年最快达 1416 千克(1402－2818 千克)，占总增量的 50％，年均 202 千克，2004 年最多 237 千克；人均电力消费 5179kW・h(折标煤 2092 千克,下同)，比 1990 年(543kW・h,219 千克)增 8.54 倍、4636kW・h(1873 千克)，年均 232kW・h(94 千克)，递增率 11.94％，其中 2000－2010 年增长最快为 3630kW・h(1467 千克)，占总增量的 78％，年均 363kW・h(147 千克),2010 年增幅最大为 494kW・h(200 千克)[1]334。

二、环境冲击量

"没有免费的午餐"。人口增长、消费上升和为此必需的经济增长,必然带来能源和物质投入的增加,而对能源和物质的大量消费,则必然导致废物、废热相应地大量排放,进而对环境造成巨大冲击——尽管由于技术因素而有所弱化。

(一)环境冲击量

——工业废气排放量

1986—2010 年,浙江工业废气排放量节节攀升,由 2239×10⁸m³(亿标立方米,下同)升至 20434×10⁸m³,增 8.13 倍、18195×10⁸m³,年递增率 9.65%。工业废气中,二氧化硫(SO_2)排放量由 45.93×10⁴t 升至 67.80×10⁴t(2005 年最多达 83.10×10⁴t),增 47.62%(80.93%)、21.87×10⁴t(37.17×10⁴t),年递增率 1.64%(3.17%);粉尘、烟尘排放量显著减少,分别由 58.80×10⁴t 和 53.98×104t 降至 13.90×10⁴t 和 17.40×10⁴t。二氧化碳(CO_2)的排放量(按每吨标煤 2.01t 匡算),2010 年达 33899×10⁴t,为 1980 年 2067×10⁴t 的 16.40 倍。(表 2-6,图 2-2)

——工业固体废物产生量

浙江固体废物的产生量,2010 年 4268×10⁴t,为 1986 年 929×10⁴t 的 4.59 倍,年递增率 6.56%。(表 2-6,图 2-2)

——工业和生活废水

1986—2010 年,浙江废水排放量由 140945×10⁴t 升至 394828×10⁴t,增 1.80 倍、253883×10⁴t,年递增率 4.38%。其中工业废水由 112972×10⁴t 升至 217426×10⁴t,增 92.46%、104454×10⁴t,年递增率 2.77%;生活废水(包括工业废水之外的其他废水)由 27973×10⁴t 升至 177402×10⁴t,增 5.34 倍、149429×10⁴t,年递增率 8.00%。(表 2-7,图 2-2)

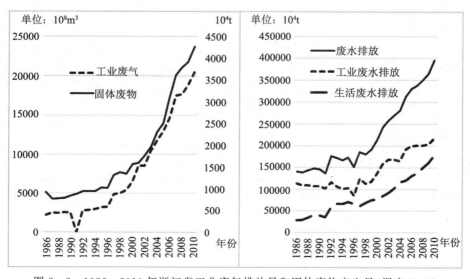

图 2-2 1986—2010 年浙江省工业废气排放量和固体废物产生量(据表 2-6)

表 2-6　1986-2010 年浙江省工业废气排放量和固体废物产生量

年份	工业废气排放量		工业废气中			CO₂ 排放量	固体废物产生量
			SO₂	粉尘	烟尘		
	10^8m^3	$10^4 \text{m}^3/\text{km}^2$	10^4t				
1986	2239	215	45.93	58.80	53.98	3928	929
1987	2511	241	41.01	46.13	36.03	4372	768
1988	2464	236	41.79	32.55	36.21	4882	779
1989	2553	245	46.54	38.48	29.02	4971	798
1990	2538	244	43.79	32.66	27.84	5958	848
1991	2524	242	41.99	16.36	22.94	6809	888
1992	2809	270	51.18	25.66	28.41	7596	945
1993	2878	276	53.61	21.92	28.88	8816	949
1994	2996	288	54.35	21.33	26.49	9803	953
1995	3198	307	54.14	18.71	26.23	10576	1030
1996	3279	315	40.02	16.68	13.67	11261	1027
1997	4884	469	63.49	79.99	33.38	11874	1326
1998	5016	482	62.46	70.76	35.18	12332	1390
1999	5417	520	60.80	69.00	32.50	12993	1362
2000	6509	625	61.05	60.76	27.52	14302	1577
2001	8530	819	55.60	46.10	23.20	15812	1603
2002	8532	8819	59.40	32.60	18.70	15870	1778
2003	10432	1002	70.70	31.70	19.40	20759	1976
2004	11749	1128	78.90	33.30	20.80	23598	2318
2005	13025	1251	83.10	23.10	19.90	26229	2514
2006	14702	1412	82.90	22.00	19.50	28817	3096
2007	17476	1678	77.59	20.30	17.20	31663	3613
2008	17633	1693	71.59	17.13	16.49	32933	3785
2009	18860	1811	67.70	16.83	17.97	33936	3910
2010	20434	1962	67.80	13.90	17.40	36766	4268

资料来源：[1]455，[9]521-522，[11]24、133，[12]25、229，[13]28、206，[14]26、41-42，[15]36。

表 2-7 1986—2010 年浙江省工业、生活的废水排放

年份	废水排放总量				废水排放强度		
	合计	工业	生活	构成	合计	工业	生活
	10^4 t			%	t/km²		
1986	140945	112972	27973	80/20	13534	11097	2748
1987	138491	109398	29093	79/21	13298	10640	3033
1988	144007	109540	34467	76/24	13828	10271	3243
1989	147653	107422	40231	73/27	14178	9981	3988
1990	146236	107247	38989	73/27	14042	10147	3872
1991	136689	102049	34640	75/25	13125	10024	3403
1992	176011	116626	59385	66/34	16901	11456	5833
1993	171748	105734	66014	62/38	16492	10386	6485
1994	167200	100703	66497	60/40	16055	9892	6532
1995	173589	102807	70782	59/41	16669	10099	6953
1996	151325	85481	65844	56/44	14531	8397	6468
1997	186000	124813	61187	67/33	17860	12261	5983
1998	180938	113018	67920	62/38	17374	11102	6672
1999	192150	117132	75018	61/39	18451	11506	7369
2000	213316	136433	76883	64/36	20483	13402	7552
2001	242570	158113	84457	65/35	23292	15532	8296
2002	259099	168048	91051	65/35	24880	16508	8944
2003	270262	168088	102174	62/38	25952	16512	10037
2004	281326	165274	116052	59/41	27014	16235	11400
2005	313196	192426	120770	61/39	30074	18902	11863
2006	330694	199593	131101	60/40	31754	19606	12878
2007	338101	201211	136890	60/40	32466	19765	13447
2008	350377	200488	149889	57/43	33644	19694	14724
2009	365017	203441	161575	56/44	35050	19984	15872
2010	394828	217426	177402	55/45	37913	21358	17427

资料来源：[1]454,[9]521,[11]33,[12]29,[13]34,[14]30,[15]31。

——化学需氧量和氨氮排放

化学需氧量[①]变化的特征是,总量和工业排放显著减少,生活排放显著增加而占比上升;氨氮排放总量、工业和生活排放都在减少,但生活排放减少缓慢而占比上升。(表2-8)

表2-8 1997/2001-2010年浙江省化学需氧量和氨氮排放量

年份	化学需氧量（COD）				氨氮排放量			
	合计	工业	生活	构成	合计	工业	生活	构成
	10^4 t			％	10^4 t			％
1997	75.64	60.23	15.41	80/20				
1998	71.00	43.88	27.12	62/38				
1999	59.30	31.81	27.49	54/46				
2000	58.90	34.30	24.50	58/42				
2001	63.20	32.09	31.11	51/49	87000	56000	31000	64/36
2002	57.90	28.35	29.55	49/51	68200	39100	29100	57/43
2003	56.20	25.64	30.56	46/54	68400	38000	30400	56/44
2004	55.65	25.15	30.50	45/55	63000	33500	29500	53/47
2005	59.47	28.96	30.51	49/51	62900	31000	31900	49/51
2006	59.27	28.65	30.62	48/52	57400	26500	30900	46/54
2007	56.40	26.43	29.97	47/53	53100	24300	28800	46/54
2008	53.86	24.27	29.59	45/55	46800	20300	26500	43/57
2009	51.38	24.05	27.33	47/53	41000	15200	25800	37/63
2010	48.67	24.40	24.27	50/50	41700	16000	25700	38/62

资料来源：[12]35,[13]31,[14]31,[15],[16],[17],[18]17。

1997-2010年化学需氧量在减少,废水为35.66％、26.97×10^4 t,工业废水为59.49％、35.83×10^4 t;2001-2010年氨氮排放量在减少,废水为52.07％、45300t,工业废水为71.43％、40000t。

生活废水中的氨氮排放量有所减少——2001-2010年降17.10％、5300t,化学需氧量则呈显著增加态——2010年24.27×10^4 t,比1997年（15.41×10^4 t）增57.50％、8.86×10^4 t,其中2001-2008年维持在30×10^4 t左右。

——废水、化学需氧量、氨氮的工业排放与生活排放

废水、化学需氧量、氨氮排放的突出特点是,工业排放比重减小,生活排放比重迅速上升而成为工业之外的重要污染源。生活排放占总排放的比重,废水由1986年的20％升至2010年的45％,增25个百分点。废水中化学需氧量由1997年的20％升至2010年的50％而与工业排放"平分秋色";氨氮排放量由2001年的36％升至2010年的62％而

---

① 又称化学耗氧量,简称COD。是利用化学氧化剂将水中可氧化物质（如有机物、亚硝酸盐、亚铁盐、硫化物等）氧化分解,然后根据残留的氧化剂的量计算出氧的消耗量。用高锰酸钾作氧化剂测定的COD记为COD_{Mn};用重铬酸钾作氧化剂测定的COD记COD_{Cr},COD_{Cr}法适用于对污染严重工业废水的分析。

"十之有六"。(表2-7、2-8)

——工业废水污染物负荷比

按《地表水环境质量标准》(GB 3838-2002)Ⅲ类水标准,2010年工业废水各污染物的负荷比(对污染的贡献率),氨氮最高48.88%,化学需氧量次之37.27%,石油类12.02%排第3位——合计占98.18%,以下依次为挥发酚(0.82%)、六价铬(0.42%)、汞(0.25%)、氰化物(0.18%)、铅(0.08%)、镉(0.07%)和砷(0.01%)[15]35。而在2001—2005年期间,氨氮只占32.38%,远低于高达57.70%的化学需氧量排在第2位,石油类4.23%仍然排第3位,但负荷显著低于2010年[14]34。

——农业和机动车污染

据2010年普查更新调查(第一次污染源普查,2007年),农业污染源污染物排放量为,化学需氧量22.11×10^4 t,氨氮2.82×10^4 t,总氮9.55×10^4 t,总磷1.17×10^4 t,分别占全省排放总量的26.2%、23.8%、47.3%和77.6%;据2010年普查更新调查,全省机动车保有量1096.68×10^4辆,污染物排放量,氮氧化物15.45×10^4 t,烟尘1.62×10^4 t,分别占全省排放总量的18.1%和5.5%[15]45。

(二)分行业的工业废水和污染物排放

浙江省废水和(废水中)污染物的排放大户,主要有纺织业(Ⅰ)、造纸及纸制品业(Ⅱ)、化学原料及化学制品制造业(Ⅲ)、金属制造业(Ⅳ)、有色金属矿采选业(Ⅴ)、黑色金属冶炼及压延加工业(Ⅵ)和专用设备制造业(Ⅶ)。(表2-9)

表2-9 2010年浙江省主要行业的工业废水和污染物排放*

项目	单位	合计	Ⅰ	Ⅱ	Ⅲ	Ⅳ	Ⅴ	Ⅵ	Ⅶ	Ⅷ
废水	10^4 t	187323	66295	40557	20740	5828	874	2472	248	50309
	%	100.00	35.39	21.65	11.07	3.11	0.47	1.32	0.13	26.86
化学需氧量	t	195982	67090	36371	19505	5186		2789	276	64765
	%	100.00	34.23	18.56	9.95	2.65		1.42	0.14	33.07
氨氮	t	12035	4863	1100	2235	215		100	14	3508
	%	100.00	40.41	9.14	18.58	1.79		0.83	0.12	29.13
石油类	t	196.84	0.58	8.93	33.96	31.33		46.09	1.33	74.62
	%	100.00	0.29	4.54	17.25	15.92		23.41	0.68	37.91
挥发酚	t	1.35		0.19	0.29			0.15		0.72
	%	100.00		14.07	21.48			11.11		53.33
六价铬	t	6.825	0.085	0.005		5.936	0.007	0.070	0.070	0.657
	%	100.00	1.25	0.07		86.97	0.10	1.03	1.03	9.62
汞	t	0.008							0.008	
	%	100.00							98.77	
氰化物	t	11.51	0.01	0.01	3.29	7.46		0.18		0.56
	%	100.00	0.09	0.09	28.58	64.81		1.56		4.87

续　表

项目	单位	合计	Ⅰ	Ⅱ	Ⅲ	Ⅳ	Ⅴ	Ⅵ	Ⅶ	Ⅷ
铅	t	1.231				0.121	0.715			0.394
	%	100.00				9.85	58.13			32.02
镉	t	0.1193				0.002	0.117			
	%	100.00				1.76	98.07			
砷	t	0.22			0.06		0.14	0.01		0.01
	%	100.00			27.27		63.64	4.55		4.55

资料来源：[18]26－31。

注：表中Ⅰ代表纺织业，Ⅱ代表造纸及纸制品业，Ⅲ代表化学原料及化学制品制造业，Ⅳ代表金属制造业，Ⅴ代表有色金属矿采选业，Ⅵ代表黑色金属冶炼及压延加工业，Ⅶ代表专用设备制造业，Ⅷ代表其余行业。

2010 年各行业废水、污染物排放量占总排放量的比重和位次，纺织业（Ⅰ）废水占 35.39%、氨氮占 40.41%、化学需氧量占 34.23%，皆居各行业之首；造纸及纸制品业（Ⅱ）废水（21.65%）、化学需氧量（18.56%）各居第 2 位，氨氮（9.14%）、挥发酚（14.07%）分别占第 3、4 位；化学原料及化学制品制造业（Ⅲ）废水（11.07%）、化学需氧量（9.95%）皆排在第 3 位，氨氮（18.58%）、挥发酚（21.48%）、石油类（17.25%）、砷（27.27%）皆居第 2 位——3 行业合计排放 68.11% 的废水、68.12% 的氨氮、62.74% 的化学需氧量、22.08% 的石油类、35.56% 的挥发酚、28.76% 的氰化物、27.27% 的砷和 1.33% 的六价铬。

金属制造业（Ⅳ）排放的六价铬（86.97%）、氰化物（64.81%）居各行业之首，镉（1.76%）居第 2 位，石油类（15.92%）、铅（9.85%）排在第 3 位；有色金属矿采选业（Ⅴ）排放的镉、砷、铅居各行业之首，分别占 98.07%、63.64% 和 58.13%；黑色金属冶炼及压延加工业（Ⅵ）排放的石油类最多占 23.41%；专用设备制造业（Ⅶ）则排放着 98.77% 的汞。其余行业合计排放的废水，废水中的化学需氧量、氨氮、石油类和重金属、挥发酚、氰化物占 26.86%，33.05%、29.13%、37.91% 和 10.99%。

三、环境冲击量的空间分布

浙江环境冲击量空间差异显著，与人口、投入、经济和消费呈正相关态。

（一）环境冲击量的地理区、密度区分布

——地理区的环境冲击量

地理大区的环境冲击量，浙东北明显大于浙西南。浙东北的人口密度 648 人/km²、用电量[①] 1748×10⁸ kW·h、用电强度 381×10⁴ kW·h/km²、经济强度 3958×10⁴ 元/km²，分别为浙西南（424 人/km²、885.70×10⁸ kW·h、152×10⁴ kW·h/km²、1524×10⁴ 元/km²）的 1.53 倍、1.97 倍、2.51 倍和 2.60 倍。（表 2－10，图 2－3）

---

①　基于终端消费的性质和占总能源消费 2/3 的比例，这里以用电量代表能源消费，以用电强度代表能源消费强度。

表 2 - 10　2010 年浙江省按地理区分别的环境冲击量

项目	单位	全省	浙东北平原区	浙西北丘陵山区	浙中盆地丘陵区	浙西南山地丘陵区	浙东南沿海平原区
国土	km^2	104141	19205	17642	22867	26446	17981
人口	10^4 人	5442.69	2182.94	317.00	945.73	407.71	1589.31
	人/km^2	523	1137	180	414	154	884
用电量	$10^8 kW \cdot h$	2622.52	1408.97	149.11	416.49	94.04	553.90
	%	100.00	53.72	5.69	15.88	3.59	21.12
	$10^4 kW \cdot h/km^2$	252	734	85	102	36	308
国内生产总值	10^8 元	27007.28	14226.02	1468.75	3909.15	1166.17	6237.19
	%	100.00	52.67	5.44	14.47	4.32	23.09
	10^4 元/km^2	2593	7407	833	1710	441	3469
	元/人	50935	65169	46333	41335	28645	39245
经济强度指数		1.000	2.857	0.321	0.659	0.170	1.338

资料来源：[1]550 - 551、584 - 585。

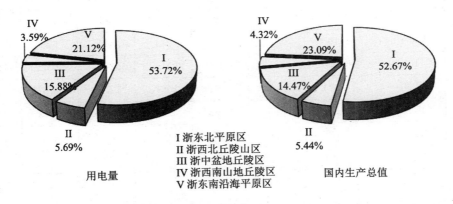

图 2 - 3　2010 年浙江省各地理区的用电量和国内生产总值(据表 2 - 10)

除工业粉尘(浙西南占 55.05%)外,工业废气排放量,(全社会)废气中二氧化硫、氮氧化物、烟尘量,工业固体废物产生量,浙东北分别占 72.53%、61.06%、74.44%、77.01% 和 67.32% 而显著多于浙西南;浙东北的废水排放总量、化学需氧量、氨氮排放量,也同样多于浙西南,分别占 69.90%、55.69% 和 58.61%。从废气、废水排放量和工业固体废物的产生强度看,人口多、密度高、能源—经济规模大、强度高的浙东北,也同样高于浙西南——32316×$10^4 m^3/km^2$、60160t/km^2、626t/km^2,分别为浙西南(9631×$10^4 m^3/km^2$、20390t/km^2、239t/km^2)的 3.36 倍、2.95 倍和 2.62 倍。(表 2 - 13、2 - 14)

化学需氧量的排放构成,浙东北以工业为主占 64%,浙西南以生活为主占 67%;氨氮的排放构成,浙东北工业和生活相近,各占 48% 和 52%,浙西南以生活为主占 72%(表 2 - 14)。与地理大区相比,各地理区冲击量差异进一步扩大。(表 2 - 10,图 2 - 6)

冲击量浙东北平原区最大：人口密度 1137 人/km² 为全省均值的 2.17 倍，用电量 1408.97×10⁸kW·h 占全省的 53.73％、强度 734×10⁴kW·h/km² 为全省均值的 2.91 倍，国内生产总值 14226.02×10⁸ 元占全省的 52.18％，经济强度 7407×10⁴ 元/km² 为全省均值的 2.86 倍；浙西南山地丘陵区最轻：人口密度 154 人/km² 为全省平均的 0.294，浙东北平原区的 0.135；用电量 94.04×10⁸kW·h 占全省的 3.59％，用电强度 36×10⁴kW·h/km² 为全省的 0.143，浙东北平原区的 0.049；国内生产总值 1166.17×10⁸ 元占全省的 4.32％，经济强度 441×10⁴ 元/km² 为全省的 0.170，浙东北平原区的 0.060。

——人口密度区的环境冲击量

浙江各人口密度区的环境冲击量与人口密度、耗能强度、经济强度正相关而呈极显著的两极分布。（表 1-10、2-11，图 2-4）

表 2-11　2010 年浙江省按人口密度分别的环境冲击量

项目	单位	密度区（人/km²）						
		—150	—　300　—	400 —	600 —	1000	—1500—	
		A	B	C	D	E	F	G
人口	人/km²	96	221	349	489	789	1216	2085
用电量	10⁸kW·h	46.46	168.72	234.30	314.72	398.63	830.89	628.82
	％	1.77	6.43	8.93	12.00	15.20	31.68	23.98
	10⁴kW·h/km²	19	74	152	221	411	675	1079
国民生产总值	10⁸ 元	649.62	1816.85	2406.00	2911.73	3624.45	8305.21	7293.42
	％	2.41	6.73	8.91	10.78	13.42	30.75	27.01
	10⁴ 元/km²	271	800	1565	2041	3740	6743	12519
	元/人	28285	36227	44825	41719	47413	55460	60036
经济强度指数		0.105	0.309	0.604	0.787	1.442	2.600	4.828

资料来源：[1]550-551、584-585。

注：以县、市、市区为统计单位，计算用合计数同表 2-9。

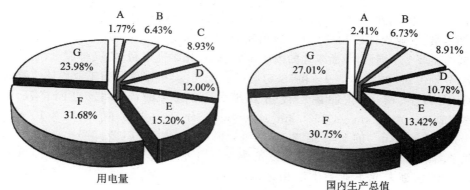

图 2-4　2010 年浙江省各密度区的用电量和国内生产总值（据表 2-11）

各密度区国土、人口、经济、能耗占全省的比重和相当全省平均的份额，<150 人/km²（平均 96 人/km²）密度区（A 区）面积（23955 km²）占 23.00%，人口（229.67×10⁴ 人）占 4.22%，用电量（46.46×10⁸ KWh）占 1.77%，用电强度（19×10⁴ KWh/km²）为全省平均的 0.075，国内生产总值（649.62×10⁸ 元）占 2.41%，经济强度（271×10⁴ 元/km²）为全省均值（2593×10⁴ 元/km²，地理区，下同）的 0.105。

1000～1499 人/km²（平均 1216 人/km²）密度区（F 区）面积（12316 km²）占 11.83%，人口（1497.52×10⁴ 人）占 27.51%，用电量（830.89×10⁸ KWh）占 31.68%，用电强度（675×10⁴ KWh/km²）为全省平均的 2.68 倍，<150 人/km² 密度区的 35.53 倍，国内生产总值（8305.21×10⁸ 元）占 30.75%，经济强度（6743×10⁴ 元/km²）为全省均值的 2.60 倍，<150 人/km² 密度区的 24.88 倍。

≥1500 人/km²（平均 2085 人/km²）密度区（G 区）面积（5826 km²）占 5.59%，人口（1214.84×10⁴ 人）占 22.32%，用电量（628.82×10⁸ KWh）占 23.93%，用电强度（1079×10⁴ KWh/km²）为全省平均的 4.28 倍，<150 人/km² 密度区的 56.79 倍，国内生产总值（7293.42×10⁸ 元）占 32.68%，经济强度（12519×10⁴ 元/km²）为全省均值的 4.83 倍，<150 人/km² 密度区的 46.20 倍。

（二）各行政区的环境冲击量
—— 各行政区的环境冲击量

浙江按行政区分别的环境冲击量分异显著而形成反差甚大的两极——嘉兴人口密度 1150 人/km²、用电强度 742×10⁴ kW·h/km²、经济强度 5875×10⁴ 元/km²，分别为丽水（122 人/km²、33×10⁴ kW·h/km²、383×10⁴ 元/km²）的 9.43 倍、22.48 倍和 15.34 倍。（表 2-12）

表 2-12　2010 年浙江省各行政区的环境冲击量

项目	单位	全省	浙西南					
			小计	温州	金华	衢州	台州	丽水
国土	km²	104141	58276	11786	10941	8840	9411	17298
人口	10⁴ 人	5442.69	2469.21	912.21	536.16	212.27	596.88	211.70
	人/km²	523	424	774	490	240	634	122
用电量	10⁸ kW·h	2634.10	885.70	300.99	230.69	100.53	196.21	57.28
	%	100.00	33.63	11.43	8.76	3.82	7.45	2.17
	10⁴ kW·h/km²	253	152	255	211	114	208	33
国内生产总值	10⁸ 元	27033.92	8880.30	2925.04	2110.04	755.48	2426.45	663.29
	%	100.00	32.85	10.82	7.81	2.79	8.98	2.45
	10⁴ 元/km²	2596	1524	2482	1929	855	2578	383
	元/人	50935	35964	32065	39355	35591	40652	31332
经济强度指数		1.000	0.587	0.956	0.743	0.329	0.993	0.148

续　表

		浙东北						
		小计	杭州	宁波	嘉兴	湖州	绍兴	舟山
国土	km²	45864	16596	9816	3915	5819	8279	1441
人口	10^4 人	2973.48	870.04	760.57	450.17	289.35	491.22	112.13
	人/km²	648	524	775	1150	497	593	778.
用电量	10^8 kW·h	1748.40	521.93	459.04	290.52	140.15	295.68	41.08
	%	66.38	19.81	17.43	10.03	5.32	11.23	1.56
	10^4 kW·h/km²	381	314	468	742	241	357	285
国内生产总值	10^8 元	18153.62	5949.17	5163.00	2300.20	1301.73	2795.20	644.32
	%	67.15	22.01	19.10	8.51	4.82	10.34	2.38
	10^4 元/km²	3958	3584	5260	5875	2237	3376	4474
	元/人	61052	68378	67883	51096	44988	56902	57462
经济强度指数		1.525	1.381	2.026	2.265	0.862	1.300	1.723

资料来源：[1]531-532、542。

注：合计栏为以市为单位的加总数。

表 2-13　2010 年浙江省各行政区的废气、废物排放量和产生量

行政区	工业废气排放量			二氧化硫	氮氧化物	烟尘	工业粉尘	工业固体废物产生量		
	10^8 m³	%	10^4 m³	10^4 t					%	t/km²
合计	20434	100	19630	67.86	71.68	17.43	17.933	4268	100	410
浙东北	14821	72.53	32316	41.44	53.36	13.45	8.06	2873	67.31	626
杭州	4071	19.92	24531	9.24	10.50	3.28	1.34	707	16.57	426
宁波	5349	26.18	54493	11.09	25.24	3.29	0.87	1154	27.04	1176
嘉兴	2088	10.22	53333	7.02	7.13	1.95	0.76	378	8.86	965
湖州	1648	8.06	28319	5.36	5.57	1.14	4.41	211	4.94	363
绍兴	1490	7.29	17995	6.20	3.61	1.97	0.62	345	8.08	419
舟山	175	0.86	12177	2.49	1.31	1.82	0.06	78	1.83	540
浙东南	5612	27.45	9631	26.46	18.32	3.98	9.873	1395	32.69	239
温州	1010	4.92	8569	6.27	3.31	0.58	0.003	218	5.11	185

行政区	工业废气排放量			二氧化硫	氮氧化物	烟尘	工业粉尘	工业固体废物产生量		
	$10^8 m^3$	%	$10^4 m^3$	$10^4 t$					%	t/km^2
金华	1161	5.68	10613	5.63	4.13	1.52	4.43	254	5.95	232
衢州	1761	8.62	19923	2.93	3.80	1.02	4.58	531	12.44	600
台州	1396	6.83	14830	10.11	6.17	0.62	0.03	246	5.76	261
丽水	284	1.39	1644	1.52	0.91	0.24	0.83	147	3.44	85

资料来源：[15]37、42，[18]48、64。

表 2-14　2010 年浙江省各行政区的废水、氨氮排放量和化学需氧量

行政区	废水排放总量			化学需氧量			氨氮排放量		
	$10^4 t$	%	t/km^2	t	%	构成	t	%	构成
合计	394700	100	37900	486800	100	50/50	41800	100	38/62
浙东北	275900	69.90	60160	271100	55.69	64/36	24500	58.61	48/52
杭州	129600	32.84	78090	121200	24.90	72/28	6660	15.93	23/77
宁波	48000	12.16	48900	41000	8.42	50/50	3370	8.06	41/59
嘉兴	31600	8.01	80720	29100	5.98	62/38	4490	10.74	60/40
湖州	21100	5.35	36260	18000	3.70	51/49	2250	5.38	24/76
绍兴	41700	10.56	50370	53600	11.01	63/37	7020	16.79	69/31
舟山	3900	0.99	27070	8200	1.68	49/51	710	1.70	30/70
浙东南	118800	30.10	20390	215700	44.31	33/67	17300	41.39	28/72
温州	40300	10.21	34190	103600	21.28	25/75	6290	15.05	21/79
金华	26400	6.69	24130	24500	5.03	48/52	3050	7.30	21/79
衢州	18600	4.71	21040	29900	6.14	52/48	2730	6.53	49/51
台州	19500	4.94	20720	28100	5.77	49/51	2590	6.20	24/76
丽水	14000	3.55	8090	29600	6.08	28/62	2640	6.32	24/76

资料来源：[15]32。

——各行政区的废水、废气、废物排放量和产生量

各行政区废水、废气、废物排放量和产生量是能源、经济规模和强度、收入/消费的函数——能源-经济规模越大,强度越高,收入/消费越高,废水、废气、废物排放量和产生量便越大。(表2-13、2-14,图2-8)

各市的废水、废气、废物排放量和产生量,同环境冲击量一样呈显著的两极。工业废气排放量(10^8 m^3)宁波最多,5349.03占26.1％,杭州次之,4071.19占19.9％,舟山、丽水最少,175.47、284.39占0.86％1.39％;排放强度(10^4 m^3/km^2)宁波最高54493,嘉兴次之53333,丽水最低1644。

工业固体废物产生量(10^4t)宁波最多,1154占27.04％,杭州次之,707占16.57％,舟山最少,78占1.83％;废水排放总量(10^4t)杭州最多,129600占32.84％,宁波次之,48000占12.16％,舟山最少,3900占0.99％;化学需氧量(t)杭州最多,121200占24.90％,温州次之,103600占21.28％,湖州36260占3.70％;氨氮排放量(t)绍兴、杭州、温州不相上下,7020、6660、6290占16.79％、15.93％和15.05％,舟山最少,710占1.70％。

化学需氧量的工业、生活排放各占50％持平,氨氮排放以生活排放为主占62％。经济结构和消费(水平、对象)的差异,则导致各市工业与生活排放显著不同。化学需氧量的工业排放杭州占72％居首,生活排放以温州的75％最高;氨氮的工业排放绍兴比重最大占69％,生活排放以温州、金华最高皆达79％。

参考文献

[1] 浙江省统计局,国家统计局浙江调查总队.浙江统计年鉴——2011[M].北京:中国统计出版社,2011.

[2] 浙江省人口普查办公室.浙江省2010年人口普查资料(1)[M].北京:中国统计出版社,2012.

[3] 浙江省人口普查办公室.世纪之交的中国人口——浙江卷[M].北京:中国统计出版社,2005.

[4] 浙江省人口普查办公室.浙江省2010年人口普查资料(5)[M].北京:中国统计出版社,2012.

[5] 浙江省统计局.新浙江五十年统计资料汇编[M].北京:中国统计出版社,2000.

[6] 浙江省统计局、国家统计局浙江调查总队.浙江60年统计资料汇编[M].北京:中国统计出版社,2010.

[7] 浙江省统计局.浙江统计年鉴——2000[M].北京:中国统计出版社,2000.

[8] 浙江省统计局.浙江统计年鉴——2001[M].北京:中国统计出版社,2001.

[9] 浙江省统计局.浙江统计年鉴——2006[M].北京:中国统计出版社,2006.

[10] 浙江省统计局.浙江统计年鉴——2008[M].北京:中国统计出版社,2008.

[11] 浙江省环境保护局.浙江省环境质量报告书(1986-1990).杭州,1991.

[12] 浙江省环境保护局.浙江省环境质量报告书(1991-1995).杭州,1996.

[13] 浙江省环境保护局.浙江省环境质量报告书(1996-2000).杭州,2001.

[14] 浙江省环境保护局.浙江省环境质量报告书(2001-2005).杭州,2006.

[15] 浙江省环境保护厅.浙江省环境质量报告书(2006-2010).杭州,2011.

[16] 浙江省环境保护局.浙江省环境状况公报(1998).杭州,1999.

[17] 浙江省环境保护局.浙江省环境状况公报(1999).杭州,2000.

[18] 浙江省统计局.浙江自然资源与环境统计年鉴(2011)[M].北京:中国统计出版社,2012.

第三章　城市空气质量和酸雨

浙江环境空气质量大体呈乡村背景点稍好于城市,小城市稍好于大城市,浙西南稍好于浙东北,沿海稍好于内陆,平原稍好于盆地的态势。自 20 世纪 80 年代中期以来,城市空气中污染物随时间推移呈由颗粒物—悬浮颗粒物—可吸入颗粒物的微粒化过程,在近 10 年,污染负荷由煤烟型转变为煤烟—尾汽混合型而霾污染陡升,持续上升的酸雨率稳定在高位态,不断减小的降水 pH 值稳定在低位态,酸雨覆盖全省且重酸雨区扩大。

一、城市环境空气质量演变

(一) 城市环境空气质量变化

从监测数据看,浙江城市环境空气[①]质量变化的总趋势是,多项污染物浓度、降尘量[②],综合污染指数下降而质量稍有改善,城市环境空气质量呈浙东北低于浙东南,人口多、经济规模大的城市差于人口少、经济规模小的城市的空间态势。(表 3-1)

——城市环境污染物浓度变化

城市环境空气中污染物的浓度,二氧化硫(SO_2,1986—2010)由 0.049mg/m^3 降至 0.025mg/m^3 而有显著减少;氮氧化物(NO_X,包括 NO_2,1986—2000)由 0.033mg/m^3 升至 0.037mg/m^3,二氧化氮(NO_2,2001—2010)由 0.029mg/m^3 升至 0.032mg/m^3 而稍有增加;总悬浮颗粒物(TSP,1986—2000)由 0.333mg/m^3 降至 0.151mg/m^3,可吸入颗粒物[③](PM10,2001—2010)由 0.102mg/m^3 降至 0.078mg/m^3 而显著减少。降尘量(1986—2005)由 14.51t/km^2·月降至 5.71t/km^2·月。

除氮氧化物/NO_X 外,各污染物浓度减少明显。其中降尘量显著下降并达标(8.0t/km^2·月);二氧化硫波动较大,呈大幅下降、小幅回升态:1999—2002 年降至

---

① 环境空气指近地表而与人类活动紧密关联的大气层部分,用以区别延至 3000 千米高空的大气层。

② 评价对象,1986—1995 年为二氧化硫(SO_2)、氮氧化物(NO_X)、总悬浮颗粒物(TSP)和降尘;1996—2000 年为二氧化硫、氮氧化物和总悬浮颗粒物;2001—2010 年为二氧化硫、二氧化氮(NO_2)和可吸入颗粒物(PM10)。评价标准,1996—2010 年按 GB3095-1996《大气环境质量标准》,1996 年之前按 GB3095-1982《大气环境质量标准》。

③ 总悬浮颗粒物(TSP)由 0.05～100 微米不等的颗粒物组成,能长时间悬浮于空气中,其中 10 微米及以下的称可吸入颗粒物(飘尘)。TSP 对人体健康的影响决定于粒子吸入而积聚于呼吸系统的数量。直径 10 微米及以下(如监测的 PM10、PM 2.5)的可吸入颗粒物能直达并沉积于肺部,引发不良的健康反应——导致呼吸不适及呼吸系统症状(如气促、咳嗽、喘气等),加重已有的呼吸系统疾病及损害肺部组织。易感人群为慢性肺部及心脏病、感冒或哮喘病患者,老年人及儿童。可吸入颗粒物主要来自工业粉尘、飘尘和机动车尾气。2000 年以来,机动车尾气已成为可吸入颗粒物的首位来源。

$0.015 \sim 0.017 \mathrm{mg/m^3}$ 的最低值，2007年回升到 $0.036 \mathrm{mg/m^3}$，2010年降至 $0.025 \mathrm{mg/m^3}$。

表 3－1　1986－2010 年浙江省城市环境空气质量

年份	SO₂	NOₓ	NO₂	TSP	PM10	降尘	污染
	SO_2	NO_x	NO_2	TSP	PM10	降尘	污染综合指数
	mg/m³					t/km²·月	
1986	0.049	0.033		0.333		14.51	1.25
1987	0.055	0.032		0.345		12.81	1.15
1988	0.052	0.026		0.324		11.14	1.03
1989	0.044	0.027		0.254		10.30	0.93
1990	0.045	0.026		0.256		9.28	0.92
1991	0.049	0.029		0.213		8.47	0.80
1992	0.045	0.028		0.248		8.48	0.81
1993	0.040	0.030		0.196		9.39	0.83
1994	0.038	0.028		0.196		8.26	0.79
1995	0.033	0.030		0.210		9.07	0.82
1996	0.030	0.033		0.217		8.88	*0.81/2.25*
1997	0.028	0.033		0.190		7.32	*0.70/2.08*
1998	0.023	0.031		0.182		6.62	*0.63/1.91*
1999	0.017	0.035		0.160		6.37	1.78
2000	0.015	0.037		0.151		6.51	1.89
2001	0.015		0.029		0.102	6.19	1.63
2002	0.017		0.031		0.102	5.99	1.68
2003	0.020		0.030		0.111	6.28	1.82
2004	0.021		0.034		0.099	5.97	1.76
2005	0.024		0.034		0.090	5.71	1.73
2006	0.029		0.033		0.092		1.83
2007	0.036		0.033		0.088		1.89
2008	0.033		0.032		0.084		1.79
2009	0.027		0.031		0.077		1.60
2010	0.025		0.032		0.078		1.59

资料来源：[1]44－48、60，[2]44－46、67－71，[3]154－156、161，[4]175－176、183，[5]164、168、171、175。

注：污染综合指数栏，正体为六级分类（据《大气环境质量标准》GB3095－1996），斜体为五级分类（据《大气环境质量标准》GB3095－1982）。

——城市环境空气质量变化

相应地,污染综合指数由 1986 年的 1.25 降至 1998 年的 0.63(五级分类法),1996 年的 2.25 减少到 2010 年的 1.59(六级分类法)——从 1996—1998 年两种分类法结果的对比看,污染综合指数处于下降之中。

对浙江城市环境空气质量在总体上的变化,需从三个方面去观察。第一,治理力度的加大,工业废气中粉尘、烟尘排放的减少(二氧化硫仍然居高不下,表 2-6),这是城市环境空气质量趋于好转的重要原因。第二,机动车、船的急剧增加,运输大发展(表 2-4)导致的,是以尾气为主要污染源的氮氧化物、烟尘、碳氢化合物的大量增加——仅机动车一项产生的氮氧化物、烟尘,就占到全省总排放量的 18.1% 和 5.5%[5]45。第三,监测城市数量的相继扩大①是环境空气质量在 2000 年后,特别是 2006 年以来总体上有所好转不可忽视的原因——2000 年之前监测的 16 个城市,11 个是污染相对大的设区市的大、中城市(表 3-3、3-5、3-6、3-7),大量环境空气质量相对较好小城镇(表 3-8)的相继加入评估,毋庸置疑地降低(稀释)了污染物浓度的平均值。

(二) 城市环境空气污染物负荷格局变化

降尘、总悬浮颗粒物(TSP)、可吸入颗粒物(PM10)、氮氧化物(NO_x)/二氧化氮(NO_2)和二氧化硫(SO_2)是浙江城市环境空气随时间推移而负荷(贡献)变化的 5 种主要污染物。污染物负荷系数(贡献率)随时间推移的变化呈 3 种依次交替格局——由颗粒物(降尘、总悬浮颗粒物)到悬浮颗粒物,由悬浮颗粒物到可吸入颗粒物——的微粒化过程。(表 3-1、3-2,图 3-1)

——格局 A：降尘、总悬浮颗粒物、氮氧化物和二氧化硫

格局 A 是一种以粗颗粒物为主(降尘负荷系数在大部分时间里为 45%,计总悬浮颗粒物占 2/3～4/5)的污染格局。按降尘、总悬浮颗粒物(TSP)、氮氧化物(NO_x)和二氧化硫(SO_2)4 种主要污染物计,1986—2000 年浙江城市环境空气污染在 1986 年以来的大部分时间以降尘贡献最大,TSP 次之,NO_x 居三,SO_2 最小。以上 4 种污染物的负荷系数,1986 年为 47.0%、33.4%、9.7% 和 9.9%,1998 年为 43.7%、31.4%、16.3% 和 7.9%。期间降尘、TSP、SO_2 负荷系数略有减少,NO_x 显著增加,1993 年超过 SO_2;在 1999 年、2000 年两年中,降尘、TSP 负荷急剧下降,NO_x 负荷急剧上升,空气污染负荷突变为降尘、TSP、NO_x 三分天下的格局——降尘、TSP、NO_x、SO_2 的负荷系数,1999 年为 30.7%、31.4%、27.2% 和 10.7%,2000 年为 31.6%、29.7%、28.9% 和 9.8%。

——格局 B：总悬浮颗粒物、氮氧化物和二氧化硫

格局 B 是以细颗粒物为主(总悬浮颗粒物负荷系数接近 1/2)的污染格局。按总悬浮颗粒物(TSP)、氮氧化物(NO_x)和二氧化硫(SO_2)3 种主污染物计的负荷系数格局,在

①　环境空气质量监测的城市,2000 年之前为 16 个:浙东北的杭州、宁波、余姚、嘉兴、海宁、湖州、绍兴和舟山;浙西南的金华、兰溪、台州、临海、温州、瑞安、衢州和丽水;2000 年开始增至 32 个:在原有的基础上,浙东北增加了临安、余杭、建德、象山、安吉、嵊州和普陀;浙西南取掉瑞安,增加了乐清、苍南、义乌、永康、开化、江山、龙泉、遂昌、温岭和嵊泗;2006 年、2007 年、2008 年、2009/2010 年相继增至 55 个、59 个、68 个和 69 个县级以上城市。69 个县级以上城市中,设区城市 11 个(各行政区政府所在地,所属之区、县只计 1 个监测单元),县级城市 58 个。

1996—2003 年期间始终以 TSP 占主导(期末超过 50%)；SO_2、NO_x 合计占另一半负荷系数，但 NO_x 明显高于 SO_2。

——格局 C：可吸入颗粒物、二氧化氮和二氧化硫

格局 C 是以微颗粒物为主(可吸入颗粒物负荷系数占 1/2~3/5)的污染格局。以可吸入颗粒物($PM10$)、二氧化氮(NO_2)和二氧化硫(SO_2)3 种主污染物计的负荷系数格局，2001—2010 年的态势是：除 2005 年(29.6%)外，NO_2 在 22%~24% 之间波动而基本保持稳定；SO_2 迅速上升，从 2006 年开始取代 NO_2 而升至第 2 位；$PM10$ 虽有下降，仍占到 1/2——由之形成当前以 $PM10$ 为主导，SO_2 和 NO_2 联合与 $PM10$ 平分天下，SO_2 与 NO_2 贡献率均等的污染物负荷格局。近年格局 C 的发展趋势是进一步微颗粒化——可吸入颗粒物($PM10$)中 PM 2.5 的比重占到 50%~80%[5]178。

表 3 - 2　1986—2010 年浙江省城市环境空气污染物负荷系数　　　单位：%

年份	A				B			C		
	SO_2	NO_x	TSP	降尘	SO_2	NO_x	TSP	SO_2	NO_2	PM10
1986	9.9	9.7	33.4	47.0						
1987	10.7	9.3	33.4	46.6						
1988	11.2	8.4	35.3	45.1						
1989	10.9	10.0	31.4	47.7						
1990	11.2	10.4	32.0	46.4						
1991	13.6	12.0	30.6	43.8						
1992	12.1	11.4	33.6	42.9						
1993	11.3	12.6	27.3	48.7						
1994	11.0	12.7	28.9	47.4						
1995	9.7	12.7	29.7	47.9						
1996	8.5	14.0	35.0	47.0	22.2	29.3	48.5			
1997	9.1	15.4	29.8	45.7	22.6	31.7	45.7			
1998	7.9	16.3	32.1	43.7	19.9	32.5	47.6			
1999	10.7	27.2	31.4	30.7	15.7	39.3	45.0			
2000	9.8	28.9	29.7	31.6	14.3	42.3	43.4			
2001					21.6	29.5	48.9	14.8	22.2	63.0
2002					24.2	29.6	46.2	16.7	22.6	60.7
2003					23.3	25.7	51.0	18.7	20.3	61.0
2004								19.8	23.9	56.3
2005								23.5	24.4	52.1
2006								25.6	22.4	52.0
2007								30.3	21.7	48.0
2008								29.7	22.0	48.3
2009								27.0	23.6	49.4
2010								25.4	24.4	50.2

资料来源：[1]65，[2]63，[3]165，[4]185，[5]167。

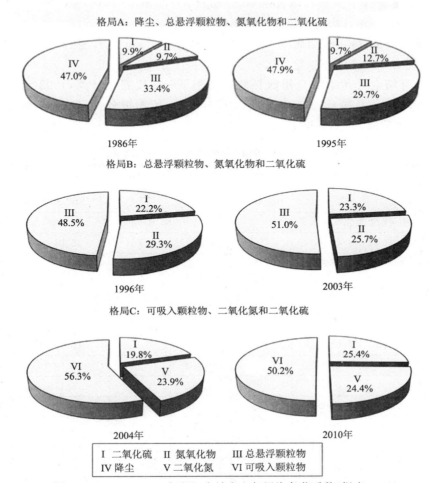

图3-1 1986—2010年浙江省城市空气污染负荷系数(据表3-2)

(三)杭州环境空气质量变化

——污染物浓度变化

杭州环境空气质量的改善,与其他设区城市相比显滞后且变化有所不同。(表3-1、3-3、3-4、3-5、3-6、3-7,图3-2)

城市环境空气中的 SO_2 浓度,多数年份年日均值显著高于国家二级控制标准(0.06mg/m³),其中以1986—1994年最为严重——9年中7年年日均值在0.10mg/m³以上,最高的1990年、1991年达0.123mg/m³和0.120mg/m³;20世纪90年代后半期以来虽有显著减小,但直至2008年,仍一直维持在0.5～0.6mg/m³的水平居高不下。

NO_x/NO_2 浓度自2001年以来虽有减小,但从1986年开始,年日均值即长期维持在0.05～0.06mg/m³的超标态(浙江以0.05mg/m³为二级标准,全省均值维持在0.03mg/m³左右)。

总悬浮颗粒物/TSP浓度在1992—2000年的8年中,除1998年、1999年外,年日均值皆显著高于国家二级标准(0.20mg/m³);可吸入颗粒物/PM10浓度年日均值在

1986－1991年显著高于国家二级标准（0.10mg/m³），2001－2010年虽显著下降，但除2008年、2009年外，年日均值仍超过国家二级标准。

在2006年之前，降尘长期居高不下，多年保持在13t/km²·月左右。

——环境空气污染综合指数变化

相应地，环境空气污染综合指数长期居高不下——按五级分类，1993年最高1.28（同年全省0.83，全书同），1997年最低1.17（0.70）；按六级分类，1999年最高为3.25（1.78），2009年最低2.31（1.60）。（表3－3）

表3－3　1986－2010年杭州市环境空气质量*

年份	SO₂	NOₓ	NO₂	TSP	PM10	降尘	综合污染指数
	mg/m³					t/km²·月	
1986	0.107	0.065			0.166	13.78	1.19
1987	0.104	0.060			0.154	13.01	1.27
1988	0.105	0.059			0.199	11.28	1.19
1989	0.097	0.049			0.159	12.59	1.22
1990	0.123	0.062			0.169	12.30	1.26
1991	0.120	0.054			0.153	11.94	1.20
1992	0.105	0.666		0.254		12.78	1.23
1993	0.105	0.067		0.240		13.54	1.28
1994	0.097	0.066		0.257		13.17	1.26
1995	0.069	0.057		0.262		13.77	1.25
1996	0.068	0.068		0.255		12.91	1.21
1997	0.067	0.062		0.261		12.52	1.17
1998	0.059	0.074		0.241		13.08	1.21
1999	0.051	0.072		0.192		12.23	3.25
2000	0.046	0.062		0.142		12.86	2.72
2001	0.052		0.053		0.124	12.40	2.77
2002	0.055		0.062		0.132	13.13	3.02
2003	0.049		0.056		0.119	10.60	2.71
2004	0.049		0.055		0.113	8.75	2.63
2005	0.060		0.058		0.112	9.04	2.85
2006	0.057		0.057		0.111		2.77
2007	0.060		0.057		0.107		2.78
2008	0.052		0.053		0.110		2.64
2009	0.041		0.052		0.097		2.31
2010	0.034		0.056		0.098		2.25

资料来源：[1]43－48、59－60，[2]41、45、67－71，[3]146－151、155－156、161、167－170，[4]164－167、179－183，[5]154、163、166、169、172、175。

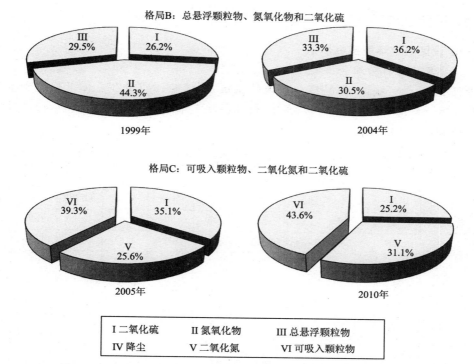

图 3-2 1999—2010 年杭州城市环境空气污染负荷系数(据表 3-4)

——环境空气污染负荷系数

按 SO_2、NOx 和 TSP 计的污染物负荷系数,1999 年为 26.2%、44.3%、29.5%,2004 年为 36.2%、30.5%、33.3%——在短短的数年间,TSP 负荷系数明显增加,SO_2 负荷系数迅速上升,NOx 负荷系数则大幅度减少,由以 NOx 为主导的负荷构成,迅速演变为以 SO_2 领衔的三分天下格局;按 SO_2、NO_2 和 PM10 计的污染物负荷系数,2005 年为 35.1%、25.6%、39.3%,2010 年为 25.2%、31.1%、43.6%——期间,NO_2、PM10 负荷系数迅速上升,SO_2 负荷系数大幅下降而形成以 PM10 主导的污染负荷格局。

表 3-4 1999—2010 年杭州城市环境空气污染负荷系数 　　　　　单位:%

年份	B			年份	C		
	SO_2	NO_x	TSP		SO_2	NO_2	PM10
1999	26.2	44.3	29.5	2005	35.1	25.6	39.3
2000	28.3	45.6	26.1	2006	34.3	25.6	40.1
2001	37.0	28.1	34.9	2007	36.0	25.5	38.5
2002	35.7	30.2	34.1	2008	33.0	25.2	41.8
2003	35.3	30.2	34.4	2009	30.0	28.0	42.0
2004	36.2	30.5	33.3	2010	25.2	31.1	43.6

资料来源:[3]153,[4]174,[5]154,[6]30。

二、设区城市环境空气质量

（一）设区城市环境空气质量
——环境空气污染综合指数

浙江 11 个设区城市（辖县级行政区的城市）环境空气质量在总体上略差于全省平均。在 1986—2010 年 273 个年次（舟山、衢州各缺 1 年）的污染综合指数中，45%、123 个低于全省均值。（表 3-1、3-5）

表 3-5　1986—2010 年浙江省设区城市环境空气污染综合指数

年份	浙东北						浙西南				
	杭州	宁波	嘉兴	湖州	绍兴	舟山	温州	金华	衢州	台州	丽水
1986	1.19	0.99	1.53	1.67	1.01	0.69	1.06	0.96		3.28	0.72
1987	1.27	0.98	1.65	1.34	0.95	0.75	0.98	0.61	1.06	1.90	0.76
1988	1.19	0.85	1.36	1.36	1.22		0.98	0.83	1.63	0.97	0.55
1989	1.22	0.59	1.12	1.06	1.12	0.65	0.82	0.88	1.67	0.99	0.61
1990	1.26	0.63	1.19	0.75	1.34	0.49	0.64	0.59	1.42	1.16	0.64
1991	1.20	0.73	1.22	0.85	0.95	0.40	0.59	0.62	1.25	0.82	0.79
1992	1.23	0.80	1.40	0.85	0.90	0.51	0.79	0.71	0.95	0.68	0.69
1993	1.28	0.76	1.49	0.80	1.17	0.46	0.91	0.68	0.63	0.62	0.56
1994	1.26	0.59	1.07	0.82	1.16	0.51	0.76	0.71	0.63	0.78	0.65
1995	1.25	0.59	0.94	0.78	1.06	0.52	0.72	0.72	0.61	0.76	0.80
1996	3.77	2.24	2.28	2.31	2.39	1.16	2.23	2.31	1.25	1.73	2.54
1997	3.66	1.91	2.47	2.33	2.69	1.15	2.22	1.89	1.35	1.35	1.98
1998	3.66	1.77	2.65	2.00	1.85	1.15	2.46	2.06	1.62	0.91	1.31
1999	3.25	1.85	2.28	2.00	2.11	1.09	2.11	2.04	1.09	1.23	1.54
2000	2.56	1.69	2.10	2.01	2.01	1.02	2.31	2.03	1.56	1.24	1.43
2001	2.77	1.42	2.14	1.88	2.01	1.08	2.20	2.01	1.58	1.33	1.42
2002	3.02	1.72	2.04	2.49	1.20		2.32	1.83	1.57	1.39	1.38
2003	2.71	2.19	1.75	2.24	2.81	1.02	2.45	2.63	1.61	1.90	1.97
2004	2.63	2.27	1.47	2.07	2.17	1.94	2.34	2.72	1.49	1.98	2.12
2005	2.85	2.42	1.27	1.87	2.03	1.25	2.25	2.51	1.41	1.89	1.67
2006	2.77	2.31	1.95	1.88	2.28	1.50	2.15	2.38	1.29	1.72	1.48
2007	2.78	2.37	2.37	2.02	2.28	1.22	2.11	2.33	1.26	1.72	1.47
2008	2.64	2.32	2.17	1.90	2.34	1.32	2.10	2.47	1.59	1.73	1.31
2009	2.31	2.10	1.79	1.76	2.35	1.20	1.91	1.81	1.24	1.48	1.37
2010	2.25	2.13	2.26	1.67	2.39	1.15	2.05	1.62	1.14	1.76	1.40

资料来源：[1]60,[2]71,[3]161,[4]183,[5]166。

注：1996 年前为五级分类值,1996 年开始为六级分类值。

　　从时间上看,前15年设区城市环境空气质量微好于全省:在163个年次污染综合指数中,52%、85个低于全省;后10年则显著差于全省:在110个年次污染综合指数中,35%、38个低于全省——2001年以来大量环境空气质量相对较好,小城镇的相继加入评估,对降低全省城市环境空气污染程度的作用在这里得到了证明。

　　——浙东北与浙西南

　　从地域看,浙西南城市环境空气质量显著好于浙东北——污染综合指数低于全省均值的年次,浙西南各市计76个占(124个年次)61%,浙东北各市计47个占(149个年次)32%。在前15年,污染综合指数低于全省均值的年次,浙西南52个占(74个年次)70%,浙东北33个占(89个年次)37%;在后10年,污染综合指数低于全省均值的年次,浙西南24个占(50个年次)48%,浙东北14个占(60个年次)23%。浙西南城市环境空气质量总体上明显好于全省,这在前15年尤为显著;浙东北城市环境空气质量总体上显著差于全省,且2001年以来差距不断拉大。

　　——环境空气质量的差异

　　各设区城市中,人口少、经济规模小的城市环境空气质量好于人口多、经济规模大的城市。杭州、绍兴、温州、宁波环境空气质量一直较差——在2001—2010年的10年中,污染综合指数或全在(杭州、绍兴),或多在(温州9年、宁波2年)2以上,其中以杭州、绍兴为最;舟山、衢州、丽水环境空气质量则相对较好,且污染综合指数呈下降态。(表3-5、3-6、8-2、8-3)

(二)设区城市环境空气污染物浓度和污染负荷系数变化

　　——设区城市环境空气污染物浓度变化

　　1986—2010年设区城市环境空气中污染物浓度变化的总趋势是:其一,SO_2有升有降,PM10在大部分城市中减小,NO_2则在所有城市中不同程度增加;其二,浓度高的城市有所下降,浓度低的城市有所上升。(表3-6)

表3-6　2001—2010年浙江省设区城市环境空气污染物浓度　　　单位:mg/m^3

项目		2001年	2002年	2003年	2004年	2005年	2006年	2007年	2008年	2009年	2010年
杭州	SO_2	0.052	0.055	0.049	0.049	0.060	0.057	0.060	0.052	0.041	0.034
	NO_2	0.053	0.062	0.056	0.055	0.058	0.057	0.057	0.053	0.052	0.056
	PM10	0.124	0.132	0.119	0.113	0.112	0.111	0.107	0.110	0.097	0.098
宁波	SO_2	0.022	0.021	0.041	0.044	0.047	0.044	0.047	0.049	0.040	0.031
	NO_2	0.031	0.056	0.058	0.060	0.066	0.055	0.054	0.047	0.046	0.052
	PM10	0.067	0.066	0.078	0.079	0.081	0.089	0.091	0.091	0.086	0.096
嘉兴	SO_2	0.020	0.022	0.029	0.022	0.022	0.031	0.049	0.047	0.035	0.043
	NO_2	0.039	0.035	0.024	0.026	0.016	0.026	0.038	0.034	0.022	0.046
	PM10	0.132	0.124	0.097	0.078	0.071	0.111	0.108	0.096	0.093	0.097

续　表

项目		2001	2002	2003	2004	2005	2006	2007	2008	2009	2010
湖州	SO_2	0.015	0.018	0.037	0.026	0.030	0.032	0.035	0.028	0.019	0.017
	NO_2	0.030	0.031	0.051	0.053	0.041	0.038	0.044	0.036	0.046	0.047
	PM10	0.125	0.134	0.099	0.097	0.086	0.088	0.089	0.098	0.086	0.080
绍兴	SO_2	0.014	0.043	0.064	0.055	0.044	0.045	0.048	0.054	0.054	0.055
	NO_2	0.038	0.051	0.053	0.043	0.040	0.050	0.043	0.037	0.036	0.042
	PM10	0.130	0.114	0.108	0.072	0.080	0.090	0.094	0.097	0.100	0.095
舟山	SO_2	0.002	0.002	0.002	0.002	0.010	0.026	0.020	0.022	0.017	0.015
	NO_2	0.018	0.020	0.018	0.022	0.028	0.027	0.021	0.026	0.025	0.024
	PM10	0.082	0.092	0.077	0.074	0.073	0.073	0.062	0.068	0.060	0.060
温州	SO_2	0.049	0.054	0.059	0.053	0.047	0.039	0.038	0.036	0.028	0.028
	NO_2	0.050	0.053	0.059	0.062	0.060	0.059	0.055	0.053	0.054	0.058
	PM10	0.076	0.075	0.073	0.068	0.072	0.077	0.079	0.083	0.077	0.086
金华	SO_2	0.022	0.020	0.039	0.042	0.048	0.040	0.043	0.048	0.034	0.032
	NO_2	0.037	0.035	0.049	0.056	0.053	0.056	0.055	0.053	0.040	0.040
	PM10	0.119	0.105	0.137	0.132	0.105	0.091	0.093	0.101	0.074	0.059
衢州	SO_2	0.024	0.019	0.024	0.019	0.017	0.015	0.019	0.029	0.018	0.014
	NO_2	0.025	0.029	0.025	0.026	0.033	0.029	0.023	0.026	0.030	0.026
	PM10	0.088	0.089	0.090	0.085	0.071	0.068	0.066	0.079	0.056	0.058
台州	SO_2	0.005	0.004	0.024	0.024	0.025	0.025	0.028	0.024	0.023	0.029
	NO_2	0.024	0.026	0.034	0.041	0.039	0.033	0.031	0.038	0.028	0.037
	PM10	0.095	0.099	0.107	0.107	0.099	0.088	0.087	0.085	0.075	0.081
丽水	SO_2	0.014	0.014	0.016	0.025	0.027	0.023	0.018	0.018	0.023	0.022
	NO_2	0.026	0.028	0.029	0.037	0.035	0.034	0.034	0.026	0.025	0.026
	PM10	0.086	0.077	0.119	0.121	0.084	0.068	0.074	0.068	0.067	0.071

资料来源：[4]179-181、183，[5]166、169、172、175。

　　——设区城市环境空气污染负荷系数变化

　　从负荷系数看，各设区城市环境空气总体上的主要污染物，1999年为氮氧化物（NO_x）和总悬浮颗粒物（TSP）；2005年、2010年以可吸入颗粒物（PM10）为主导，二氧化硫（SO_2）贡献显著上升，二氧化氮（NO_2）比重显著下降。（表3-7）

表 3 - 7　1999 年、2005 年、2010 年浙江省设区城市环境空气污染负荷系数　　单位：%

城市	1999 年			2005 年			2010 年		
	SO_2	NO_x	TSP	SO_2	NO_2	PM10	SO_2	NO_2	PM10
杭州	26.2	44.3	29.5	35.1	25.6	39.3	25.2	31.2	43.6
宁波	18.9	45.4	35.7	32.4	34.4	33.5	24.3	30.6	45.1
嘉兴	14.0	39.5	46.5	28.2	15.4	55.8	31.7	25.4	42.9
湖州	17.5	34.0	48.5	26.7	27.4	45.9	16.9	35.2	47.9
绍兴	10.4	41.7	47.9	36.0	24.7	39.3	37.2	22.3	40.5
舟山	4.6	47.7	47.7	13.4	28.3	58.3	21.7	26.1	52.2
温州	20.4	49.3	30.3	34.8	33.1	32.0	22.7	35.3	41.9
金华	18.1	38.2	43.7	31.9	26.3	41.8	32.9	30.8	36.3
衢州	15.6	29.4	55.0	20.1	29.5	50.4	20.5	28.6	51.0
台州	6.5	32.5	61.0	22.0	25.6	52.4	27.5	26.3	46.1
丽水	18.2	41.6	40.2	23.9	26.0	50.2	26.2	23.2	50.7

资料来源：[4]174,[5]154 - 155,[6]30。

各城市 SO_2 浓度的变化态势是,杭州长期居高不下而末期有明显减小,宁波、嘉兴、湖州、绍兴、金华、台州、丽水、舟山有不同程度增加,温州和衢州显著下降；NO_2 浓度的变化态势是,杭州、温州长期居高不下,宁波、嘉兴、湖州显著增至高位,绍兴、金华、台州、舟山有不同程度上升,衢州和丽水持平；PM10 浓度的变化态势是,除宁波、温州有所增加外,其他城市皆有不同幅度的下降。

三、城乡环境空气质量

（一）县级以上城市环境空气质量

浙江县级以上城市环境空气质量稍好于设区城市。其中人口少、经济规模小的城市的环境空气质量,又稍好于人口多、经济规模大的城市。（表 3 - 8、3 - 9、8 - 2）

2010 年县级以上城市环境空气污染综合指数 1.59,比设区城市的 1.80 低 0.21。环境空气中的污染物浓度,SO_2 0.025mg/m³,比设区城市（0.029mg/m³）低 18%、4mg/m³；NO_2 浓度 0.032mg/m³,比设区城市（0.041mg/m³）低 22%、9mg/m³；PM10 浓度 0.078mg/m³,比设区城市（0.080mg/m³）低 3%、2mg/m³。

（二）乡村背景点环境空气质量

浙江乡村背景点环境空气质量优于设区和县级以上城市。（表 3 - 8、3 - 10）

2010 年,乡村背景点环境空气污染综合指数 1.11（最低的龙泉凤阳山仅 0.50）[5]180,显著低于县级以上城市的 1.59 和设区城市的 1.80。环境空气中的污染物——SO_2、NO_2、PM10 浓度,也都不同程度低于县级以上城市和设区城市。

2010 年乡村背景点环境空气平均污染负荷为,可吸入颗粒物 52.2%、二氧化硫 30.3%、二氧化氮 17.5%[5]180。与县级以上城市相比,可吸入颗粒物稍高（2.0 个百分点）,二氧化硫明显偏高（4.9 个百分点）而二氧化氮显著偏低（6.9 个百分点）。

表 3-8　2006—2010 年浙江省县级以上和设区城市的环境空气质量

年份	县级以上城市				设区城市			
	SO_2	NO_2	PM10	综合污染指数	SO_2	NO_2	PM10	综合污染指数
	mg/m³				mg/m³			
2006	0.029	0.033	0.092	1.83	0.034	0.042	0.087	1.97
2007	0.036	0.033	0.088	1.89	0.037	0.041	0.086	1.99
2008	0.033	0.032	0.084	1.79	0.037	0.039	0.089	1.99
2009	0.027	0.031	0.077	1.60	0.030	0.037	0.097	1.75
2010	0.025	0.032	0.078	1.59	0.029	0.041	0.080	1.80

资料来源：[5]164、166、168-169、171、175。

表 3-9　2010 年浙江省县级以上城市人口、经济状况与环境空气质量和酸雨状况

城市	人口密度	经济密度	综合污染指数	优质天数	pH 值	酸雨率
	人/km²	10⁴ 元/km²		%		%
温州*	2561	4671	2.05	24.11	4.39	95.7
绍兴*	2476	13073	2.39	20.55	4.34	95.8
杭州*	2035	15452	2.25	16.44	4.45	78.7
温岭	1635	6955	1.49	20.06	4.55	91.7
玉环	1631	8154	1.15	34.67	4.51	97.5
宁波*	1413	12438	2.13	24.11	4.40	96.4
平湖	1251	6341	1.68	35.73	4.89	93.8
嘉兴*	1242	5973	2.26	18.90	4.40	67.9
台州*	1539	5552	1.76	13.70	4.45	93.1
海宁	1208	6824	4.41	87.30	4.41	87.3
乐清	1183	4224	1.27	37.46	4.68	96.6
嘉善	1133	5446	1.83	25.00	4.58	100.0
桐乡	1122	5629	2.10	21.10	4.64	96.6
瑞安	1121	3597	1.74	18.56	4.28	98.4
义乌	1117	5610	2.04	25.21	4.24	98.4
慈溪	1074	5565	1.79	35.35	4.25	95.6
苍南	931	2003	1.33	48.08	4.35	89.9
嵊泗	885	6849	0.72	67.86	4.69	98.4
洞头	877	3436	1.16	42.34	4.62	73.9
绍兴	858	6457	2.47	16.76	4.28	98.0
海盐	848	4691	1.50	45.48	4.05	98.7

城市	人口密度	经济密度	综合污染指数	优质天数	pH 值	酸雨率
	人/km²	10⁴ 元/km²		%		%
湖州*	825	3806	1.67	22.19	4.89	52.8
舟山*	820	4441	1.15	52.05	4.46	96.2
平阳	725	1928	1.45	32.18	4.35	100.0
永康	690	2959	1.88	15.11	4.43	81.2
余姚	673	3783	1.71	30.11	4.50	88.2
岱山	618	3917	0.97	62.80	4.75	100.0
金华*	527	1972	1.62	45.21	4.38	92.2
上虞	554	3103	1.87	25.21	4.33	90.5
德清	525	2566	1.47	34.06	4.42	96.1
诸暨	501	2689	1.92	22.22	4.42	92.7
浦江	478	1439	1.99	11.98	4.36	89.5
临海	474	1510	1.34	35.29	4.61	83.1
东阳	463	1650	1.97	27.79	4.29	99.1
长兴	449	1986	2.03	24.11	4.34	97.0
兰溪	427	1373	1.74	34.00	4.74	93.8
富阳	397	2299	1.86	25.75	5.63	46.1
奉化	388	1775	1.70	23.84	4.54	94.5
嵊州	380	1528	1.74	22.95	4.56	92.4
象山	364	1966	1.15	56.16	4.09	98.6
宁海	351	1510	1.57	35.34	4.50	96.0
衢州*	342	1386	1.14	36.16	4.38	99.0
龙游	317	1035	2.27	11.55	4.40	89.9
新昌	313	1772	1.72	26.80	4.70	96.5
三门	307	995	1.52	29.18	4.63	73.2
丽水*	301	1167	1.40	34.79	5.53	34.3
永嘉	295	767	1.39	41.23	4.86	99.1
天台	268	831	1.46	30.88	4.56	100.0
安吉	247	1008	1.53	20.88	4.52	91.7
缙云	242	757	2.17	19.51	4.71	100.0
江山	232	843	0.98	38.16	4.47	90.8
桐庐	228	1112	1.98	13.42	3.80	98.0
武义	222	815	1.91	26.14	4.55	94.1

续 表

城市	人口密度	经济密度	综合污染指数	优质天数	pH 值	酸雨率
	人/km²	10⁴ 元/km²		%		%
常山	220	689	1.88	18.16	4.20	99.1
建德	182	802	1.59	18.36	4.37	91.5
临安	181	921	1.62	13.15	4.29	87.6
仙居	172	507	1.21	16.99	4.96	95.2
文成	164	313	0.99	42.99	5.01	52.5
磐安	146	402	1.46	30.30	5.14	66.7
青田	135	426	1.53	20.92	5.20	64.8
泰顺	132	226	0.83	51.51	5.41	28.6
松阳	132	338	1.47	33.09	4.78	34.38
云和	114	343	1.30	34.38	4.61	99.2
开化	110	315	0.96	73.42	4.26	100.0
龙泉	77	204	0.86	59.56	4.96	73.7
淳安	76	264	1.28	52.60	4.90	52.2
庆元	75	167	1.13	63.56	5.56	31.0
遂昌	75	304	1.03	52.25	4.65	96.5
景宁	55	137	1.11	51.23	5.81	4.7

资料来源：[5]150、157，[7]550－551。

注：＊为设区城市。

表 3－10　2008－2010 年浙江省乡村背景点环境空气质量　　　　单位：mg/m³

年份	因子	龙泉凤阳山	淳安千岛湖	宁波滕头村	嵊泗李柱山	乐清雁荡山	金华焦岩	平均
2008	SO_2	0.019	0.018	0.023	0.019	0.029	0.018	0.021
	NO_2	0.006	0.028	0.026	0.018	0.015	0.011	0.017
	PM10	0.047	0.068	0.000	0.061	0.049	0.077	0.060
2009	SO_2	0.010	0.017	0.018	0.013	0.030	0.023	0.018
	NO_2	0.000	0.030	0.029	0.014	0.011	0.006	0.018
	PM10	0.028	0.062	0.067	0.057	0.049	0.063	0.054
2010	SO_2	0.007	0.020	0.022	0.014	0.034	0.025	0.020
	NO_2	0.002	0.014	0.030	0.014	0.013	0.030	0.017
	PM10	0.036	0.048	0.068	0.062	0.040	0.078	0.055

资料来源：[5]180、182。

四、霾污染和酸雨

（一）霾污染的现状、变化和主要污染物

——霾污染的现状和变化

2010 年平均霾日，县级以上城市 53 天，设区城市 69 天。霾日天数较高的城市，主要集中在杭州、嘉兴、湖州、绍兴、温州各市及金衢盆地，浙南和东部沿海大部分城市霾日较少，在 50 天以下[5]176。各城市中，杭州霾污染最为严重，2006－2010 年年均灰霾日高达160 天，平均能见度 7.4 千米[5]179。

2012 年平均霾日 77.5 天，区、县之中，49%≥80 天，100 天以上的占 28%，部分地区多达 154 天——与 2010 年相比，又有了大幅度的增加[8]。

从霾污染的季节分布看，冬季最为严重，春秋次之，夏季较轻；10 月为高发期，1 月是重度霾多发期；从空间分布看，则呈设区城市高于县级以上城市，内陆城市普遍高于沿海城市的态势。

从年（灰、雾）霾日看，浙江自 20 世纪 60 年代以来霾污染的发展大致经历了三个阶段。1960－1978 年为微污染阶段，其中 1960－1970 年霾日在 3 天左右，1971－1978 年霾日 4～9 天；1979－2001 年为轻污染阶段，大部分年份霾日为 10～19 天（其中 8 天、20天各 1 年）；2002 以来进入严重污染阶段，其中 2002－2006 年为霾日陡增期，2002 年 28天，2004 年 49 天，2006 年 47 天，2007－2010 年为霾日高频期，各年皆在 50 天以上，2009年最高为 58 天[5]180。

——主要污染物和污染源

霾的主要污染物是细颗粒物（PM 2.5）。

据杭州、宁波的监测，2010 年环境空气中 PM 2.5 浓度的年均值，两地分别为 0.064（0.003～0.318）mg/m³ 和 0.055（0.007～0.362）mg/m³。按《环境空气质量标准》（GB3095-2010），分别超出国家二级标准限值（0.035mg/m³）82.9% 和 57.1%，日均浓度超出国家二级标准限值（0.075mg/m³）的天数，分别占到 31.2% 和 20.8%[5]177；2012年，杭州、宁波、温州、嘉兴、湖州、绍兴、金华、舟山等 8 个城市环境空气中 PM 2.5 浓度的年均值 0.052（0.029～0.052）mg/m³，按《环境空气质量标准》（GB3095-2012），超出国家二级标准限值 82.8%（75.3%～96.4%）[8]79。

细颗粒物（PM 2.5）占可吸入颗粒物的比重，大部分时间在 50%～85%，有时可超过90%。PM 2.5 的浓度，以冬季最高，春秋次之，夏季较低——与霾污染在季节上的一致性表明，PM 2.5 对霾污染的规定性和作为主要污染物的地位。

由高浓度臭氧（O_3）引发的 PM 2.5 和可吸入颗粒物浓度的大幅增加，是夏季常见的霾污染。以持续较高浓度臭氧为背景的大气光化学反应①生成的二次气溶胶②混合层在

---

① 光化学反应指分子、原子、自由基或离子吸收光子而发生的化学反应。大气污染环境中的主要光化学反应类型有氧、氮分子、臭氧、二氧化氮、亚硝酸和硝酸的光解等。

② 气溶胶（aerosol）指由固体或液体小质点分散悬浮在气体介质中形成的胶体分散体系，又称气体分散体系。其分散相为固体或液体小质点，大小在 0.001～100 微米，分散介质为气体。一次气溶胶由微粒直接从发生源进入大气生成，二次气溶胶由一次污染物在大气中转化生成。

近地层的累积，使 PM 2.5 和可吸入颗粒物浓度大幅增加——尤其是在风速较低、混合层高度降低条件下。2010 年（06.11—14）在宁波发生的霾污染，即是由高浓度臭氧引发的典型[①]。

（二）降水 pH 值和酸雨率变化

浙江降水 pH 值和酸雨率[②]变化的总趋势是，降水 pH 值显著下降，酸雨率大幅度上升，且自 20 世纪 90 年代后半期以来速度加快。（表 3－11，图 3－4）

1984—2010 年，降水 pH 值（无量纲）由 5.29 降至 4.48，经历了总体上由轻酸雨阶段（Ⅰ），经中酸雨阶段（Ⅱ）向重酸雨阶段（Ⅲ）的变化。这一变化，可大致分为三个阶段。1984—1990 年为 pH 值显著下降阶段，期间 pH 值围绕 5 变化但降幅显著——1990 年 5.04，比 1984 年降 0.25；1991—2001 年为 pH 值大幅下降阶段，期间 pH 值降至 5 以下且幅度大——2001 年 4.55，比 1990 年下降了 0.49；2002—2010 年为 pH 值低水平稳定阶段，期间 pH 值降至 4.50 以下并在大多数年份保持这一水平（2009 年最低为 4.33）。

同期，酸雨率的上升亦甚为迅速。2010 年 85.6%，比 1984 年的 32.1% 增 53.5 个百分点，年均 2.06 个百分点，年递增率达 3.82%。酸雨率的变化，大致也分为相应的三个阶段。1984—1990 年为缓慢增长阶段，期间由 32.1% 升至 35.8%，增 3.7 个百分点，年均 0.62 个百分点；1991—2001 年为快速增长阶段，期间由上阶段末的 35.8% 升至 75.5%，增 39.7 个百分点，年均 3.61 个百分点；2002—2010 年为持续增长阶段，期间由上阶段末的 75.5% 升至 85.6%（2004 年、2005 年曾达 90.0% 和 91.9%），增 10.1 个百分点，年均 1.01 个百分点。

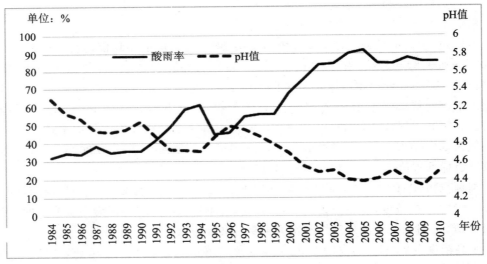

图 3－3　1984—2010 年浙江省降水 pH 值和酸雨率（据表 3－11）

---

①　持续 3 天臭氧的高浓度（小时平均浓度最高达 0.222mg/m³），使 PM 2.5 的日均浓度最高时达到 0.112mg/m³，占到可吸入颗粒物的 87.5%[5]179。

②　对降水 pH 值和酸雨率的监测点，2001 年之前为 24 个，2001 年开始增加为 32 个；同大气质量监测一样，2006 年、2007 年、2008 年、2009/2010 年相继增至 55 个、59 个、68 个和 69 个县级以上城市。

表 3 - 11　1984－2010 年浙江省降水 pH 值和酸雨率

年份	酸雨率 %	pH 值	年份	酸雨率 %	pH 值	年份	酸雨率 %	pH 值
1984	32.1	5.29	1993	58.8	4.72	2002	83.7	4.48
1985	34.5	5.13	1994	61.3	4.71	2003	84.3	4.50
1986	33.8	5.07	1995	45.0	4.87	2004	90.0	4.40
1987	38.4	4.93	1996	46.0	4.99	2005	91.9	4.38
1988	34.8	4.92	1997	55.0	4.95	2006	84.7	4.41
1989	35.8	4.95	1998	56.0	4.88	2007	84.3	4.50
1990	35.8	5.04	1999	56.0	4.79	2008	87.8	4.39
1991	41.3	4.88	2000	67.8	4.69	2009	85.6	4.33
1992	48.8	4.73	2001	75.5	4.55	2010	85.6	4.48

资料来源：[2]83,[3]179,[4]193-194,[5]192。

（三）酸雨的地域分布和变化

浙江是中国酸雨较严重的地区之一。呈范围广、强度大、频率高,沿海高,浙东北重于浙西南且不断强化和扩大的态势。

——酸雨的地域分布

2010 年,浙江 67 个县级以上城市降水 pH＜5.60 而属酸雨区(富阳、景宁的 pH 值为 5.63 和 5.81,≥5.60 而不属酸雨区),比例高达 97％。其中轻酸雨区(Ⅰ,5.60＞pH≥5.00)6 个,中酸雨区(Ⅱ,4.50≤pH＜5.00)30 个,重酸雨区(Ⅲ,pH＜4.50)31 个,分别占酸雨区的 9.0％、44.8％和 46.3％。各县级以上城市中,人口、经济密度高的城市降水 pH 值一般低于、酸雨率一般高于人口、经济密度低的城市。(表 3 - 9、3 - 12、8 - 2)

——酸雨强度变化

浙江酸雨强度变化的趋势是,轻、中酸雨区显著减少,重酸雨区大量增加。

在 30 个省控城市中,2001 年全部为酸雨区(pH＜5.60)。其中嘉兴、乐清、江山、龙泉 4 个城市属轻酸雨区(Ⅰ),建德、余姚、苍南、金华等 14 个城市属中酸雨区(Ⅱ),杭州、临安、温州、开化等 12 个城市属重酸雨区(Ⅲ)。其中,临安 pH 值 3.84 最低,酸雨率≥90％的城市 4 个(均为重酸雨区)占 13.3％,嵊泗、临安最高 97.6％和 98.6％[9]95-96,99。(表3 - 13)

到 2010 年,Ⅰ区只有丽水 1 市,Ⅱ区减至 10 个,Ⅲ区增加 58％、7 个而达 19 个城市。其中,桐庐 pH 值最低 3.80,酸雨率≥90％的城市 19 个(Ⅱ区 6 个,Ⅲ区 13 个)占 63.3％,≥95％的城市 10 个(Ⅱ区 1 个,Ⅲ区 9 个)占 33.3％,开化、衢州酸雨率最高达 100％和 99％[5]190。

Ⅰ∶Ⅱ∶Ⅲ区城市的比例,2001 年为 13∶47∶40,2010 年变为 3∶33∶63;酸雨率以 90％为界的比例,2001 年为 67∶13,2010 年为 33∶67——即在越来越多城市由轻、中酸雨区变为重酸雨区的同时,还伴随着酸雨频度的显著上升。

表 3－12　2010 年浙江省县级以上城市酸雨率的地域分布

pH 值	地域,%					
	— 75 —		— 95 —			
	浙东北	浙西南	浙东北	浙西南	浙东北	浙西南
5.60＞pH≥5.00（Ⅰ）		丽水　庆元 泰顺　磐安 青田　文成				
4.50≤pH＜5.00（Ⅱ）	淳安 湖州	洞头　三门 龙泉　松阳	余姚　奉化 平湖　安吉 嵊州	永康　临海 武义　兰溪 温岭　台州	宁海　嘉善 桐乡　新昌 岱山　嵊泗	永嘉　乐清 仙居　天台 云和　缙云 遂昌
pH＜4.50（Ⅲ）	嘉兴		杭州　临安 海宁　建德 诸暨　上虞	浦江　龙游 苍南　金华 江山	桐庐　宁波 象山　慈溪 海盐　德清 长兴　绍兴 绍兴*　舟山	温州　平阳 瑞安　义乌 东阳　衢州 常山　开化 玉环

资料来源：[5]190。

注：斜体为设区城市；* 为绍兴县。

——酸雨的地域分布变化

从 30 个省控城市的情况看,浙东北、浙西南在各自酸雨趋于严重的同时,之间的差异也显著缩小了。(表 3－13)

2001－2010 年,浙东北、浙西南的酸雨强度,都处于显著的强化之中。轻酸雨区（Ⅰ）、中酸雨区（Ⅱ）、重酸雨区（Ⅲ）的城市数量,浙东北 2001 年为 1 个、7 个和 7 个,2010 年为 0 个、5 个和 10 个——期间Ⅰ区减少了 1 个,Ⅱ区减少了 2 个,Ⅲ区相应增加了 3 个;浙西南 2001 年为 3 个、7 个和 5 个,2010 年为 1 个、5 个和 9 个——期间Ⅰ区减少了 2 个,Ⅱ区减少了 2 个,Ⅲ区相应增加了 4 个。

轻酸雨区（Ⅰ）、中酸雨区（Ⅱ）、重酸雨区（Ⅲ）城市的比例,浙东北、浙西南 2001 年为 25：75、50：50、58：42,2010 年变成 0：100、50：50、53：47;酸雨率≥90％城市的比例,2001 年浙东北 20.0％(3 个城市),浙西南 6.7％(1 个城市);2010 年分别为 60.0％(9 个城市)和 66.7％(10 个城市)。

五、环境空气污染的综合治理

(一) 指导思想

实施"蓝天工程",积极推进生态文明建设,倡导绿色低碳的生产、生活方式,以节能减排为中心,通过能源结构、产业结构和布局调整,机动车排气污染防治,工业和城乡废气污染整治,大城市、高耗能/高污染行业为源头控制重点的综合防治,改善大气环境质量,减少霾污染,缩小酸雨的范围、减弱酸雨的强度和频率[10][11]。

表3-13 2001年、2010年浙江30个省控城市降水pH值和酸雨率的地域分布

pH值	%	浙东北		浙西南	
		2001年	2010年	2001年	2010年
pH≥5.00（Ⅰ）		嘉兴		乐清 江山 龙泉	丽水
4.50≤pH<5.00（Ⅱ）	90	建德 余姚 海宁 象山 湖州 绍兴 嵊州	余姚 湖州	苍南 金华 衢州 台州 临海 丽水 遂昌	临海 龙泉
			安吉 嵊州 嵊泗		乐清 温岭 遂昌
pH<4.50（Ⅲ）	90	杭州 桐庐 宁波 安吉	杭州 临安 嘉兴 海宁	温州 义乌 永康 温岭	苍南 永康
		临安 舟山 嵊泗	桐庐 建德 宁波 象山 绍兴 舟山	开化	温州 金华 义乌 衢州 江山 台州 开化

资料来源：[5]190,[9]99。

注：省监控城市2001年为32个,2010年因县变区少了普陀和余杭成为30个;斜体为设区城市。

（二）环境空气污染的综合治理

——积极推进生态文明建设

倡导绿色低碳的生产、生活方式;提高全社会环境觉悟,把治理大气环境污染,控制雾霾和酸雨变为民众和企业的自觉行动。

——积极调整能源结构,大力开发利用洁净能源,推广节能减排和循环利用技术,减少污染排放

积极推进能源结构的调整和优化,控制煤炭消费总量(耗煤项目实行煤炭减量替代),创建(高污染燃料)禁燃区,推进(工业园区)集中供热和煤改气,加快天然气、核电、风能、水能等能源项目建设,大力推广节能减排、循环利用技术,提高能源利用效率。

——加快产业结构调整升级,积极推进新型城市化和"郊区化"战略,优化产业—人口空间布局

严格产业准入、淘汰落后产能、推行清洁生产,加快产业结构的转型升级,改造传统高耗能产业,优先发展低能耗高技术产业;积极推进新型城市化和"郊区化"战略,优化产业—人口空间布局,积极探索、创建低碳城市。

依据不同功能定位,深入推进环杭州湾、温(州)—台(州)沿海、金(华)—衢(州)—丽(水)三大产业带建设,培育产业集聚区,把产业空间布局优化与能源节约、环境保护和城市空气环境污染综合治理有机结合起来。

——大力推进城市绿化工程,严格控制汽车尾气污染,综合治理霾污染

大力推进城市绿化工程,吸收 CO_2 和减少扬尘;通过加强机动车管理、燃油品质提升、积极发展清洁交通和道路畅通工程的实施,严格控制汽车尾气污染,减少细颗粒物(PM 2.5)的排放,综合治理霾污染。

——大力防治工业污染

实施脱硫、脱硝工程,治理工业烟尘、粉尘和挥发性有机废气,大力防治工业污染。

——大力推广、使用洁净煤、低硫煤,减少 SO_2 排放,控制酸雨

严格贯彻国务院对国家环保局《关于呈报审批酸雨控制区和二氧化硫污染控制区划分方案的请示》的批复意见[12],大力推广、使用洁净煤、低硫煤,减少 SO_2 排放,缩小酸雨的范围,减弱酸雨的强度和频率。

——加强生态省建设,提高森林质量,大力增强"碳汇"能力

——积极开展国际合作,推进清洁发展机制(CDM)项目实施

参考文献

[1] 浙江省环境保护局.浙江省环境质量报告书(1986—1990).杭州,1991.

[2] 浙江省环境保护局.浙江省环境质量报告书(1991—1995).杭州,1996.

[3] 浙江省环境保护局.浙江省环境质量报告书(1996—2000).杭州,2001.

[4] 浙江省环境保护局.浙江省环境质量报告书(2001—2005).杭州,2006.

[5] 浙江省环境保护厅.浙江省环境质量报告书(2006—2010).杭州,2011.

[6] 浙江省环境质量监测中心站.浙江省环境质量报告书(1999).杭州,2010.

[7] 浙江省统计局,国家统计局浙江调查总队.浙江统计年鉴——2011[M].北京:中国统计出版社,2011.

[8] 浙江省环境监测中心站.浙江省环境质量报告书(2012).杭州,2013.

[9] 浙江省环境监测中心站.浙江省环境质量报告书(2001).杭州,2002.

[10] 浙江省人民政府.浙江省应对气候变化方案.杭州,2010.

[11] 浙江省人民政府.浙江省大气污染防治行动计划(2013—2017 年).杭州,2014.

[12] 国务院关于酸雨控制区和二氧化硫污染控制区有关问题的批复(国函〔1988〕5 号).

第四章 陆地水环境

20 世纪 80 年代以来,浙江陆地水环境处于明显退化之中。地表水≤Ⅱ类水比例下降,劣Ⅴ类水比例上升,近一半地表水系处于退化之中,鳌江、椒江、运河污染尤为严重;平原河网水质严重退化,湖库水环境退化,富营养化问题显著,沿海平原地下水漏斗扩大、地面显著沉降。

一、地表水水环境

(一) 地表水水环境

2010 年浙江地表水[①]为轻度污染。以≤Ⅲ类可饮用水[②]为主占 58.0%,其中Ⅰ、Ⅱ类优质水为 38.2%,≥Ⅴ类水占 23.2%,其中劣Ⅴ类水为 17.9%[③]。1996 年以来地表水水质变化的基本趋势是不断退化。期间,≤Ⅲ类可饮水用显著减少,由 74.2% 降至58.0%,减 16.2 百分点;≤Ⅱ类优质水大幅度减少,由 56.6%降至 32.9%,减 23.7 个百分点;≥Ⅴ类水显著增加,由 10.4%升至 23.2%,增 12.3 个百分点,其中劣Ⅴ类大幅度增加——由 4.4% 升至 17.9%(2006 年、2007 年、2008 年曾高达 27.1%、25.5% 和23.2%),增 13.5(22.7、21.1 和 18.8)个百分点。期间,2006 年≤Ⅲ类水跌至 42.0%的谷底,劣Ⅴ类水升至 27.1%的峰值。(表 4-1,图 4-1)

表 4-1 1996-2010 年浙江省地表水水质　　　　　　　　　单位:%

年份	水质类别						其中:		
	Ⅰ	Ⅱ	Ⅲ	Ⅳ	Ⅴ	劣Ⅴ	≤Ⅱ	≤Ⅲ	≥Ⅴ
1996	7.7	48.9	17.6	15.4	6.0	4.4	56.6	74.2	10.4
1997	9.4	42.7	24.0	13.4	7.6	2.9	52.1	76.7	10.5
1998	9.9	45.6	15.8	17.5	4.7	6.4	55.5	71.3	11.1

----

① 地表水包括地表水系、平原河网和湖库。

② 水源地的水质应该满足Ⅰ、Ⅱ类水质标准。由于普遍而比较严重的污染,能满足Ⅰ、Ⅱ类水质标准的水源地已愈见稀缺。在刚劲的需求下,人们便无可奈何地以Ⅲ类水替代——公布的水质监测结果,近年已多用Ⅰ-Ⅲ类水合计数替代以前Ⅰ、Ⅱ、Ⅲ类水相分别的数据。

③ 据《地表水环境质量标准》(GB3838-2002),各类水质中,Ⅰ类主要适用于源头水,国家自然保护区;Ⅱ类主要适用于集中式生活饮用水地表水源地一级保护区、珍稀水生生物栖息地、鱼虾类产卵场、仔稚幼鱼的索饵场等;Ⅲ类主要适用于集中式生活饮用水地表水源地二级保护区、鱼虾类越冬场、洄游通道、水产养殖区等渔业水域及游泳区;Ⅳ类主要适用于一般工业用水区及人体非直接接触的娱乐用水区;Ⅴ类主要适用农业用水区及一般景观用水水域。

续 表

年份	水质类别						其中：		
	I	II	III	IV	V	劣V	≤II	≤III	≥V
1999	11.7	42.7	19.9	14.0	4.1	7.6	54.4	74.3	11.3
2000	8.2	50.3	19.9	9.9	6.4	5.3	58.5	78.4	17.4
2001	8.8	36.8	23.4	12.9	5.3	12.9	45.6	69.0	18.2
2002	10.0	27.6	28.8	10.6	11.8	11.2	37.6	66.4	23.0
2003	3.5	28.1	31.0	14.0	9.9	13.5	31.6	62.6	23.4
2004	4.1	24.9	23.1	16.6	10.7	20.7	29.0	52.1	31.4
2005	2.9	27.5	34.5	14.6	6.4	14.0	30.4	64.9	20.4
2006		42.0		30.9		27.1		42.0	
2007		46.9		27.8		25.5		46.9	
2008		48.8		28.0		23.2		48.8	
2009		54.1		26.1		19.8		54.1	
2010	3.9	29.0	25.1	18.8	5.3	17.9	32.9	58.0	23.2

资料来源：[1]94，[2]92，[3]53。

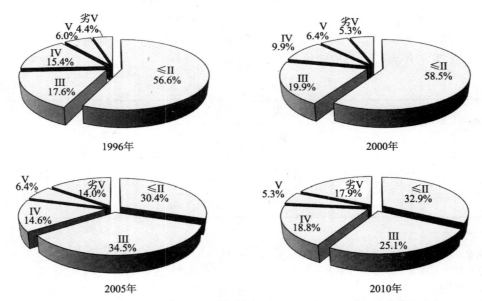

图 4－1 1996 年、2000 年、2005 年、2010 年浙江省地表水水质构成（据表 4－1）

（二）地表水系水环境

2010 年浙江地表水系①水质为轻度污染，但稍好于地表水。以≤Ⅲ类可饮用水为主占 69.1%，其中≤Ⅱ类优质水为 32.9%；≥Ⅴ类水占 30.8%，其中劣Ⅴ类水为 8.7%。20 世纪 80 年代以来，浙江八大水系及运河水环境变化的总趋势是优质水减少、劣质水增加而处于显著退化之中。这一变化，大体可分为三个阶段。（表 4-2，图 4-2、4-3）

——第一阶段（1980-1985）

这是浙江近 30 年中水质最好的时期。该阶段的特征是，≤Ⅲ类水，特别是Ⅰ、Ⅱ类优质水所占比例甚高——6 年中，4 年超过 80%，1982 年高达 87.2%；≥Ⅳ类水比重小——3 年低于 10%，1984 年最高 19.2%。

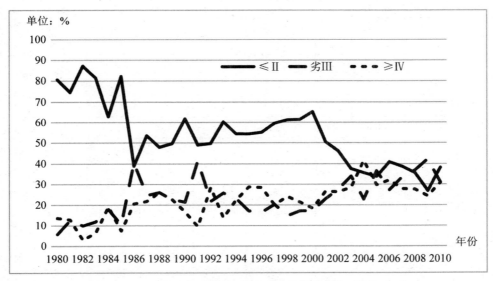

图 4-2　1980-2010 年浙江省地表水系水质变化（据表 4-2）

——第二阶段（1986-2001）

与上阶段相比，水质因污染而严重退化。≤Ⅲ类水由上阶段末的 92.6% 降至 73.5%（2004 年 58.4%），减 19.1 百分点。其中Ⅰ、Ⅱ类优质水大幅下降：由上阶段末的 82.2% 降至 50.5%，减 31.7 百分点，16 年中，11 年低于 60%，5 年低于 50%，1986 年仅占 38.0%；≥Ⅳ类水大幅度上升：由上阶段末的 7.4% 升至 26.6%，12 年在 20% 以上，5 年超过 26%，其中劣Ⅴ类水由 1991 年的 2.2% 升至 13.2%，增 11.0 百分点。

---

① 浙江地表水系包括八大水系及运河。钱塘江是浙江第一大河，有南、北两源，北源（从新安江计起）长589km（浙江境内 348km，安徽境内 241 km），南源（从马金溪计起）522km（浙江境内 49 km，安徽境内25km），流域面积（浙江境内）440145 km²；源于庆元县百山祖锅帽的瓯江次之，长 380 km、流域面积 18169km²（其中省外部分 38 km²）；以下是源于仙居与缙云交界处天堂尖的椒江（相应数据为 202 km、6591km²，下同）源于磐安县尚湖镇后岩岭的曹娥江（192 km、6064 km²），源于景宁、泰顺交界处洞宫山白云尖北麓的飞云江（195km、3729 km²），源于四明山夏家岭的甬江（131 km、4572km²），源于南雁荡山吴地山南麓的鳌江（82 km、1545km²），苕溪（161km、4560km²，以源于东天目山北部平顶山南麓东苕溪为干流），运河省境内长 129.5 km。

表 4 - 2　1980—2010 年浙江省地表水系水质　　　　　单位：%

年份	水质类别						其中		
	I	II	III	IV	V	劣V	≤II	≤III	≥IV
1980	4.7	75.9	5.7		13.7		80.6	86.3	13.7
1981	4.2	70.3	12.6		12.9		74.5	87.1	12.9
1982	2.7	84.5	9.9		2.9		87.2	97.1	2.9
1983	4.5	77.2	11.9		6.4		81.5	93.6	6.4
1984	1.5	61.4	17.9		19.2		62.9	80.8	19.2
1985	2.2	80.0	10.4		7.4		82.2	92.6	7.4
1986	3.0	35.9	40.5		20.6		38.9	79.4	20.6
1987	2.8	50.7	24.7		21.8		53.5	78.2	21.8
1988	1.4	46.6	26.0		26.0		48.0	74.0	26.0
1989	0.7	49.0	22.7		22.6		49.7	77.4	22.6
1990	1.2	60.7	21.4		16.7		61.9	83.3	16.7
1991	5.6	43.4	41.5	3.5	3.8	2.2	49.0	90.5	9.5
1992	3.8	45.9	21.8	19.0	8.0	1.4	49.7	71.5	28.4
1993	6.6	53.8	25.8	10.0	1.8	2.0	60.4	86.2	13.8
1994	6.3	48.1	23.2	14.9	3.9	3.6	54.4	77.6	22.4
1995	7.6	46.7	17.1	16.5	6.7	5.5	54.3	71.4	28.7
1996	9.2	45.9	16.5	18.6	3.8	6.0	55.1	71.6	28.4
1997	12.3	47.3	20.3	10.3	7.1	2.7	59.6	79.9	20.1
1998	12.8	48.5	14.7	14.1	3.3	6.7	61.3	76.0	24.1
1999	13.4	48.1	17.1	10.1	3.1	8.2	61.5	78.6	21.4
2000	14.0	51.3	17.2	6.9	4.0	6.5	65.3	82.5	18.4
2001	11.0	39.5	23.0	8.4	5.0	13.2	50.5	73.5	26.6
2002	13.8	32.3	27.5	8.8	6.8	10.7	46.1	73.6	26.3
2003	5.1	32.5	33.9	6.5	6.5	15.4	37.6	71.5	28.4
2004	6.4	29.2	22.8	13.2	5.5	22.9	35.6	58.4	41.6
2005	5.5	28.3	36.5	11.1	6.3	12.3	33.8	70.3	29.7
2006	5.8	35.1	27.2	12.9	5.3	13.8	40.9	68.1	32.0
2007	7.0	31.7	33.5	9.3	3.3	15.2	38.7	72.2	27.8
2008	4.7	30.9	36.9	10.1	5.4	12.1	35.6	72.5	27.6
2009	3.4	23.5	42.3	8.1	8.1	8.1	26.8	69.2	24.3
2010	4.0	34.2	30.9	20.1	2.0	8.7	38.2	69.1	30.8

资料来源：[1]60，[2]54、93、95、97 - 98、100 - 101、103 - 104，[3]52、57、60、62、65、68 - 69、71、74、76，[4]82 - 83，[5]93、146 - 150，[6]53，[7]60，[8]48，[9]50，[10]9，[11]9，[12]9，[13]9。

注：水质评价，1986—1990 年按《地表水环境质量标准》（GB3838 - 1983），1991—2000 年按《地表水环境质量标准》（GB3838 - 1988），2001—2010 年按《地表水环境质量标准》（GB3838 - 2002）。1991 年前按四级分类，Ⅲ类以上视为劣Ⅲ；从 1991 年开始按六级分类。

——第三阶段(2002—2010)

该阶段水环境继续退化，但速度有所放缓。≤Ⅲ类水由上一阶段末的73.5％降至69.1％(2004年少至58.4％)，减4.4百分点。其中≤Ⅱ类水由50.5％降至38.2％(2009年只有26.8％)，减12.3百分点；≥Ⅳ类水比重由上一阶段末的26.6％升至30.8％(2004年最高达41.6％)，其中劣Ⅴ类水由13.2％降至8.7％(9年中，7年超过10％，2004年达22.9％)，减4.5百分点。

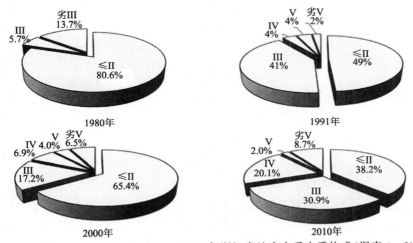

图4-3　1980、1991、2000、2010年浙江省地表水系水质构成(据表4-2)

(三) 各地表水系水环境

浙江八大水系和运河水质可区分为五种情况。第一类是显著改善而水质良好的飞云江、瓯江和苕溪；第二类是水质较好但处于下降之中的钱塘江和曹娥江；第三类是水质变得较好的甬江；第四类是水质变得越来越差的鳌江和椒江；第五类是水质极差而变化不大的运河。(表4-3，图4-4)

表4-3　1991—2010年浙江省八大水系和运河部分年份水质　　　　单位：％

水系	年份	水质类别						其中		
		Ⅰ	Ⅱ	Ⅲ	Ⅳ	Ⅴ	劣Ⅴ	≤Ⅱ	≤Ⅲ	≥Ⅴ
钱塘江	1991	4.5	38.9	53.2	1.8	1.5		43.4	96.6	1.5
	1996	8.6	36.8	22.1	22.4	4.5	5.5	45.4	68.5	10.0
	2001	8.2	40.0	30.2	2.7	2.7	16.3	48.2	78.4	19.0
	2005	8.2	17.0	46.6	13.1	4.2	10.9	25.2	71.8	15.1
	2010	2.2	26.7	42.2	20.0		8.9	28.9	71.1	8.9
曹娥江	1991	24.3	30.2	27.8	7.3		10.4	54.5	82.3	10.4
	1996	33.8	47.9		18.3			81.7	81.7	
	2001		34.5	22.1	20.7	12.3	10.4	34.5	56.6	22.7
	2005	26.2	3.1	28.9	7.8	7.8	26.1	29.5	58.2	33.9
	2010		30.0	20.0	40.0	10.0	50.0	50.0	50.0	10.0

续　表

水系	年份	水质类别						其中		
		I	II	III	IV	V	劣V	≤II	≤III	≥V
飞云江	1991		29.3	70.7				29.3	100.0	
	1996		74.5		25.5			74.5	74.5	
	2001		78.6	21.4				78.6	100.0	
	2005		82.6	17.4				82.6	100.0	
	2010		100.0					100.0	100.0	
瓯江	1991	6.6	67.3	14.8	6.6	4.6		73.9	88.8	4.6
	1996	6.2	69.5	13.5		1.4	9.4	75.7	89.2	10.8
	2001	36.2	56.8	7.0				93.0	100.0	
	2005	5.4	73.9	20.7				79.3	100.0	
	2010	10.3	58.6	27.6	3.4			68.9	96.6	
苕溪	1991	6.1	57.7	32.8			3.4	63.8	96.6	3.4
	1996	5.9	53.6	28.0	12.6			59.5		
	2001	5.9	10.9	57.8	16.4	9.0		16.8	74.6	9.0
	2005		5.9	63.9	30.4			5.9	69.6	
	2010	5.6	38.9	50.0	5.6			44.5	94.4	
甬江	1991	4.5	31.9	24.9	6.2	32.5		36.4	61.3	32.5
	1996	16.1	37.8	4.4	34.1	7.5		53.9	58.4	7.5
	2001		34.9	14.4	36.0	14.7		34.9	49.3	14.7
	2005		23.4	50.0	22.7	3.9		23.4	73.4	3.9
	2010		21.4	21.4	57.1			21.4	42.8	
鳌江	1991			100.0					100.0	
	1996		11.9		43.4		44.7	11.9	11.9	44.7
	2001			11.9	6.8	36.6	44.7		11.9	81.3
	2005						100.0			100.0
	2010		25.0				75.0	25.0	25.0	75.0
椒江	1991		38.2	61.8				38.2	100.0	
	1996	10.0	41.6	26.7	21.6			41.6	78.4	
	2001		49.7	12.9	10.5		26.9	49.7	62.6	26.9
	2005		19.5	29.2	10.2	27.5	13.7	19.5	48.7	41.2
	2010	7.7	23.1	15.4	30.8		23.1	23.1	46.2	23.1

续　表

水系	年份	水质类别						其中		
		Ⅰ	Ⅱ	Ⅲ	Ⅳ	Ⅴ	劣Ⅴ	≤Ⅱ	≤Ⅲ	≥Ⅴ
运河	1991			33.9	21.2	10.4	34.6		33.9	45.0
	1996			41.8	27.7	30.5			41.8	30.5
	2001			16.8	15.9	67.3				83.2
	2005				24.7	75.3				100.0
	2010			27.3	27.3	18.2	27.3		27.3	45.5

资料来源：[2]54、93、95、97－98、100－101、103－104，[3]52，[5]146－150，[6]53。

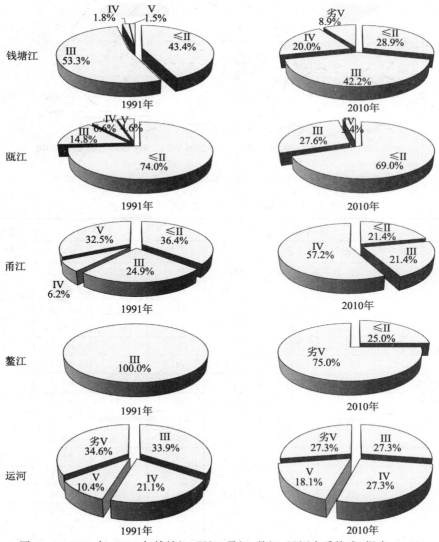

图4-4　1991年、2010年钱塘江、瓯江、甬江、鳌江、运河水质构成（据表4-3）

二、平原河网水环境

（一）平原河网水环境

浙江平原河网水质总体呈显著恶化态势。（表4-4,图4-5）

2010年,平原河网水质为重度污染,不能满足功能要求断面占90.6%。各类水中,劣Ⅴ类最多占56.3%,Ⅴ类次之占18.8%,Ⅲ、Ⅳ类各为12.5%。

1996－2010年,Ⅱ类水迅速消失,Ⅳ、Ⅴ类水比重大幅下降,劣Ⅴ类水由21.9%急剧增至56.3%。与此同时,满足功能段的长度由25.0%降至9.4%。

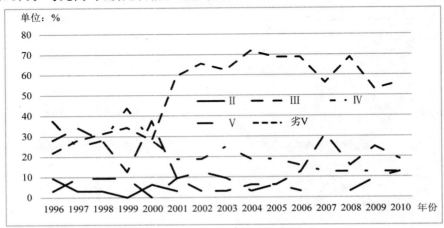

图4-5 1996－2010年浙江省平原河网水质变化（据表4-4）

表4-4 1996－2010年浙江省平原河网水质 单位：%

年份	水质类别					其中		满足功能段长度
	Ⅱ	Ⅲ	Ⅳ	Ⅴ	劣Ⅴ	≤Ⅲ	≥Ⅴ	
1996	9.4	3.1	37.5	28.1	21.9	12.5	50.0	25.0
1997	3.1	9.4	25.0	34.4	28.1	12.5	62.5	18.8
1998	3.1	9.4	28.0	28.1	31.3	12.5	59.3	15.6
1999	0.0	9.4	43.7	12.5	34.4	9.4	46.9	12.5
2000	6.3	0.0	28.1	37.5	28.1	6.2	65.6	12.5
2001	3.1	9.4	18.8	9.4	59.4	6.2	81.2	15.6
2002		12.5	18.8	3.1	65.6	12.5	68.7	12.5
2003		9.4	25.0	3.1	62.5	9.4	68.7	9.4
2004		3.1	18.8	6.2	71.9	3.1	79.1	3.1
2005		6.2	18.8	6.2	68.8	6.2	75.0	6.2
2006		3.1	15.6	12.5	68.8	3.1	81.3	0.0
2007			12.5	31.2	56.2	0.0	87.4	0.0
2008		3.1	12.5	15.6	68.8	3.1	84.4	6.2
2009		9.4	12.5	25.0	53.1	9.4	93.8	9.4
2010		12.5	12.5	18.8	56.3	12.5	75.1	9.4

资料来源：[1]112,[2]83、107,[3]52,[14]49,[15]49,[16]47,[17]46。

（二）各平原河网水环境

除杭嘉湖、姚慈外,浙江各平原河网水质皆处于恶化之中。(表4-5,图4-6)

各平原河网中,2010年温瑞平原河网水质最差,100%为劣Ⅴ类水,污染指标主要为氨氮、总磷、化学需氧量;台州平原河网劣Ⅴ类水占71.4%,污染指标主要为化学需氧量、氨氮、总磷;绍虞平原河网劣Ⅴ类水占66.7%,污染指标主要为五日生化需氧量、氨氮、总磷等;姚慈平原河网劣Ⅴ类和Ⅴ类水各占50%,污染指标主要为总磷、石油类、高锰酸盐指数——以上各河网皆不能满足功能要求。稍好的杭嘉湖平原河网,Ⅴ类和劣Ⅴ类水占到57.2%——其中,湖州河网水质Ⅲ类,可满足功能要求;嘉兴河网水质为Ⅳ—劣Ⅴ类,所有断面皆不能满足功能要求,污染指标主要为石油类、氨氮、总磷。除湖州河网外,各河网水中溶解氧的含量都很低[3]83、107。

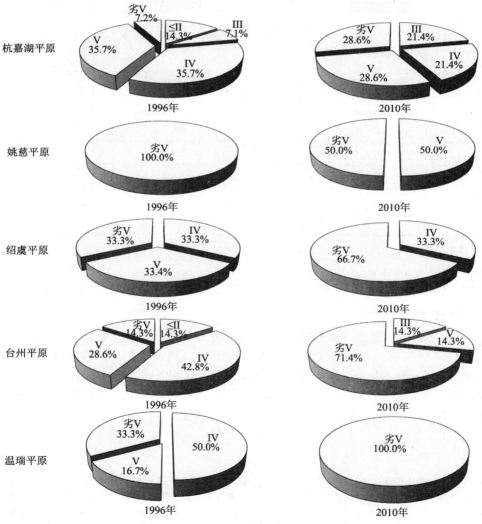

图4-6　1996年、2010年浙江省平原河网水质构成(据表4-5)

表4-5　1996-2010年浙江省各平原河网部分年份水质　　　　单位：%

河网	年份	水质类别					其中		满足功能段长度
		Ⅱ	Ⅲ	Ⅳ	Ⅴ	劣Ⅴ	≤Ⅲ	≥Ⅴ	
杭嘉湖平原	1996	14.3	7.1	35.7	35.7	7.1	21.4	42.8	21.4
	2001			21.4		78.6	21.4	28.6	21.4
	2010		21.4	21.4	28.6	28.6			21.4
姚慈平原	1996					100.0	0.0	100.0	0.0
	2001					100.0	0.0	100.0	0.0
	2010				50.0	50.0			0.0
绍虞平原	1996			33.3	33.3	33.3	0.0	66.7	
	2001		33.3	33.3		33.3	0.0	33.3	
	2010			33.3		66.7			0.0
台州平原	1996	14.3		42.8	28.6	14.3	14.3	42.9	71.4
	2001	14.3				85.7	0.0	71.4	14.3
	2010		14.3		14.3	71.4			7.0
温瑞平原	1996			50.0	16.7	33.3	0.0	50.0	
	2001				16.7	83.7	0.0	50.0	
	2010					100.0		100.0	0.0

资料来源：[2]83，[3]52，[6]71，[14]49。

三、湖库水环境

（一）湖库水环境

2001-2010年，浙江省省控湖泊、水库水质和营养化程度的变化态势是，Ⅰ-Ⅲ类水由83.3%降至57.9%而显著减少，Ⅳ-Ⅴ类水由11.1%升至36.8%而显著增加；水体以中营养为主而比重有所减小——55.6%降至47.1%（2007年曾达68.4%），贫营养水质在波动中比重增加——由16.7%升至31.6%（2009年曾降为0），富营养①程度在波动中有所减弱——由27.8%降至21.2%（2009年曾达42.1%）。（表4-6）

---

① 水体的富营养化指在人类活动的影响下，生物所需的氮、磷等营养物质大量进入湖泊、河口、海湾等缓流水体，引起藻类及其他浮游生物迅速繁殖，水体溶解氧量下降，水质恶化，鱼类及其他生物大量死亡的现象。在自然条件下，湖泊也会从贫营养状态过渡到富营养状态，不过这种自然过程非常缓慢。而人为排放含营养物质的工业废水和生活污水所引起的水体富营养化则可以在短时间内发生。水体出现富营养化现象时，浮游藻类大量繁殖，形成水华。因占优势浮游藻类颜色的不同，水面往往呈现蓝色、红色、棕色、乳白色等。这种现象在海洋中叫作赤潮或红潮。

表4-6　2001—2010年浙江省省控湖泊、水库水质和营养化程度

年份	水质类别						营养化程度					
	Ⅰ－Ⅲ		Ⅳ－Ⅴ		劣Ⅴ		贫营养		中营养		富营养	
	个	%	个	%	个	%	个	%	个	%	个	%
2001	15	83.3	2	11.1	1	5.6	3	16.7	10	55.6	5	27.8
2002	12	66.7	5	27.8	1	5.6	2	11.1	10	55.6	6	33.3
2003	12	63.2	6	31.6	1	5.3	5	26.3	11	57.9	3	15.8
2004	11	57.9	7	36.8	1	5.3	4	21.1	10	52.6	5	26.3
2005	15	78.9	3	15.8	1	5.3	4	21.1	11	57.9	4	21.1
2006	11	57.9	7	36.8	1	5.3	6	31.6	9	47.4	4	21.1
2007	10	52.6	7	36.8	2	10.5	2	10.5	13	68.4	4	21.1
2008	10	52.6	7	36.8	2	10.5	3	15.8	11	57.9	5	26.3
2009	12	63.2	5	26.3	2	10.5	0	0.0	11	57.9	8	42.1
2010	11	57.9	7	36.8	1	5.3	6	31.6	9	47.4	4	21.1

资料来源：[2]110-111，[3]79、82。

注：省控湖库数量，2001—2002年为18个，2003年开始增至19个。2001年前，营养状况分贫营养（表中以"贫"表示，下同）、中营养（中）和富营养（富）三类（三分法）。从2001年开始，富营养细化为轻度、中度和重度而成五类（五分法）。

（二）主要湖库水环境

——主要湖库水环境

浙江主要湖泊、水库水环境以千岛湖为优，西湖、东钱湖尚可，南湖和鉴湖最差。（表4-7、4-8）

1995—2010年，千岛湖水质在大多数年份为Ⅱ类（1999—2001年曾达Ⅰ类），营养水平经中营养、贫营养（三分法）达轻度富营养（五分法）；鉴湖水质经Ⅳ、Ⅴ类演变为劣Ⅴ类，营养水平经富营养（三分法）达重度富营养（五分法）；南湖水质经Ⅳ、Ⅴ类演变为劣Ⅴ类且比鉴湖更为迅速，营养水平经富营养（三分法）、重度富营养变为中度富营养（五分法）；西湖水质处于Ⅳ、Ⅴ类的交替之中，2006年以来为Ⅳ类（在总氮参与评价时为劣Ⅴ类），营养水平经富营养（三分法）、中度富营养降至轻度富营养（五分法）；东钱湖水质经Ⅱ、Ⅲ类，Ⅳ、Ⅴ类的交替，2006年以来稳定在Ⅳ类，营养水平经中—富（三分法）而处于轻度富营养与中度富营养（五分法）的交替之中。

——主要湖库水质污染指数

2006—2010年浙江主要湖库污染指数变化的态势是，西湖显著下降，鉴湖显著上升，南湖居高不下。（表4-8）

期间，西湖污染指数由3.44降至2.51，主要污染物为总氮；东钱湖污染指数由2.62升至3.07（2008年为4.36），主要污染物为石油类和总磷；鉴湖污染指数由8.40升至10.84（2009年曾达11.40），主要污染物为总磷和氨氮；南湖污染指数居高不下——2009年最低10.52，2007年最高13.04，主要污染物为总磷和氨氮[2]110、[3]81。

表 4-7 1995—2010 年浙江省主要湖库水质和营养水平

年份	西湖 水质类别	西湖 营养水平	鉴湖 水质类别	鉴湖 营养水平	东钱湖 水质类别	东钱湖 营养水平	南湖 水质类别	南湖 营养水平	千岛湖 水质	千岛湖 营养水平
1995	V	富	IV	富	III	中—富	IV	富	II	中—富
1996	V	富	IV	富	III	中—富	IV	富	II	中—富
1997	V	富	IV	富	II	中—富	V	富	II	中—富
1998	IV	富	IV	富	III	中—富	IV	富	II	中—富
1999	IV	富	IV	富	III	中—富	IV	富	I	中
2000	IV	富	IV	中—富	II	中—富	V	富	I	中
2001	V	中度	III	轻度	III	轻度	劣V	重度	II	贫
2002	V	中度	III	轻度	III	中	劣V	重度	II	贫
2003	V	中度	III	中	III	中	劣V	重度	II	贫
2004	IV	中度	V	中度	V	轻度	劣V	重度	II	贫
2005	IV	中度	V	中度	III	中	劣V	重度	II	贫
2006	IV（劣V）	轻度	V	轻度	IV	中	劣V	中度	II	轻
2007	IV（劣V）	轻度	V	重度	IV	中	劣V	中度	II	轻
2008	IV（劣V）	轻度	V	中度	IV	轻度	劣V	中度	II	轻
2009	IV（劣V）	轻度	劣V	重度	IV	中	劣V	中度	II	轻
2010	IV（劣V）	轻度	劣V	重度	IV	中	劣V	中度	II	轻

资料来源：[1]86、88，[2]110-111，[3]81-82，[5]134，[6]74、76，[7]86、89，[8]73、75，[9]77-79。

注：在总氮参与评价时，2006—2010 年西湖水质为劣V，鉴湖、东钱湖、南湖不变[3]77。

表 4-8 2006—2010 年浙江省部分湖库水质污染指数

年份	西湖	东钱湖	鉴湖	南湖	千岛湖
2006	3.44	2.62	8.40	12.10	1.19
2007	3.32	2.77	9.84	13.04	1.28
2008	2.69	4.36	10.66	11.49	1.36
2009	2.60	2.53	11.40	10.52	1.33
2010	2.51	3.07	10.84	11.32	1.15

资料来源：[3]79。

四、地下水漏斗和地面沉降

杭嘉湖、宁奉、温黄、温瑞等沿海平原多年来地下水漏斗的扩大,和由此引起的嘉兴、宁波、台州、温州等城市的地面沉降,是浙江除河流、河口、近岸海域污染,湖库、平原河网水质退化的又一引人注目的水环境问题。

（一）地下水漏斗

浙江平原区地下水漏斗面积各异而以杭嘉湖最大,2000年便已形成与苏、锡、常、沪相连的巨型漏斗。20世纪80年代以来,除宁波漏斗（Ⅰ、Ⅱ）外,各漏斗中心水位、漏斗面积皆分别处于下降和扩大之中。（表4-9）

表4-9　1980—2010年部分年份浙江省沿海平原地下水漏斗中心水位和面积

漏斗名称	项目		单位	1980年	1985年	1990年	1995年	2000年	2010年
嘉兴漏斗（Ⅱ）4654km²	中心水位		m	−37.77	−42.85	−44.37	−45.98	−43.14	−47.15
	漏斗面积	＜5m	km²	2614	4246	4654	4654	4654	4654
		＜10m		993	3175	4236	4464	4627	4558
		＜20m		170	424	2524	3776	4184	4224
		＜30m		20	55	361	1709	3401	2210
嘉善漏斗（Ⅲ）2623km²	中心水位		m	−19.47	−27.44	−35.55	−40.23	−43.15	−42.02
	漏斗面积	＜5m	km²	2156	2623	2623	2623	2623	2623
		＜10m		535	2208	2623	2623	2623	2623
		＜20m			106	1478	2407	2623	2623
		＜30m				126	1122	1947	1900
路桥漏斗（Ⅰ）715km²	中心水位		m		−28.39	−36.88	−57.20	−47.50	−45.57
	漏斗面积	＜5m	km²		529	597	597	597	675
		＜10m			303	597	597	597	606
		＜20m			14	34	575	577	496
		＜30m				14	128	423	418
路桥漏斗（Ⅱ）5619km²	中心水位		m		−24.84	−20.63	−35.90	−39.03	−42.91
	漏斗面积	＜5m	km²			550	550	550	574
		＜10m				517	550	550	522
		＜20m				11	377	446	418
		＜30m					107	175	237

续　表

漏斗名称	项目		单位	1980年	1985年	1990年	1995年	2000年	2010年
宁波漏斗（Ⅰ）805km²	中心水位		m	−14.77	−16.80	−11.15	−8.24	−8.92	−4.62
	漏斗面积	<5m	km²	115	155	90	51	15	
		<10m		27	60	18			
		<20m		3	19				
宁波漏斗（Ⅱ）5984km²	中心水位		m	−16.27	−18.49	−13.08	−10.26	−12.42	−11.94
	漏斗面积	<5m	km²	174	181	119	76	66	9
		<10m		55	86	35	4	19	1
		<20m		15	42	2			
永强漏斗（Ⅰ）503km²	中心水位		m			−2.46	−5.75	−20.26	−20.80
	漏斗面积	<5m	km²				5	98	99
		<10m						85	98
		<20m						1	20
瑞安漏斗（Ⅱ）332km²	中心水位		m		−8.07	−20.21	−19.24	−31.10	
	漏斗面积	<5m	km²		26	46	82	121	
		<10m				32	34	76	
		<20m				9		22	

　　资料来源：[18]33、37、40−41、47，[19]18

　　注：漏斗名称后括号中的Ⅰ、Ⅱ、Ⅲ代表地层编号；1985年栏的路桥、瑞安为1986年数字；2010年瑞安漏斗未监测。

　　2010年，嘉兴漏斗（Ⅱ）−10m以下面积4558km²，为1980年（993km²）的4.59倍，−30m以下面积2210km²，为1980年（20km²）的110.50倍；嘉善漏斗（Ⅲ）−10m以下面积2623km²，为1980年（535km²）的4.90倍，−30m以下面积1900km²，为1990年（126km²）的15.08倍。

　　2010年漏斗中心水位，嘉兴漏斗（Ⅱ）−47.15m，比1980年（−37.77m）下降9.38m；嘉善漏斗（Ⅲ）−42.02m，比1980年（−19.47m）下降22.55m；路桥漏斗（Ⅰ）−45.57m，比1986年（−28.39m）下降17.18m；路桥漏斗（Ⅱ）−42.91m，比1986年（−24.84m）下降18.07m；永强漏斗（Ⅰ）−20.80m，比1990年（−2.46m）下降18.24m；宁波漏斗（Ⅰ）−4.62m，比1980年（−14.77m）回升10.15m；宁波漏斗（Ⅱ）−11.94m，比1980年（−16.27m）回升4.33m；2000年瑞安漏斗（Ⅱ）−31.10m，比1986年（−8.07m）下降23.03m。

　　（二）地面沉降

　　——地面沉降

　　浙江各沿海平原皆存在不同程度的地面沉降，而以杭嘉湖为最。（表4−10）

2010 年各地累计沉降(沉降中心),杭嘉湖平原 1204mm,温黄平原＞1000mm,宁波平原 535mm,温州永强＞300mm;各地＞50mm 沉降面积合计 5016km²,其中杭嘉湖平原 4200km² 占 83.73％,温黄平原 638km² 占 10.67％,宁波平原 148km² 占 2.95％,温州永强 30km² 占 0.60％。

表 4 - 10　2010 年浙江省沿海平原区地面沉降

		杭嘉湖平原	温黄平原	宁波平原	温州永强	合计
沉降中心		海盐武原镇	温岭西部	江东	永强	
中心累计沉降	mm	1204	＞1000	535	＞300	
≥50mm 累计沉降	km²	4200	535	148	30	5016
	％	83.73	10.67	2.95	0.60	100.00

资料来源:[19]7-10。

宁波江东中心地面累计沉降和沉降面积,1985 年为 320mm、955.0km²,其中≥50mm 的有 20.0km²;2000 年为 468.6mm、175.0km²,其中≥50mm 的有 42.6km²,≥100mm 的有 16.0km²[18]59;2010 年达 535.3mm、148.0km²,其中≥50mm 的有 40.2km²,≥100mm 的有 16.0km²。(表 4 - 11)

表 4 - 11　1985 年、2000 年、2010 年宁波江东地面沉降

年份	中心累计沉降	累计沉降面积	其中	
			≥50mm	≥100mm
	mm	km²		
1985	320.0	955.0	20.0	
2000	468.6	175.0	42.6	16.0
2010	535.3	148.0	40.2	16.0

资料来源:[10]8。

——杭嘉湖平原和嘉兴城区地面沉降

1964—2010 年,杭嘉湖平原的地面沉降,大致经过了缓慢沉降、显著沉降、急剧沉降、沉降扩散和沉降加速 5 个阶段。(表 4 - 12)

在各个阶段,沉降中心(第 5 个阶段在海盐武原镇,前 4 个阶段在嘉兴城区)累计沉降量依次为 84.0mm、308.9mm、597.2mm、827.6mm 和 1204mm,各阶段年沉降速率(mm/a)为 8.4mm、22.5mm、41.9mm、23.0mm 和 37.6mm。在沉降扩散阶段末的 2000 年,≥300mm、≥200mm、≥100mm 沉降面积分别为 365.6km²、791.1km² 和 2520.0km²,≥50mm 沉降面积达 4187.0km²,已接近 2010 年的 4200.0km²。

在前 4 个阶段,杭嘉湖平原地面沉降漏斗与水位降落漏斗形态吻合、中心一致;地面沉降随地下水开采发展,沉降面积与区域地下水累计开采量呈显著线性相关——相关系数达 0.999 以上[18]56。

表 4－12　1964－2000 年嘉兴城区、杭嘉湖平原地面沉降

项目		单位	缓慢沉降 (1964－1973)	显著沉降 (1974－1983)	急剧沉降 (1984－1990)	沉降扩散 (1991－2000)	沉降加速 (2001－2010)
沉降中心	累计沉降	mm	84.0	308.9	597.2	827.6	(1204)
	阶段沉降		84.0	224.9	293.3	230.4	(376.4)
	沉降速率	mm/a	8.4	22.5	41.9	23.0	(37.6)
累计沉降面积	沉降范围		嘉兴城区			杭嘉湖平原	
	≥50mm	km²	39.6	84.8	4187.0	4200.0	
	≥100mm		7.3	45.6	2520.0		
	≥200mm		1.5	17.8	791.1		
	≥300mm		0.3	7.6	365.6		
	≥400mm			2.5	206.4		
	≥500mm			0.5	85.5		
	≥600mm				13.8		

资料来源：[19]7－10[20]57[21]。

注：杭嘉湖平原的沉降面积包括嘉兴城区。

作为前 4 个阶段杭嘉湖平原地面沉降中心的嘉兴城区，2000 年累计沉降 827.6mm；在显著沉降阶段末的 1983 年，急剧沉降阶段末的 1990 年，≥50mm 沉降面积相继达 39.6km² 和 84.8km²，≥100mm 沉降面积相继达 7.3km² 和 45.6km²，≥200mm 沉降面积相继达 0.3km² 和 7.6km² 而呈不断扩大态。

（三）地下水漏斗形成和地面沉降的动因

成本低、水质好是人们利用地下水，进而地下水漏斗形成和地面沉降的根本动因，并为地表水的污染所推动。20 世纪 80 年代以来，浙江对地下水的大规模利用，特别是对深层承压水的超采，以地表水污染的平原区，尤其是水资源短缺的杭嘉湖、温黄平原为烈——开采程度为可持续利用的系数(%，可持续利用系数为 1)，海宁 740.6，海盐 640.6，平湖 460.5，桐乡 424.5，温岭 309.0，嘉善 302.3，嘉兴市区 259.8，临海 172.4[18]119-120。

大规模利用地下水，特别是超采深层承压水带来的，除形成地下水漏斗，导致地面大范围沉降、(岩溶)地表塌陷外，还有淡水水体收缩、海(咸)水入侵、土壤盐渍化(宁波、台州、温州部分地区)和地下水的污染等问题[18]62-68，[20]40-41，[22]39-40，[23]40-41。

五、水资源、水环境安全对策

（一）指导思想

——水资源与水环境安全：概念和问题

水资源与水环境是两个密不可分的概念。水资源安全指供给在数量、质量两个方面对需求的持续满足。水环境安全除要保证供给在量、质两个方面对人类需求的持续满足

外,还指水资源各形态(降水、径流、江河、湖库、海域、地下水等)存在条件的稳定、自然水文循环的保持(不轻易改变)、水资源时空合理的量和水生生物环境安全等。

浙江水资源、水环境安全问题主要有,季节性/地域性缺水问题突出,地表水(江河、河网、湖库)污染严重,地下水漏斗扩大和地面沉降加剧等。

——指导思想

浙江陆地水资源和水环境安全的指导思想是,实施"清水工程"、"地下水保护工程"、"节水工程",建设"节水社会",全方位治理污染、提高供给能力和节约用水。

(二) 水资源、水环境安全对策

——实施"清水工程",显著提高地表水水质和水环境质量,解决水质性缺水,保证水生生物水环境安全

水体的各种存在形态是一个相互交换的动态整体,污染源又多种多样,故须对水体污染进行全方位的综合治理,提高水质良好度,解决水质性缺水,保证水生生物水环境安全。(图 8-1)

"清水工程"包括"净水入江工程"和"水体整治工程"。"净水入江工程"即通过"蓝天工程"(降低酸雨强度、酸雨率和霾污染),"工业污染整治工程","农业面源污染整治工程","净土工程"(减少化肥、农药、废物污染),封山育林、减少土壤流失,相继降低从降水—土壤—水体各环节的污染和相互污染,提高进入河网、沼泽、湖库、河流水水质;"水体整治工程"即通过对河网、河道的清淤,湖库富营养化的防治,保持水体的一定洁净度。

——开展"工业污染整治工程",提高污水处理率和排放达标率,从源头上控制水体污染和保护水源

增强工业污水处理能力,改进工艺流程,提高污水处理率和排放达标率,把治污重点由末端治理转移到源头上来。减少排放和保护水源是源头控制的宗旨,为此,须通过产业结构调整,关、停、转一批高耗水、高污染的企业;在工业布局上,则应禁止在河流源头、上游,城市水源处建厂。

——开展"农业面源污染整治工程",综合治理农业、农村面源污染

通过合理施肥和病虫害综合防治工程、基本农田基础设施建设工程、畜禽养殖场废弃物无害化处理工程等,通过减量、增效,控制化肥和农药污染,规模化畜禽养殖,提高污染物综合利用率;提高农村生活垃圾收集率、无害化处理率和生活污水净化率,扭转因农业面源污染造成的水环境质量恶化的趋势。

——提高调控能力以保证供给,提高利用效率、利用效益以节约用水和减少需求,为解决嘉兴、舟山地域性缺水创造条件,为保证紧急时刻恢复粮食生产需水预作绸缪

为解决嘉兴、舟山地域性缺水问题,和保证紧急时刻恢复粮食生产用水的供给,便须提高对水资源的跨地域调控能力和设施的供给能力。

节约用水一是提高水资源的利用效率,即减少利用前的损失率;二是提高水资源的利用效益,即生产力,或降低单位产品、产值的耗水量。

——实施"节水工程",划定"三条红线",运用价格杠杆,建设"节水社会"

实施"节水工程",建设"节水社会"的根本在于划定"三条红线",对利用总量(全省、地区),耗水强度(行业、单位产值)和(水功能区)纳污进行(不得逾越)限制。价格杠杆的运用——完善分类水价制度,对城市居民生活用水逐步实行阶梯式水价制度,对非居民

用水(不含农业用水)实行超计划用水累进加价制度,则在于保证"三条红线"制度的贯彻,促进节约用水,加快节水技术改造的推进和产业结构的节水型调整[24]。

  ——开展"地下水保护工程",综合治理地下水环境,遏止地下水漏斗的扩大和地面沉降

  为遏止地下水漏斗的扩大和地面沉降,须开展"地下水保护工程",对地表水和地下水环境一起进行治理。其一,通过污染治理解决水质性缺水问题;其二,通过跨地域调水或运用"虚拟水"替代战略解决资源性缺水问题;其三,地下水分类利用——加强开采补给型的非承压水,强力限采补给－消耗型的未承压水,禁采消耗型的深层承压水;其四,通过注水回灌的工程措施,遏止地面沉降。以上措施之中,对承压水严格的限采、禁采甚为关键——不如此,便缺乏治污的压力,即使地表水经治理可以饮用,质优价宜的地下承压水无疑也是一种极大的诱惑。

  ——强化水资源、水环境的安全意识

  依法治水,鼓励节约用水,建立水资源和地表水、地下水动态监测、管理系统,实行科学管理。

参考文献

[1] 浙江省环境保护局.浙江省环境质量报告书(1996－2000).杭州,2001.

[2] 浙江省环境保护局.浙江省环境质量报告书(2001－2005).杭州,2006.

[3] 浙江省环境保护厅.浙江省环境质量报告书(2006－2010).杭州,2011.

[4] 浙江省环境保护局.浙江省环境质量报告书(1986－1990).杭州,1991.

[5] 浙江省环境保护局.浙江省环境质量报告书(1991－1995).杭州,1996.

[6] 浙江省环境质量监测中心站.浙江省环境质量报告书(1996).杭州,1997.

[7] 浙江省环境质量监测中心站.浙江省环境质量报告书(1997).杭州,1998.

[8] 浙江省环境质量监测中心站.浙江省环境质量报告书(1998).杭州,1999.

[9] 浙江省环境质量监测中心站.浙江省环境质量报告书(1999).杭州,2010.

[10] 浙江省环境监测中心站.浙江省环境质量报告书(2006).杭州,2007.

[11] 浙江省环境监测中心站.浙江省环境质量报告书(2007).杭州,2008.

[12] 浙江省环境监测中心站.浙江省环境质量报告书(2008).杭州,2009.

[13] 浙江省环境监测中心站.浙江省环境质量报告书(2009).杭州,2010.

[14] 浙江省环境监测中心站.浙江省环境质量报告书(2001).杭州,2002.

[15] 浙江省环境监测中心站.浙江省环境质量报告书(2002).杭州,2003.

[16] 浙江省环境监测中心站.浙江省环境质量报告书(2003).杭州,2004.

[17] 浙江省环境监测中心站.浙江省环境质量报告书(2004).杭州,2005.

[18] 张宗祜,李烈荣.中国地下水资源(浙江卷)[M].北京：中国地图出版社,2005.

[19] 浙江省国土资源厅.浙江省地质环境公报(2010).杭州,2011.

[20] 浙江省海洋与渔业局.浙江省海洋环境公报(2010).杭州,2011.

[21] 浙江省地下水资源调查评价与开发利用规划项目组.浙江省地下水资源调查评价与开发利用规划.杭州,2003。

[22] 浙江省海洋与渔业局.浙江省海洋环境公报(2008).杭州,2009.

[23] 浙江省海洋与渔业局.浙江省海洋环境公报(2009).杭州,2010。

[24] 浙江省人民政府.关于全面推进节水型社会建设实行最严格水资源管理制度的意见(浙政发〔2012〕107号).杭州,2012。

第五章　近岸海域和湿地

浙江近岸海域水环境演变的基本态势是,入海河流河口水质显著下降、排海污染物迅速增加,沿海排污口普遍超标排放;近岸海域水质显著恶化且以中部、北部和重点海域为最,绝大多数海域不能满足功能区要求;富营养化发展,赤潮和海洋污损事故频发,典型海洋生态系统长期处于不健康(杭州湾)或亚健康(乐清湾)状态。湿地、湿地生态系统则由于长期的"围涂造田"、"围湖垦殖"、工程建设(占用)、污染、过度养殖(淡水、滩涂)、水土流失、过度渔猎和外来物种入侵而处于减少和严重退化之中。

一、河口水质和陆源污染

入海河流河口水质、沿海排污口排污是影响近岸海域水环境极为重要的因子。

(一)入海河流河口水质

浙江各入海河流河口水质以瓯江较好,飞云江次之,其余各河流自20世纪80年代后半期以来皆发生了不同程度的显著下降而以曹娥江和鳌江最为严重。

按海水水质标准①,入海河流河口水质自20世纪80年代后半期以来的25年(1986—2010)中,瓯江除个别年份出现过三类(2年)和超三类(1年)外,水质皆稳定在二类且在期末达到一类;飞云江多年在二、三类之间波动并稳定在二类;钱塘江、甬江在二、三类之间波动而以三类居多;椒江以三类为主,前期向二类波动,后期向四类波动;曹娥江前期(10年)以二、三类为主,后期(15年)以超四类为主;鳌江前期(10年)在一、二、三、超三类之间波动且以三类居多,后期(15年)由三类降至超四类[1]115,[2]181-182,[3]121-122,[4]130-131,[5]85,89,[6]68,[7]65,[8]63,[9]2004,[10]64,[11]70,[12]2008,[13]47。

按地表水水质标准②,入海河流河口水质自20世纪90年代以来的20年(1991—2010)中,瓯江由Ⅳ类(4年)经Ⅲ类(5年)升至并稳定在Ⅱ类(11年);飞云江亦由Ⅳ类(3年)经Ⅲ类(7年)升至并稳定在Ⅱ类(10年);钱塘江、甬江除个别年份出现过Ⅱ类

---

① 按《海水水质标准》《GB3097-1997》,符合一类海水水质的海域为清洁海域,适用于海洋渔业水域,海上自然保护区和珍稀濒危海洋生物保护区;符合二类海水水质的海域为较清洁海域,适用于水产养殖区、海水浴场、人体直接接触海水的海上运动或娱乐区,以及与人类食用直接有关的工业用水区;符合三类海水水质的海域为轻度污染海域,适用于一般工业用水区;符合四类海水水质的海域为中度污染海域,仅适用于海洋港口水域和海洋开发作业区;劣于四类海水水质的海域为严重污染海域。水质评价,1996年前使用 GB3097-1982《海水水质标准》,评价等级分一、二、三、超三等4级;1996年后使用 GB3097-1997《海水水质标准》,评价等级分一、二、三、四、超四等5级。
② 水质评价,1991—2000年按 GB3838—1988《地表水环境质量标准》,从2001年开始按 GB3838—2002《地表水环境质量标准》,评价等级分Ⅰ、Ⅱ、Ⅲ、Ⅳ、Ⅴ和劣Ⅴ等5级。

（1、2 年）、Ⅲ类（3、4 年）外，多年保持在Ⅳ类（16、17 年）；椒江除 1 年出现过Ⅲ类外，各年全部为Ⅳ类；曹娥江前期、后期以Ⅳ类为主，中期为Ⅴ类（6 年）并出现劣Ⅴ类（1 年）；鳌江则由前期的Ⅳ类降至后期的Ⅴ类，并在转变过程中出现Ⅱ（1 年）和劣Ⅴ类（2 年）[1]115,[2]181-182,[3]121-122,[4]130-131[5]85、89,[6]68,[7]65,[8]63,[9]2004,[10]64,[11]70,[12]2008,[13]47。

2010 年，各河流入海口水质，按《地表水环境质量标准》（GB3838—2002），瓯江、飞云江Ⅱ类最好，钱塘江（Ⅲ）次之，甬江（Ⅳ）、椒江（Ⅳ）较差，曹娥江、鳌江Ⅴ类最差。主要污染物（水质定类项目），钱塘江为总磷，曹娥江、甬江、椒江为石油类，瓯江为溶解氧和总磷，飞云江为溶解氧、高锰酸盐指数和总磷，鳌江为溶解氧；按《海水水质标准》《GB3097—1997》，瓯江（一）、飞云江（二）、钱塘江（二）为好，甬江、椒江三类尚可，曹娥江、鳌江超四类最差。主要污染物，钱塘江、飞云江为化学需氧量、总铅，曹娥江、椒江为石油类，甬江为化学需氧量、石油类，鳌江为溶解氧[5]85-86。

（二）陆源污染
——入海河流排海污染物

化学需氧量、营养盐和石油类是浙江入海河流的主要污染物。铜在 20 世纪 80 年代后半期，汞在 90 年代前半期也曾以主要污染物存在过，pH 值、挥发酚也在个别年份显现，近年新的污染物有总镉和铅。（表 5－1）

表 5－1　1986－2010 年部分时段浙江省入海河流排海污染物*　　　　　　单位：t

入海河流	年份	化学需氧量（COD）	营养盐	石油类	重金属	砷	总量
钱塘江	1986—1990	10990	27740	3530	255		42515
	1991—1995	454817	31204	5115	1060		492196
	2006	863200	63592	4720	1223	854	933589
	2010	992427	41568	2445	813	38	1037291
	1986—2010	981437	14828	－1085	558	－816	994776
甬江	1986—1990	8280	4485	223	18		13006
	1991—1995	69809	4512	223	59		74603
	2006	184100	21360	812	126	5	206403
	2010	121341	10039	706	70	3	132159
	1986—2010	113061	5554	483	52	2	119153
椒江	1986—1990	20910	11580	745	120		33355
	1991—1995	15873	8304	874	124		25175
	2006	758620	9842	848	112	70	769492
	2010	205377	7167	412	237	14	213207
	1986—2010	184427	－4413	－333	117	－56	179852

入海河流	年份	化学需氧量（COD）	营养盐	石油类	重金属	砷	总量
鳌江	1986—1990	4830	4217	313	17		9377
	1991—1995	6969	3322	240	16		10547
	2006	34099	2897	94	98	3	37191
	2010	22680	6238	39	41	3	29001
	1986—2010	17850	2021	−274	24	0	19624
瓯江	1986—1990	50790	6950	2224	865		60829
	1991—1995	117860	17535	1082	727		137204
	2010	328458	10827	339	906	20	340550
	1986—2010	277668	3877	−1885	41		279721
飞云江	1986—1990	22540	2745	547	46		25878
	1991—1995	11424	5429	2406	13		19272
	2010	213739	7058	71	74	15	220957
	1986—2010	191199	4313	−476	28		195079
曹娥江	1986—1990	15730	5418	367	249		21764
	1991—1995	76544	835	7813	21		85213
	1986—1995	60814	−4583	7446	−228		63449
合计	1986—1990	134070	63135	7949	1570		206724
	1991—1995	753296	71141	17753	2020		844210
	2006	1840019	97691	6474	1559	932	1946675
	2010	1884022	82897	4012	2141	93	1973165

资料来源：[1]109，[2]171，[14]10，[15]26。

注：1986—1990 年、1991—1995 年为年均数；1986—2010 年变化数据中，砷按实际年份计；总计中，2006 年未包括瓯江、飞云江、曹娥江，2010 年未包括曹娥江；重金属 1986—1990 年包括汞、铜、铅、镉，从1991—1995 年开始增加了六价铬。

20 世纪 80 年代后半期以来，各入海河流排海污染物和各种污染物（石油类、砷有所减少）都处于迅速增加之中。1986—2010 年（1986 为 1986—1990 年年平均），排海污染物（缺曹娥江，下同）总量由 206724t 升至 1973165t，增 8.54 倍、1766441t——其中化学需氧量（COD）增 13.05 倍达 1884022t，营养盐增 0.31 倍达 82897t（2006 年曾为97691t——缺瓯江、飞云江、曹娥江），重金属增 0.36 倍达 2141t；各河流排海污染物以钱塘江最多，1037291t 占 52.57％，瓯江次之，340550t 占 17.26％，飞云江 220957t占 11.20％，椒江 213207t 占 10.81％，甬江 132159t 占 6.70％，鳌江最少，29001t占 1.47％。

——沿海排污口和排海污染物

监测结果表明，沿海排污口普遍存在不同程度的超标排放，污染物总量、常规污染物显著减少，有机盐、重金属等毒害物质显著增加，重点排污口邻近海域环境严重退化[14]11-12,[15]28-29,[16]11-12,[17]24-25,[18]26-28,[19]28-30。（表5－2）

超标排放的排污口，2005年（监测40个，下同）36个占90％，2006年（29个）24个占83％，2007年（30个）29个占97％，2008年（29个）26个占90％，2009年（34个）27个占79％，2010年（33个）30个占91％；重点排污口（2009年、2010年12个，之前13个）则全部存在多种污染物的超标排放，邻近海域全部不符合所在区环境质量功能要求，底栖生物群落结构趋于简单、生物密度和生物量明显偏低，部分海域出现无大型底栖生物区（2007年曾达153平方公里，接近监测海域的一半）。

沿海排污口排海污染物2005年以来的显著变化是，污染物总量、CODcr、悬浮物、氨氮、BOD₅（五日生化需氧量）、油类等常规污染物显著减少，污水总量、重金属、磷酸盐、总磷显著增加，特别是从2007年开始，相继在多个重点排污口多次检出六六六、滴滴涕、多氯联苯等我国"水中优先控制污染物"、国际公约禁排黑名单污染物和剧毒重金属等。

据2009年的海洋环境公报，全省12个重点入海排污口有机氯农药类、多氯联苯类和多环芳烃类污染物的排放水平居高不下，壬基酚、辛基酚及邻苯二甲酸酯类等具有干扰内分泌特性的污染物普遍检出——其中剧毒污染物苯并（a）芘超标率较高，排污口污水中锑、铊、锡等剧毒重金属普遍检出，个别化工类入海排污口有毒有害污染物排放浓度较高。

表5－2　2005－2010年浙江省沿海排污口排海污染物*　　　　　单位：t

污染物	2005年	2006年	2007年	2008年	2009年	2010年	2005－2010年
污水总量	$189×10^6$	$150×10^6$	$170×10^6$	$293×10^6$	$170×10^6$	$293×10^6$	$143×10^6$
总污染物	1230000	64000	56000	252000	56000	70000	－6006
CODcr	400000	45000	31000	164000	32500	34600	－11000
悬浮物	130000	12000	15000	61000	17200	30900	－18900
氨氮	50000	2400	3300	22000	3241	3754	－1354
BOD₅	60000	5000	3400	2739	2504		－2496
油类	4000	40	190	525	91	63	－23
重金属	2	1	2	72	15	34	33
磷酸盐	89	50	180	1560			1510
总磷					382	504	122
其他					24	155	131

资料来源：[14]11,[15]27,[16]11,[17]24,[18]27,[19]28－29。

注：区间按实际年份计；其他包括苯胺、硫化物、氰化物、多环芳烃、多氯联苯、苯并（a）芘硝基苯、砷、挥发酚。

二、近岸海域水质

20世纪90年代后半期以来,浙江近岸海域水质显著恶化。

(一)近岸海域水质

浙江近岸海域水质恶化的根本展现是超四类水的急剧增加和≤三类水的大幅度减少。(表5-3、5-4,图5-1、5-2)

表5-3 1996—2010年浙江省近岸海域水质

年份	评价面积	水质类别					其中
		一类	二类	三类	四类	超四类	≤三类
	km²	%					
1996		7.7	20.5	28.2	15.4	28.2	56.4
1997			17.9	28.2	25.6	28.2	46.2
1998			5.1	12.8	38.5	43.6	17.9
1999	30900	2.6	15.4	12.8	17.9	51.3	30.8
2000			10.3	15.4	28.2	46.2	25.6
2001			9.5	11.9	28.6	50.0	21.4
2002			4.8	7.1	31.0	57.1	11.9
2003			19.5	12.2	24.4	43.9	31.7
2004	42196		18.7	17.1	24.4	39.7	35.9
2005		6.7	13.3	17.8	17.8	44.4	37.8
2006		2.5	32.9	10.1	15.2	39.2	45.6
2007		4.5	18.0	15.7	19.1	42.7	38.2
2008	47539	13.5	22.5	20.2	19.1	24.7	56.2
2009		18.0	15.7	13.5	16.8	36.0	47.2
2010			9.0	24.7	13.5	52.8	33.7

资料来源:[3]133,[4]146、149,[5]129。

注:按《海水水质标准》《GB3097—1997》评价。

1996—2010年,超四类水由28.2%升至52.8%,增24.6个百分点;≤三类水由56.4%升至33.7%,减22.7个百分点。其中,1996—2002年,超四类水由28.2%升至57.1%,增28.9个百分点;≤三类水由56.4%降至11.9%,减22.7个百分点;二类水由20.5%降至4.8%,减15.7个百分点;一类水从2000年开始消失。2003—2010年,超四类水由43.9%升至52.8%,增8.9个百分点;≤三类水由31.7%升至33.7%,增2.0个百分点;二类水由19.5%降至9.0%,减10.5个百分点;一类水则在出现并升至显著比重——2005年5.7%,2009年18.0%——后再次消失。

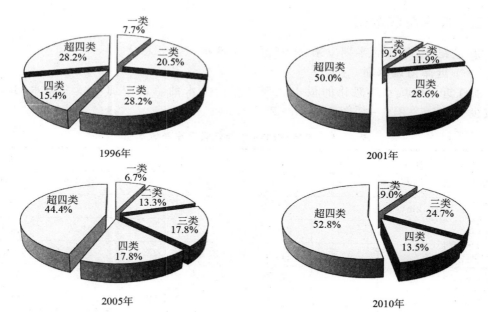

图 5-1　1996 年、2001 年、2005 年、2010 年浙江省近岸海域水质构成（据表 5-3）

表 5-4　1996—2010 年浙江省近岸海域超四类水面积变化

年份	评价面积	面积	比例	年份	评价面积	面积	比例 A	比例 B
	km²		%		km²		%	
1996		8714	28.2	2003		18524	43.9	60.0
1997		8714	28.2	2004	42196	16752	39.7	54.2
1998		13472	43.6	2005		18735	44.4	60.6
1999	30900	15851	51.3	2006		16541	39.2	53.5
2000		14276	46.2	2007		20299	42.7	65.7
2001		15450	50.0	2008	47539	11742	24.7	38.0
2002		17644	57.1	2009		17114	36.0	55.4
				2010		25100	52.8	81.2

资料来源：同表 5-3。

注：比例 A 按当年评价面积计算，比例 B 按 2003 年前评价面积（30900km²）计算。

近岸海域水质恶化趋势自 2003 年以来从统计数字看的减缓，与评价面积在观察期中的大幅度增加，特别是清洁海域的显著扩大有关（增加的监测面积皆为远离海岸的清洁海域）：监测面积 2003 年 42196 km²，2007 年 47539 km²，与 2003 年之前的 30900 km² 比较，相继增加了 36.56%、11296 km² 和 53.85%、16639 km²。

作为近岸海域水质恶化根本展现的超四类海域面积的急剧增加，则是持续的——虽有显著波动。1996—2010年,超四类水由8714km²升至25100km²,增1.88倍、16386km²;占2003年之前评价面积的比例(超四类水的变化与增加评价面积无关),相应由28.2%升至81.2%,增53.0个百分点,比按当年评价面积计的比例(52.8%)高28.4个百分点。(表5-6)

(二)各近岸海域水质

浙江近岸海域水质变化的趋势是,清洁海域消失、较清洁海域减少,中度污染海域和严重污染海域增加。各海域中,中部(极差)差于南部(差);沿海城市中,北部(嘉兴极差)劣于中部(舟山、宁波差到极差),中部差于南部(台州、温州差);各重点海域——杭州湾、象山港、三门湾、乐清湾水质皆极差。(表5-5,图5-2)

表5-5 1998年、2001年、2005年、2010年浙江省各近岸海域水质

海域	年份	一类	二类	三类	四类	超四类	综合评价
		%					
近岸海域	1998		5.1	12.8	38.5	43.6	差
	2001		9.5	11.9	28.6	50.0	极差
	2005	6.7	13.3	17.8	17.8	44.4	极差
	2010		9.0	24.7	13.5	52.8	极差
中部海域	1998			12.5	37.5	50.0	差
	2001				83.3	16.7	极差
	2005	3.2	12.9	9.7	19.4	54.8	极差
	2010		10.1	10.1	13.6	66.1	极差
南部海域	1998				20.0	80.0	极差
	2001		16.7	16.7	50.0	16.7	差
	2005	14.3	14.3	35.7	14.3	21.4	差
	2010		6.7	53.4	13.3	26.7	差
嘉兴	2005					100.0	极差
	2010					100.0	极差
舟山	1998		25.0	37.5		37.5	差
	2001		33.3	16.7	16.7	33.3	差
	2005	5.0	15.0	5.0	20.8	55.0	极差
	2010		10.5	10.5	15.8	63.2	极差
宁波	2005		12.5	25.0	25.0	37.5	差
	2010		13.3	13.3	13.3	60.0	极差

续　表

海域		年份	一类	二类	三类	四类	超四类	综合评价
					%			
台州		2005		14.3	42.9	28.6	14.3	差
		2010			50.0	12.5	37.5	差
温州		2005	28.6	14.3	28.6		28.6	差
		2010		14.3	57.2	14.3	14.3	差
重点海域	杭州湾	1998					100.0	极差
		2001					100.0	极差
		2005					100.0	极差
		2010					100.0	极差
	象山港	1998				12.7	87.5	极差
		2001					100.0	极差
		2005					100.0	极差
		2010					100.0	极差
	三门湾	1998				100.0		极差
		2001					100.0	极差
		2005				50.0	50.0	极差
		2010					100.0	极差
	乐清湾	1998				100.0		极差
		2001					100.0	极差
		2005				50.0	50.0	极差
		2010					100.0	极差

资料来源：[4]140，[5]119，[6]76，[17]102。
注：按《海水水质标准》(GB3097－1997)。

2010 年,近岸海域主要超标指标为无机氮、活性磷酸盐和化学需氧量。最大超标指标为无机氮——总体超标 6.8 倍,嘉兴、杭州湾 6.8 倍,杭州 4.5 倍,宁波、象山港 2.5 倍,台州、三门湾 2.0 倍,温州 1.7 倍,乐清湾 1.4 倍[30]119。

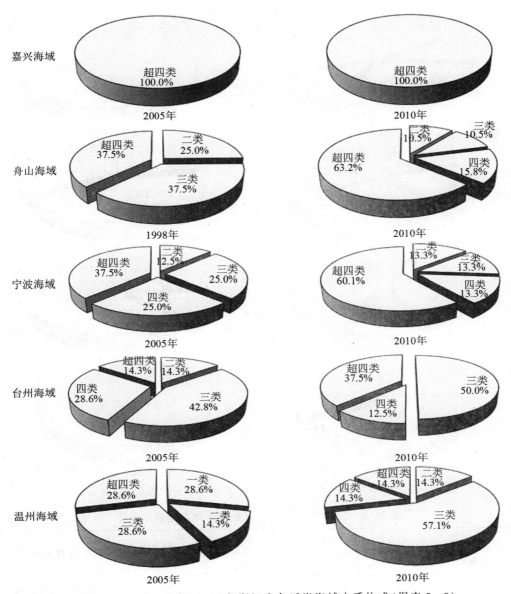

图 5-2　1998/2005 年、2010 年浙江省各近岸海域水质构成（据表 5-5）

三、近岸海域水环境

（一）近岸海域水体富营养化

浙江近岸海域水体总体呈中度富营养化，富营养化指数 3.84，其中贫营养海域占 32.0%，轻度、中度、重、严重富营养化海域依次占 10.0%、32.0%、12.0% 和 14.0%。各海域之中，嘉兴、杭州湾为严重富营养化，指数为 56.00 和 41.70；温州、台州为轻度富营养化，指数 1.14 和 1.67；其余各海域为中度富营养化，指数在 2.37（宁波）到 5.85（象山港）之间。（表 5-6，图 5-3）

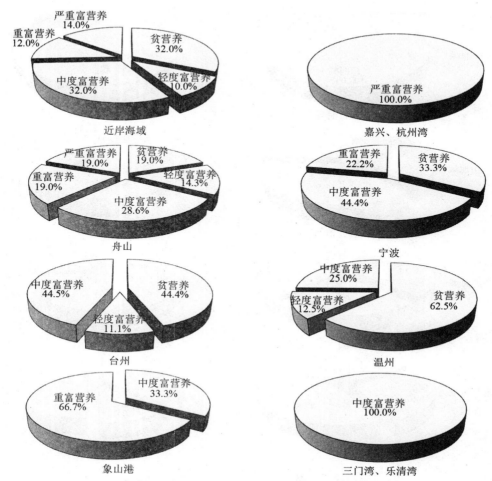

图 5-3　2010 年浙江省各近岸海域、重点海域营养化程度（据表 5-6）

表 5-6　2010 年浙江省近岸海域水体富营养化程度

海域	贫营养	富营养				富营养化	
		轻度	中度	重	严重	指数	程度
	%						
浙江	32.0	10.0	32.0	12.0	14.0	3.84	中度
嘉兴					100.0	56.00	严重
舟山	19.0	14.3	28.6	19.0	19.0	4.77	中度
宁波	33.3		44.4	22.2		2.37	中度
台州	44.4	11.1	44.4			1.67	轻度
温州	62.5	12.5	25.0			1.14	轻度

续 表

海域	贫营养	富营养				富营养化	
		轻度	中度	重	严重	指数	程度
		%					
杭州湾					100.0	41.70	严重
象山港			33.3	66.7		5.85	中度
三门湾			100.0			2.53	中度
乐清湾			100.0			3.24	中度

资料来源：[5]126。

注：富营养化，轻度指无机氮、磷酸盐含量劣于国家二类海水水质标准；中度指无机氮、磷酸盐含量劣于国家三类海水水质标准；严重指无机氮、磷酸盐含量劣于国家四类海水水质标准。

（二）赤潮和海洋污损事故

近年来，浙江近岸海域赤潮和海洋污损事故频发。（表 5 - 7）

表 5 - 7 2001—2010 年浙江省近岸海域赤潮和较大海洋污损事故

年份	赤潮				海洋事故	年份	赤潮				海洋事故
	合计		有毒赤潮				合计		有毒赤潮		
	次	km²	次	km²	起		次	km²	次	km²	起
2001	26	7000				2006	33	9100	10	5400	81
2002	29	5000			7	2007	40	8500	3	315	51
2003	46	7000	10		42	2008	29	10725	4	347	79
2004	38	16000			45	2009	24	4330	9	230	37
2005	22	13000	10	10000	60	2010	22	3682		23	4

资料来源：[14]29、33，[15]36、42，[16]29、32，[17]31、35，[18]34、41，[19]36、42，[20]9，[21]11、13，[22]6-7，[23]10。

赤潮的高发区在舟山海域、（台州）渔山列岛—韭山列岛海域和（温州）南麂列岛海域；高发期在 5—6 月。2001—2010 年，近岸海域赤潮累计 309 次，年均 30.9 次，2003 年、2007 年最多 46 次、40 次，2005 年、2010 年最少各 22 次；赤潮累计面积 84337km²，年均 8434km²，2004 年、2005 年、2008 年超过 10000km²，2004 年最多 16000km²，2009 年、2010 年最少 4330km²、3682km²；6 年出现有毒赤潮，计 46 次，其中 2003 年、2005 年、2006 年各有 10 次，2005 年面积最大 10000km²，2006 年次之 5400km²，其余各年面积皆较小，在 347km²（2008）到 23km²（2010）之间。

2002—2010 年较大海洋污损事故 406 起，年均 45.1 次。较大海洋污损事故 90% 以上由陆源引起——2003 年 42 起较大海洋污损事故，41 起由陆源引起，占 97.6%，2004 年 45 起较大海洋污损事故，40 起由陆源引起，占 88.9%。

（三）近岸海域功能区水质达标率

浙江近岸海域功能区水质达标率甚低，绝大多数海域不能满足功能区要求。（表5－8，图5－4）

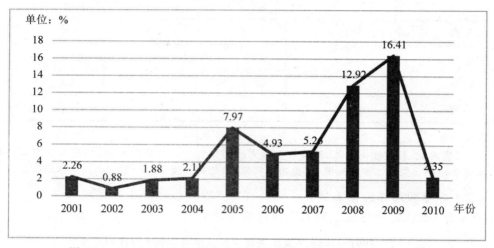

图5－4　2001－2010年浙江省近岸海域水质达标率变化（据表5－8）

表5－8　2001－2010年浙江省区划海域水质达标率

年份	区划海域	达标海域		年份	区划海域	达标海域	
	km²		%		km²		%
2001	42037.8	950.1	2.26	2007	44692.7	2351.6	5.26
2002	42039.1	372.4	0.88	2008	44652.3	5770.3	12.92
2003	42089.4	791.2	1.88	2009	44700.4	7333.2	16.41
2004	42578.7	902.0	2.11	2010	44700.4	1048.3	2.35
2005	43494.0	3467.3	7.97	2001－2010 平均	43567.8	2518.9	5.78
2006	44692.7	2203.0	4.93				

资料来源：[4]151，[5]131。

注：按《海水水质标准》（GB3097－1997）。

2001－2010年，近岸区划海域年平均监测海域面积43567.8km²，达标面积2518.9km²，达标率5.78％。各年中，达标率6年在5％以下，最低的2002年仅0.88％，最高的2008、2009年也只有12.92％和16.41％。

（四）典型海洋生态系统健康状况

——杭州湾生态系统健康状况

杭州湾是世界典型的，具很高生态价值的强潮河口湾生态系统。对约5000平方千米水域的生态监控表明,(2004 年以来)杭州湾生态系统在总体上处于不健康状态[①]且趋于严重。其中(2006 年以来),水环境为亚健康,栖息地(湿地系统)和海洋生物群落不健康,沉积环境和生物质量健康。(表 5-5、5-6、5-9)

杭州湾生态系统不健康的主要表现是,水质长期处于超四类而极差(在中国四大海域中,污染最为严重),水体严重富营养化;湿地大量减少并严重退化,生物多样性下降,生物群落结构趋于简单;底栖生物栖息地严重退化,生物密度显著下降(无底栖生物区现象日趋严重);生物洄游通道不畅,产卵场退化,鱼卵、仔鱼种类减少。

2010 年,浮游植物 55 种、浮游动物 47 种,分别比 20 世纪 80 年代减少 16 种和 83 种;潮间带生物 58 种,比 2006 年减少 12 种;底栖生物 19 种,比 2005 年减少 22 种;底栖生物栖息密度,2004 年 40 个/m²,比 20 世纪 80 年代减少 59 个/m²,2005 年、2006 年为 18 个/m²(3 月)、20 个/m²(8 月)和 18 个/m²(3 月)、11 个/m²(8 月);记录到的仔稚鱼密度,2004 年 3.0 尾/m³,2005 年 0.8 尾/m³;鱼卵、仔稚鱼和幼鱼的种类,2009 年 14 种,2010 年 7 种。

杭州湾生态系统退化的主要原因:一是陆源排污,来自钱塘江、长江的大量营养盐等污染物,致水体长期处于严重退化和富营养态。二是生物栖息地(湿地)因围垦、建设用地的大规模缩减——据卫星遥感监测,1986-2004 年因围垦(含淤涨)而增加的陆地面积达 353.27km²[23]9,2004-2009 年滩涂湿地面积减少了 10% 以上。[②]三是大规模的滩涂养殖、过度捕捞和大型(海洋、河流)工程。四是湾内水动力减弱、洄流通道不畅。五是生物(互花米草)入侵。

——乐清湾生态系统健康状况

乐清湾是浙江重要的海湾生态系统和中国水产贝类、缢蛏、牡蛎、蚶等的苗种基地。对约 464 平方千米水域的生态监控表明,(2004 年以来)乐清湾生态系统在总体上处于亚健康状态。其中(2006 年以来),水环境由亚健康转化为健康,栖息地(湿地系统)和海洋生物群落不健康,沉积环境和生物质量健康。(表 5-5、5-6、5-9)

乐清湾生态系统处于亚健康的主要表现与杭州湾相似,只是强度较小。

2010 年,浮游植物 71 种、浮游动物 66 种,分别比 20 世纪 70 年代末 80 年代初减少 31 种和 28 种;潮间带生物 75 种,比 2006 年增加 13 种;底栖生物 45 种,比 2005 年增加 22 种;底栖生物栖息密度,2004 年 41 个/m²,比 20 世纪 70 年代末 80 年代初减少

---

① 海洋生态健康指生态系统保持其自然属性,维持生物多样性和关键生态过程稳定并持续发挥其服务功能的能力。近岸海洋生态系统的健康状况评价依据海湾、河口、滨海湿地、珊瑚礁、红树林、海草床等不同生态系统的主要服务功能、结构现状、环境质量及生态压力指标。结果分健康、亚健康和不健康 3 个级别。健康指生态系统保持其自然属性——生物多样性及生态系统结构基本稳定,生态系统主要服务功能正常发挥;环境污染、人为破坏、资源的不合理开发等生态压力在生态系统的承载能力范围内。亚健康指生态系统基本维持其自然属性——生物多样性及生态系统结构发生一定程度变化,但生态系统主要服务功能尚能发挥,环境污染、人为破坏、资源的不合理开发等生态压力超出生态系统的承载能力。不健康指生态系统自然属性明显改变——生物多样性及生态系统结构发生较大程度变化,生态系统主要服务功能严重退化或丧失,环境污染、人为破坏、资源的不合理开发等生态压力超出生态系统的承载能力,生态系统在短期内无法恢复[5]3。

② 杭州湾大桥的通车和"环杭州湾产业带"的逐步形成,沿湾各类工农业开发园区和基地围海造地需求的不断增长,进一步推动了(原生)滩涂湿地面积的日益萎缩[19]26。

45 个/m²，2005、2006 年为 8.6 个/m²（3 月）、4.3 个/m²（8 月）和 7 个/m²（3 月）、48 个/m²（8 月）；2006 年记录到稚鱼 22 种，平均密度 1.72 尾/m³。

表 5－9　2004－2010 年浙江省杭州湾、乐清湾生态系统物种数

<table>
<tr><th colspan="3">项目</th><th>单位</th><th>20 世纪
80 年代*</th><th>2004 年</th><th>2005 年</th><th>2006 年</th><th>2007 年</th><th>2008 年</th><th>2009 年</th><th>2010 年</th></tr>
<tr><td rowspan="5">杭州湾</td><td colspan="2">浮游植物</td><td rowspan="3">种</td><td>71</td><td>48</td><td>72</td><td>55</td><td>79</td><td>66</td><td>35</td><td>55</td></tr>
<tr><td colspan="2">浮游动物</td><td>130</td><td>61</td><td>56</td><td>53</td><td>70</td><td>54</td><td>43</td><td>47</td></tr>
<tr><td colspan="2">潮间带生物</td><td></td><td></td><td></td><td>70</td><td>73</td><td>61</td><td>54</td><td>58</td></tr>
<tr><td rowspan="2">底栖
生物</td><td>数量</td><td></td><td></td><td></td><td>41</td><td>46</td><td>49</td><td>58</td><td>35</td><td>19</td></tr>
<tr><td>密度</td><td>个/m²</td><td>99</td><td>40</td><td>18/20</td><td>18/11</td><td></td><td></td><td></td><td></td></tr>
<tr><td rowspan="5">乐清湾</td><td colspan="2">浮游植物</td><td rowspan="3">种</td><td>102</td><td>54</td><td>102</td><td>86</td><td>71</td><td>94</td><td>46</td><td>71</td></tr>
<tr><td colspan="2">浮游动物</td><td>94</td><td>79</td><td>46</td><td>52</td><td>60</td><td>119</td><td>72</td><td>66</td></tr>
<tr><td colspan="2">潮间带生物</td><td></td><td></td><td></td><td>62</td><td>35</td><td>78</td><td>61</td><td>75</td></tr>
<tr><td rowspan="2">底栖
生物</td><td>数量</td><td></td><td></td><td></td><td>23</td><td>25</td><td>31</td><td>50</td><td>44</td><td>45</td></tr>
<tr><td>密度</td><td>个/m²</td><td>86</td><td>41</td><td>9/4</td><td>7/48</td><td></td><td></td><td></td><td></td></tr>
</table>

资料来源：[23]8－9，[14]26－28，[15]24－25，[16]25－26，[17]20－22，[18]22－24，[19]25－26。
注：乐清湾为 20 世纪 70 年代末 80 年代初。

乐清湾生态系统退化的主要原因：一是陆源排污。二是生物栖息地（湿地）因围垦、建设用地的大规模缩减——2005－2010 年滩涂湿地面积减少 10％以上，其中 2005－2009 年新增围、填海面积约 19km²。三是湾内水动力减弱的负面连锁反应——围垦、工程建设使海岸趋于平直、曲率变小，导致流场改变、水动力减弱、海水交换能力和水流携沙能力降低，沉积速率加剧，海湾淤积趋于严重，底质环境发生变化。四是大规模的滩涂养殖——为养殖对滩涂的利用，由 20 世纪 80 年代初的 60％提高到现在的 90％以上，导致贝类生物量和种类数逐年下降，海洋食物链遭到严重破坏而赤潮时有发生。五是生物（互花米草）入侵——卫片分析结果表明，2005 年、2008 年和 2010 年互花米草的分布面积分别达 9.32、14.94 和 22.32 平方千米。

四、湿地生态系统

作为陆地与水域过渡地带的湿地，因其重要性而被誉为"地球之肾"、"生命的摇篮"和"物种的基因库"。在《世界自然保护大纲》（国际自然和自然资源保护同盟、联合国环境规划署、世界野生生物基金会，1980）中，湿地因在实现根本目标——延续主要的生态过程和生命支持系统，保护遗传多样性，物种和生态系统的永续利用[24]3——中不可替代的作用，与森林、海洋一起并列为地球三大生态系统而受到高度重视。

（一）湿地生态系统类型、面积和资源

——类型和面积

浙江湿地面积广阔、类型多样（5 大类 27 种类型），天然湿地以近海及海岸湿地居多[25]37-54,[26]。（表 5－10）

表 5-10 浙江省湿地生态系统类型和面积

湿地生态系统		面积	比例（%）		
		hm²	计水田	不计水田	按天然湿地
合计	计水田	2467775.30	100.00		
	不计水田	1176664.00			
天然湿地		891083.22	36.11	75.73	100.00
其中：近海及海岸湿地（Ⅰ）		612762.72	24.83	52.08	68.77
河流湿地（Ⅱ）		267481.51	10.84	22.73	30.01
湖泊湿地（Ⅲ）		10346.42	0.42	0.88	1.16
沼泽湿地（Ⅳ）		492.57	0.02	0.04	0.06
人工湿地（Ⅴ）		1576692.08	63.89		
其中：水库、池塘（Ⅴ₁）		285581.08	11.57	24.27	
水田（Ⅴ₂）		1291111.00	52.32		

资料来源：[25]。

浙江 8 公顷（国际上公认的保护一个物种所需的最小单元面积）及以上的各类湿地 $2467.78 \times 10^3 \, hm^2$，占陆地面积的 23.70%。其中，天然湿地 $891.08 \times 10^3 \, hm^2$ 占 36.11%，人工湿地 $1576.69 \times 10^3 \, hm^2$ 占 63.89%——水田 $1291.11 \times 10^3 \, hm^2$ 占 52.32%。

不计水田湿地 $1176.66 \times 10^3 \, hm^2$，占陆地面积的 11.30%。其中，近海及海岸湿地（Ⅰ）$612.76 \times 10^3 \, hm^2$ 占 52.08%，河流湿地（Ⅱ）$267.48 \times 10^3 \, hm^2$ 占 22.73%；湖泊湿地（Ⅲ）$103.46 \times 10^3 \, hm^2$ 占 0.88%；沼泽湿地（Ⅳ）$0.49 \times 10^3 \, hm^2$ 占 0.04%——天然湿地合计占 75.73%，人工湿地（Ⅴ，水库、池塘）$285.58 \times 10^3 \, hm^2$ 占 24.27%。

在天然湿地中，近海及海岸湿地（Ⅰ）占 68.77%，河流湿地（Ⅱ）占 30.01%；湖泊湿地（Ⅲ）占 1.16%，沼泽湿地（Ⅳ）占 0.06%。

——湿地生物资源

浙江湿地生物资源丰富、多样，生物多样性地位重要[25]55-116,[26]。

浙江湿地植被类型丰富，有 11 个植被型、129 个群系，其中珍稀植被群落有森林沼泽、红树林沼泽、野生莼菜和睡莲等；植物种类繁多，有各类高等植物（158 科 513 属）1182 种：被子植物 1053 种，苔藓植物 79 种，蕨类植物 44 种，裸子植物 6 种。湿地动物（97 目 458 科）1941 种，其中鸟类 209 种（其中水鸟 155 种），两栖类 44 种，爬行类 33 种，兽类 30 种，鱼类 645 种，软体动物 661 种，甲壳动物 312 种。

国家一级保护植物 4 种，二级保护植物 7 种。国家一级保护动物 12 种，二级保护动物 58 种，省级重点保护对象 21 种。湿地鸟类中，列入国家重点保护的 41 种（其中一级 7 种、二级 34 种）；列入 IUCN 濒危等级的 36 种；列入《中日候鸟保护协定》的 115 种；列入《中澳候鸟保护协定》的 58 种。海洋贝藻类生物物种繁多、区系成分复杂，是中国近海贝藻类的重要基因库,在国际上也有相当地位。

浙江湿地是多种水禽的越冬地和珍稀候鸟迁徙的停息地,在候鸟保护中具有重要的国际地位。

（二）滩涂围垦：历史、政策和规划

浙江滩涂围垦历史久远,素有"秦海汉涂、唐灶宋居"[27]5 之说。千百年来,有 66.67 多万公顷的自然滩涂变成了富饶的家园,温瑞、温黄、鄞（宁）丰、萧绍等沿海平原的发展,都与滩涂围垦密切相关,"唐涂宋地"的慈溪,则是典型的围垦城市[28]。

1950－2010 年,围垦滩涂累计 237.33×10³ hm²,占到天然湿地的 1/4 以上。浙江的围垦,一浪接一浪而在总体上呈加速态：1950－1996 年 155.27×10³ hm²,年均 3.30×10³ hm²；1997－2000 年 14.11×10³ hm²,年均 3.53×10³ hm²,2001－2005 年 26.00×10³ hm²,年均 5.20×10³ hm²,2006－2010 年 42.07×10³ hm²,年均 8.41×10³ hm²——后期年平均依次为 1950－1996 年的 1.07 倍、1.58 倍和 2.55 倍。其中,2010 年 10.67×10³ hm² 创历史新高①。

在浙江,滩涂围垦是一直受到鼓励,被纳入规划和有组织地进行的。1996 年颁布（1997 年实施）的《浙江省滩涂围垦管理条例》即在总则中明确指出：在本省"从事沿海、沿江滩涂围垦活动"是受到鼓励和法律保护的——"鼓励、支持国内外投资者以合资、合作、独资和股份制等形式进行滩涂围垦","国家依法保护投资者的合法权益",各级政府"对在滩涂围垦工作中成绩突出的单位和个人"应予以"表彰和奖励"[29]。

2005－2020 年全省规划围涂 128×10³ hm²[30],除去 2005－2010 年已围垦的 49.33×10³ hm²,2011－2020 年为 78.67×10³ hm²,年均 7.87×10³ hm²。

（三）湿地生态系统问题

浙江湿地的显著特点是淤涨的动态性②和因围垦导致的天然湿地的减少。

长期而大规模的围垦（"围涂造田"、"围湖垦殖"）,基建占用,污染,过度养殖（淡水、滩涂）③,水土流失和外来物种入侵,既导致了天然湿地的显著减少,又严重破坏了湿地的环境,给封闭性、脆弱性显著的浙江湿地系统带来了一系列持久而难以逆转的生态/环境问题[26]。

——自然湿地减少

21 世纪以来,由于围涂明显快于岸滩的自然淤涨,湿地面积明显下降。据省林业厅

---

① 浙江省围垦工作座谈会（嘉兴平湖,2006.12）；《浙江省滩涂围垦管理条例》实施十周年座谈会（杭州,2007.03）；2010 年浙江省围垦工作会议（宁波宁海,2010.04）；2011 年浙江省围垦工作会议（台州椒江,2011.04）。

② 浙江理论深度基准面以上滩涂资源 260.41×10³ hm²。理论深度基准面也称海图基准面,指多年潮位的最低水深。泥沙的淤积,使滩涂始终处于不断的淤涨状态——在自然条件下,岸滩因泥沙淤积外移的速率,年平均 10～20m,最大可达 40m 以上。沿岸年泥沙补充量约 1.8～2.2×10⁸t——其中,钱塘江河口、杭州湾、舟山地区约 1.2×10⁸t,椒江河口及台州湾约 0.29×10⁸t,瓯江、飞云江、鳌江口及温州湾约 0.20～0.30×10⁸t[30]。

③ 1978－2010 年,浙江海水养殖由 3.56×10⁴t 升至 82.57×10⁴t,增 22.19 倍、79.01×10⁴t 占海水产品的比重由 4.36％上升到 21.66％；淡水养殖由 4.90×10⁴t 升至 87.50×10⁴t,增 16.86 倍、82.60×10⁴t,占淡水产品的比重由 84.05％上升到 90.47％[31]253。

2009—2011 年第二次调查（面积 8hm² 以上的湿地）与 1995—2000 年首次调查（面积 100hm² 以上的湿地）的比较，10 年间自然湿地面积减少了 1.94％、17.25×10³ hm²[①]。

作为一个淤涨、围垦的动态过程，因围垦规模扩大导致的河口变窄、湖泊缩小（有的濒临消失）是自然湿地变化最直观的标志。钱塘江口河岸线的变化即显示，四季青、下沙、滨江在 50 年前尚为江水淹蔽。在 1962—2013 年的半个世纪中，有 106.67×10³ hm²（超过全省总围垦量的 40％）的滩涂被围垦，（闻家堰—金丝娘桥段）钱塘江河岸线长度由之减少了 31km，平均河宽从 6.87km 减至 4.39km[②]。

绍兴的贺家池（因唐代诗人贺知章的放生池而得名，曾为绍兴平原第二湖泊），经 30 年的反复被破坏（在地方利益的博弈中，成了少数人的"摇钱树"），已由 20 世纪 80 年代中期的 2.667km² 缩小到现在的 0.267km²，减少了 90％而"名存实亡"[③]。该县的平原河道总长、水域面积，2005 年为 1358km 和 56.9km²，2010 年为 1266km 和 45.6km²，5 年间河道总长减少了 6.77％、92km，水域面积减少了 19.86％、11.3km²——超过了 7 个瓜渚湖（1.5km²）的面积[④]。

——生态功能严重退化：水质严重污染，调洪蓄水能力下降，栖息地破坏、生物多样性下降

在浙江森林、海洋（近岸海域）、湿地三大生态系统中，湿地生态功能退化最为严重[26]。

水质严重污染和由之导致的水体富营养化程度加剧、海洋赤潮频发、传统渔业式微[⑤]既是湿地功能严重退化的原因，也是湿地严重退化的展现。（参见第四、五章）

水土流失导致的是，江河淤积，河床抬高，航道变浅、变窄、变短；水库淤塞、库容减小，湖泊、水网淤积，调洪蓄水能力下降，等等。

围垦导致的栖息地破坏、减少，生物多样性下降是湿地功能严重退化的又一重要展现。濒危物种 785 个，约占总物种数的 17％（按湿地生物资源 2253 种动、植物计，达到了 34.8％）。部分对栖息地要求较高且对环境变化十分敏感的大型珍稀水鸟——鸿雁、黑脸琵鹭、卷羽鹈鹕、小天鹅等近年来已呈种群减少、数量下降趋势。两栖类、爬行类和哺乳类动物的种群和数量，则由于过度捕杀而处于下降之中，其中眼镜蛇、眼睛王蛇处于濒危状态；除人工养殖外，龟、鳖类的野生种群已十分稀少；虎纹蛙数量已不足 20 世纪 60 年代的 1/10；东方蝾螈、中国瘰螈、肥螈等也在急剧下降之中。

湿地植物受到的另一种威胁是"生物入侵"。为保滩护岸、改良土壤、绿化海滩和改善海滩生态环境而引进的外来生物，如水葫芦、莳草、互花米草、加拿大一枝黄花、空心莲

---

① 浙江十年天然湿地减少相当于 27 个西湖（李飞云）. 中国新闻网（北京），2013 -05 -28。（西湖面积按 639hm² 计）

② 第九届全国泥沙研讨大会（杭州，2014.09）. 浙江在线 2014 - 09 - 25 讯（钱江晚报，通讯员葛瑛芳记者施雯）。

③ 昔日"南通鉴湖，北抵海塘，旁有支港，水天一色，风景佳丽"，一湖碧波、鱼肥虾美，河湖相连、水网纵横而具滞洪、蓄水、排涝功能的贺家池，如今已成了荒草丛生、"满目疮痍"的"垃圾坑"而面临消失——在政府的规划中，也被排除在重点湖泊保护之外。（中国青年报，2014 - 07 - 27）

④ 浙江在线新闻网站 .2012 - 03 - 19。

⑤ 如，舟山渔场占整个舟山渔业产量的比重，已由历史上的 2/3 降至当前的 1/5。（浙江百万围垦隐忧浮现：近海污染近 2 万平方公里 . http：//www.sina.com.cn，2012 - 04 - 14）

子草等,于今已(因失去天敌)大面积泛滥、突发成灾,改变食物链(营养级)构成而呈威胁、排斥乃至灭绝"乡土种"之势——茳草蔓延之处已难见其他本地植物;凡有互花米草之处,不仅芦苇、盐地鼠尾粟等被驱逐殆尽,红树林造林也无法取得成功。

五、湿地和近岸海域环境保护

(一)指导思想和原则

浙江湿地和近岸海域的环境演变,是一个以环境冲击量(人口压力)增加为背景,以人(干扰)为主导的,十分复杂的人为－自然过程:既是一个以水为动力的"冲刷－搬运－堆积"过程,也是一个人为的排污过程;既是一个海洋生态/环境退化的物理－化学过程,也是一个人为的物理作用和湿地生态/环境稳定性的破坏过程;既是一个生物多样性(种质资源)与生态/环境稳定性相互削弱的生态－生物和化学过程,也是一个由人为物理作用(过度利用、捕捉)过程引发的,湿地、海洋生物减少的生物－生态学过程。(参见第二、三、四、五章,图8－1)

是故,以下三点应是浙江湿地、近岸海域环境保护不二的指导思想和原则。

——以"供给"限定"需求",实施"红线制度",控制和减轻环境冲击量

从"需求－供给"是浙江湿地、近岸海域生态系统退行性演变的根源。欲彻底扭转这种状况,首要之点便在于遵循严格保护、生态优先的原则[32],以"供给"限定"需求",实施资源、环境利用的"红线制度",切实控制和减轻对环境的冲击量。

——在具体、针对性研究的基础上,加强对湿地、近岸海域系统的综合性研究,为生态/环境和生物多样性保护,以及制定综合规划提供思想和技术支持

湿地、近岸海域是一个人类行为与自然过程交织的复杂系统,具体、针对性的研究不足以究其竟,需在这些工作的基础上,加强对系统的综合性研究,为生态/环境、生物多样性保护及制定综合规划提供思想和技术支持。

——制定体现专业规划的综合规划,和与综合规划相协调的专业规划;统一领导、地域联动、部门联动

(二)湿地和近岸海域环境保护

——湿地环境保护

设定围垦红线,积极"退耕还湿"、"蓄水还泽"①,大幅度增加湿地数量,显著提高湿地比重。

◆ 节制"涉海工程",保护沿岸滩涂湿地。

"涉海工程"规模的继续扩大,将会把滩涂湿地的破坏推向不可逆转的境地。为保护沿岸滩涂湿地,必须节制"涉海工程",为其占地划一道"红线"。

◆ 大力控制淡水、滩涂(海洋)养殖,有计划地削减养殖规模。

◆ 大力开展湿地植被和生物栖息地恢复工程,抓好红树林的保护与发展。

◆ 大量增加、扩大自然保护区,提升湿地保护等级和保护效果。

---

① 对围湖造田的危害性,人们早已有深刻认知。如,鉴于围湖造田带来十分严重的水、旱灾害,为解决水"无所通泄"而农田"旱无所灌溉"问题,在公元1132－1206年的70多年中,南宋的高宗、孝宗、宁宗和理宗皇帝即先后8次颁布了禁止在两浙地区围垦的"废田为湖"的诏令[33]101－102。

浙江湿地处于几无保护的状态——受保护的湿地,仅占湿地面积的 0.26%。所以,必须大量增加、扩大自然保护区(设立自然保护区、湿地公园、湿地保护小区),将受保护湿地面积增至 10%;同时,提升湿地保护等级,增加保护效果。

◆ 进行功能分类,实行分区保护。

对湿地进行功能分类,实行分区保护,恢复、保护湿地和近岸海域环境。(附录一)

◆ 建立湿地生态/环境监测、评价系统。

建立湿地生态/环境监测、评价系统,及时监测、预测、预报湿地污染和生态/环境状态,加强对大江、大河、大湖、近海岸重点海域的污染监测和预报。

——近岸海域环境保护

◆ 积极发展沿岸"绿色"产业带,打造"洁净海岸"。

积极推进产业结构和布局调整,发展沿岸"绿色"产业带;开展"城乡清洁工程",打造"洁净海岸",最大限度地减少工业、生活和农业面源污染物的产生,提高对废水、工业固体废物、生活垃圾的综合利用和无害化处理,杜绝废水和污染物的排江入海。

◆ 大力开展"净水入海行动",大量减少排海污染物。

减少排海污染物是近岸海域环境保护的根本和重中之重。"净水入海"行动的目标是,在打造"洁净海岸"的基础上,实施"清水工程"(特别是"净水入江",参见第四章之水资源、水环境安全对策),"沿海排污口治理工程"和滩涂养殖的控制,大量减少排海污染物,由之控制近岸海域水体污染和富营养化,减少海洋赤潮灾害发生。

◆ 实施"碧海工程",修复近岸海域生态/环境。

"碧海工程"的目标是,在打造"洁净海岸",开展"净水入海"行动的同时,通过对自然保护区、岛礁的保护,以及沿岸滩涂湿地的科学开发、合理利用,大力发展红树林和"碳汇渔业",修复近岸海域生态/环境,保护和恢复海洋生物多样性。"碧海工程"的要点是,大力建设"海洋牧场",发展"碳汇渔业";大力建设人工鱼礁,重建生物栖息地,恢复海洋物种多样性;制定苗种禁捕、禁采制度,划定禁养区域,设立一批渔业种质资源保护区,积极开展增殖放流工作;积极发展深水网箱养殖,严格实施伏季休渔制度,恢复海洋渔业资源。

◆ 强化对海洋保护区和岛礁的保护。

珍稀、濒危、经济物种及其栖息地,具重大科学、文化、景观价值的自然景观、生态系统和历史遗迹;特殊的地理条件、生态、环境、生物和非生物资源,以及对海洋开发利用特殊需要的满足,使海洋自然保护区和海洋特别保护区在近岸海域生态系统中有着特殊而重要的意义。是故,应在强化已有自然保护区、特别保护区和岛礁保护的同时,建立新的海洋保护区以扩大保护范围。

参考文献

[1] 浙江省环境保护局.浙江省环境质量报告书(1986—1990).杭州,1991.

[2] 浙江省环境保护局.浙江省环境质量报告书(1991—1995).杭州,1996.

[3] 浙江省环境保护局.浙江省环境质量报告书(1996—2000).杭州,2001.

[4] 浙江省环境保护局.浙江省环境质量报告书(2001—2005).杭州,2006.

[5] 浙江省环境保护厅.浙江省环境质量报告书(2006—2010).杭州,2011.

[6] 浙江省环境监测中心站.浙江省环境质量报告书(2001).杭州,2002.

[7] 浙江省环境监测中心站.浙江省环境质量报告书(2002).杭州,2003.

[8] 浙江省环境监测中心站.浙江省环境质量报告书(2003).杭州,2004.

[9] 浙江省环境监测中心站.浙江省环境质量报告书(2004).杭州,2005.

[10] 浙江省环境监测中心站.浙江省环境质量报告书(2006).杭州,2007.

[11] 浙江省环境监测中心站.浙江省环境质量报告书(2007).杭州,2008.

[12] 浙江省环境监测中心站.浙江省环境质量报告书(2008).杭州,2009.

[13] 浙江省环境监测中心站.浙江省环境质量报告书(2009).杭州,2010.

[14] 浙江省海洋与渔业局.浙江省海洋环境公报(2006).杭州,2007.

[15] 浙江省海洋与渔业局.浙江省海洋环境公报(2010).杭州,2011.

[16] 浙江省海洋与渔业局.浙江省海洋环境公报(2005).杭州,2006.

[17] 浙江省海洋与渔业局.浙江省海洋环境公报(2007).杭州,2008.

[18] 浙江省海洋与渔业局.浙江省海洋环境公报(2008).杭州,2009.

[19] 浙江省海洋与渔业局.浙江省海洋环境公报(2009).杭州,2010.

[20] 浙江省海洋与渔业局.浙江省海洋环境公报(2001).杭州,2002.

[21] 浙江省海洋与渔业局.浙江省海洋环境公报(2002).杭州,2003.

[22] 浙江省海洋与渔业局.浙江省海洋环境公报(2003).杭州,2004.

[23] 浙江省海洋与渔业局.浙江省海洋环境公报(2004).杭州,2005.

[24] 世界自然保护同盟,联合国环境规划署,世界野生生物基金会.保护地球——可持续生存战略[M].国家环境保护局外事办公室译,夏堃堡等校.北京：中国环境科学出版社,1992。

[25] 浙江省林业局.浙江林业自然资源·湿地卷[M].北京：中国农业科学技术出版社,2002.

[26] 浙江省林业厅.浙江省湿地保护规划(2006－2020).杭州,2008.

[27] 陈吉余,戴泽蘅,李开运.中国围海工程[M].北京：中国水利出版社,2000.

[28] 徐承祥."生态围垦"的前景及发展思路[J].海洋学研究(24卷增刊),2006(7).

[29] 浙江省人民代表大会常务委员会.浙江省滩涂围垦管理条例.杭州,1996.

[30] 浙江省发展和改革委员会.浙江省滩涂围垦总体规划(2005－2020).杭州,2006.

[31] 浙江省统计局,国家统计局浙江调查总队.浙江统计年鉴——2011[M].北京：中国统计出版社,2011。

[32] 浙江省人民代表大会常务委员会.浙江省湿地保护条例.杭州,2012.

[33] 韩茂莉.宋代农业地理[M].太原：山西古籍出版社,1993.

第六章 森林生态系统

浙江森林生态系统演变的总态势是,数量增长快、质量改善滞后而林地生态功能低:有林地(森林)显著增加而自然度小,覆盖率大幅上升而林分(乔木林)郁闭度低且提升缓慢;林分面积增加而比重下降,林木蓄积量大幅增加而单位面积蓄积量低且增加缓慢,(用材林)径阶(胸径)则显著减小;林分结构不合理,幼龄化、纯林化、针叶化特征显著;人工林大发展而天然林地位式微。1999年以限伐为主的"休养生息",则开启了森林生态系统良性演变之路。

一、林业资源

(一)林业用地

据历次森林资源调查/清查[①],浙江林业用地基本稳定而结构变化显著——从面积到比重,有林地显著增加,疏林地、灌木林、宜林地显著减少;有林地中,林分[②]、经济林、竹林面积皆显著增加,林分比重显著下降而经济林、竹林比重显著上升。(表6-1)

2009年林业用地$6607.40 \times 10^3 hm^2$,比1957年($6237.60 \times 10^3 hm^2$)增加5.93%、$369.80 \times 10^3 hm^2$。其中,有林地[③]$6013.60 \times 10^3 hm^2$,比1957年($3838.20 \times 10^3 hm^2$)增56.68%、$2175.40 \times 10^3 hm^2$,占林业用地的91.01%增29.48个百分点;疏林地$35.80 \times 10^3 hm^2$,比1957年($398.20 \times 10^3 hm^2$)减91.01%、$362.40 \times 10^3 hm^2$,占林业用地的0.54%降5.84个百分点;灌木林$153.40 \times 10^3 hm^2$,比1975年($214.70 \times 10^3 hm^2$)减28.55%、$61.30 \times 10^3 hm^2$,占林业用地的2.32%降1.19个百分点;宜林地$301.70 \times 10^3 hm^2$,比1957年($2001.20 \times 10^3 hm^2$)减84.92%、$1699.50 \times 10^3 hm^2$,占林业用地的4.57%降27.51个百分点;造林未成林地$76.60 \times 10^3 hm^2$占1.16%。

有林地中,林分$4100.70 \times 10^3 hm^2$,经济林$1079.50 \times 10^3 hm^2$,竹林$833.40 \times 10^3 hm^2$,分

---

① 20世纪50年代至2009年,浙江对全省森林进行了9次调查和清查:1953—1957年浙江省第一次森林清查;1973—1975年第一次全国森林清查(一类调查);1979年,(建立连续体系)连清初查;1986年连清复查;1989年连清第二次复查;1994年连清第三次复查;1999年连清第四次复查;2004年连清第五次复查;2009年连清第六次复查。一类调查是以掌握宏观森林资源现状与动态为目的,利用固定样地为主进行定期复查的森林资源调查方法。以省为单位,每5年1次。清查结果具有权威性、连续性和可比性[1]16-18。为方便,以下皆表述为清查并以结束年记之,如1957年、1975年。

② 指森林的内部结构特征。即树种组成、森林起源、林层或林相、林型、林龄、地位级、出材量及其他因子大体相似,并与邻近地段有明显区别的森林地段。

③ 森林的标准,一是郁闭度(见本章表6-12),一是最小面积。最小面积指认定森林的最小面积——在其下不算森林。森林的最小面积各国不一,浙江按$0.067 hm^2$(1市亩)计。

别占 68.19％、17.95％ 和 13.86％。与 1957 年相比，林分增 23.53％、781.20×10³ hm²，比重下降 18.30 百分点；经济林增 6.18 倍、928.90×10³ hm²，比重上升 14.03 百分点；竹林增 1.26 倍、465.40×10³ hm²，比重上升 4.27 百分点。

表 6－1　1957－2009 年浙江省林业清查年林业用地和森林覆盖率

项目		单位	1957 年	1975 年	1979 年	1986 年	1989 年	1994 年	1999 年	2004 年	2009 年
林业用地		10³ hm²	6238	6117	5898	5953	6157	6397	6548	6679.70	6607.40
有林地	合计	10³ hm²	3838	3962	3429	4037	4376	5172	5539	5844.20	6013.60
		％	61.53	64.78	58.13	67.82	71.07	80.85	84.60	87.49	91.01
	林分	10³ hm²	3320	3058	2320	2844	2960	3448	3615	3936.10	4100.70
		％	86.49	77.17	67.65	70.45	67.64	66.67	65.27	67.35	68.19
	经济林	10³ hm²	151	458	623	707	906	1100	1176	1125.20	1079.50
		％	3.92	11.55	18.17	17.50	20.71	21.26	21.24	19.25	17.95
	竹林	10³ hm²	368	447	486	486	50.98	625	748	782.90	833.40
		％	9.59	11.28	14.18	12.04	11.65	12.08	13.49	13.40	13.86
疏林地		10³ hm²	398	622	1016	619	49.29	169	94	38.30	35.80
		％	6.38	10.17	17.22	10.40	8.01	2.64	1.43	0.57	0.54
灌木林		10³ hm²		215	281	295	28.53	391	510	313.60	153.40
		％		3.51	4.76	4.96	4.63	6.11	7.79	4.69	2.32
造林未成林地		10³ hm²		63	99	106	10.63	128	19	129.30	76.60
		％		1.04	1.68	1.79	1.73	2.00	0.29	1.94	1.16
苗圃		10³ hm²							17	33.50	26.30
		％							0.26	0.50	0.40
宜林地		10³ hm²	2001	1254	1074	894	89.65	538	369	320.80	301.70
		％	32.08	20.50	18.21	15.02	14.56	8.40	5.64	4.80	4.57
覆盖率	A	％	36.86	38.05	32.93	38.77	42.02	49.66	53.19	56.12	57.74
	B			40.11	35.62	41.60	44.76	53.41	58.09	59.13	59.22

资料来源：[1]20－22、24－25、142、151、154、158、162、166、172－173，[2]。

注：造林未成林地包括：造林更新后，成林年限前达不到未成造林地标准的林地；造林更新到成林年限后，未达到有林地、灌木林地或疏林地标准的林地；已经整地但还未造林的林地；不符合上述林地区划条件，但有林地权属证明，因自然保护、科学研究等需要保留的土地。宜林地包括宜于林木生长的荒山、荒地和采伐、火烧迹地等。森林覆盖率 A 按有林地计，B 按有林地、灌木林相加计。

（二）森林覆盖率和蓄积量

——森林覆盖率

在有林地显著增加的同时，森林覆盖率显著上升。2009 年的森林覆盖率，按有林地

（A）计为 57.74％，比 1957 年（36.86％）上升 20.88 百分点；按有林地、灌木林（B）计为 59.22％，比 1975 年（40.11％）上升 19.11 百分点。（表 6-1）

——林木蓄积量

浙江林木蓄积以林分为主，增长呈前缓后速两个阶段。（表 6-2）

表 6-2　1957—2009 年浙江省林业清查年林木蓄积状况

项目	单位	1957 年	1975 年	1979 年	1986 年	1989 年	1994 年	1999 年	2004 年	2009 年
总量	$10^4\,m^3$		8241	9874	10138	11246	12660	13847	19382.93	24224.93
林分		6464	7169	7918	8812	9461	11122	11536	17223.14	21679.75
	％		86.98	80.19	86.92	84.13	87.85	83.31	88.86	89.49
疏林	$10^4\,m^3$		655	1292	656	628	124	67	29.35	46.07
	％		7.94	13.08	6.47	5.58	0.98	0.48	0.15	0.19
散生木	$10^4\,m^3$		418	512	429	713	790	1544	1445.40	1697.85
	％		5.07	5.18	4.23	6.34	6.24	11.15	7.46	7.01
四旁树	$10^4\,m^3$			152	241	444	625	700	685.04	801.26
	％			1.54	2.38	3.95	4.93	5.06	3.53	3.31
森林		16.84	18.09	23.09	21.83	21.67	21.51	20.83	29.47	36.05
林分	m^3/hm^2	19.47	23.44	34.14	30.98	39.16	32.26	31.91	43.76	52.87
疏林			10.52	12.72	10.60	12.74	7.34	7.12	7.67	12.87

资料来源：[1]22、142、151、154、158、162、166、172-173，[2]。

2009 年林木（活立木）总蓄积量 24224.93×$10^4\,m^3$。其中，林分 21679.75×$10^4\,m^3$ 占 89.49％，疏林 46.07×$10^4\,m^3$ 占 0.19％，散生木 1697.85×$10^4\,m^3$ 占 7.01％，四旁树 801.26×$10^4\,m^3$ 占 3.31％。与 1975 年（8241.40×$10^4\,m^3$）相比，总蓄积量增加了 1.94 倍、15983.53×$10^4\,m^3$，年递增率 3.22％。以 1999 年为界，增长分为前缓后速两个阶段。1999 年总蓄积量 13846.75×$10^4\,m^3$，比 1975 年增 68.01％、5605.35×$10^4\,m^3$，年递增率 2.18％；1999—2009 年增 87.93％、10378.18×$10^4\,m^3$，年递增率 5.75％。作为林木主体的林分蓄积量变化，与总蓄积量的变化一致。

除疏林大量减少——与 1975 年（654.60×$10^4\,m^3$）比较，数量减 92.96％、608.53×$10^4\,m^3$，比重降 7.75 个百分点——外，2009 年散生木、四旁树蓄积量也有显著增长：散生木（1975 年 418.20×$10^4\,m^3$ 占 5.07％）增 3.06 倍、1279.65×$10^4\,m^3$，比重上升 1.92 个百分点；四旁树（1979 年 152.35×$10^4\,m^3$ 占 1.54％）增 4.32 倍、657.91×$10^4\,m^3$，比重上升 1.77 个百分点。

——单位面积林木蓄积量

森林单位面积蓄积量（m^3/hm^2）处于波动和增加之中。林分最高，森林（按有林地计）次之，疏林最低。（表 6-2）

在以 1999 年为界的前一个阶段，单位面积林分蓄积量由 1957 年的 19.47m^3 升至

1989 的 39.16m³，继而降至 1999 年的 31.91m³，森林蓄积量由 1957 年的 16.84m³ 升至 1979 年的 23.09m³，继而降至 1999 年的 20.83m³，疏林蓄积量由 1975 年的 10.52m³ 升至 1989 年的 12.74m³，继而降至 1999 年的 7.12m³；从 1999 年到 2009 年，林分、森林、疏林蓄积量分布增加至 52.87m³、36.05m³ 和 12.87m³。

二、林分资源

（一）面积和蓄积量

林分资源是浙江森林资源的主体（2009 年面积、蓄积占 68.19％和 89.49％），其变化的总体趋势是，面积持续增加而占有林地的比重大幅度下降，蓄积量大幅度上升而占林木总蓄积量的比重增加不多。（表 6－1、6－2）

1957—2009 年，林分面积增 23.53％、781.20×10³hm²，年递增率 4.07‰，占有林地的比重，由 86.49％降至 68.19％减 18.30 个百分点；同期，林分蓄积由 6463.90×10⁴m³ 升至 21679.75×10⁴m³，增 2.35 倍、15215.85×10⁴m³，年递增率 2.35％，占林木总蓄积的比重，由 1975 年的 86.98％升至 89.49％增 2.51 个百分点。同总蓄积一样，林分蓄积的变化亦可分为两个阶段：1999 年蓄积量 11535.85×10⁴m³，比 1957 年增 78.47％、5071.95×10⁴m³，年递增率 1.39％；1999—2009 年增 74.95％、10143.90×10⁴m³，年递增率 6.52％。

（二）林种结构

浙江林种单一，林分基本以用材林为主，生态防护林、薪炭林、特种用途林面积的合计，在 1999 年调整前的大多数年份，仅占林分面积的 5％左右。农村燃料问题的解决，使林木作为燃料的作用消失，（按用途）薪炭林急剧减少，从 2004 开始便不再被列为一个林种。（表 6－3，图 6－1）

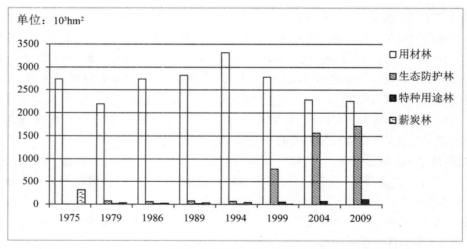

图 6－1　1975—2009 年浙江省林业清查年林分的林种构成（据表 6－3）

1975—1994 年，用材林由 2737.10×10³hm² 升至 3318.00×10³hm²，增 21.22％、580.90×10³hm²，占林分面积的比重由 89.51％增至 96.24％；蓄积量由 7016.00×10⁴m³ 升至 10537.36×10⁴m³，增 50.19％、3521.36×10⁴m³，占林分蓄积的比重由 97.87％降至

94.74%。经 1999 年、2004 年的相继调整,2009 年用材林面积降至 2255.10×10³ hm²,比 1994 年减少 32.19%、1067.90×10³ hm²,占林分的比重降至 54.99%,蓄积量则维持在与 1994 年相当的水平上。

大幅度压缩用材林带来防护林及特种用途林的大发展。1994—2009 年,防护林 由 67.30×10³ hm² 升至 1721.10×10³ hm²,增 24.57 倍、1653.80×10³ hm²,比重由 1.95% 升至 41.97%;特种用途林由 24.00×10³ hm² 升至 124.50×10³ hm²,增 4.19 倍、100.50×10³ hm²,比重由 0.70% 升至 3.04%。

表 6-3　1975—2009 年浙江省林业清查年按林种分别的林分资源

林种	单位	1975 年	1979 年	1986 年	1989 年	1994 年	1999 年	2004 年	2009 年
用材林	10³ hm²	2737	2194	2740	2825	3318	2784	2284.10	2255.10
	%	89.51	94.58	96.26	95.43	96.24	77.01	58.03	54.99
	10⁴ m³	7016	7410	8306	8873	10537	9240	10147.84	11751.57
	%	97.87	93.58	94.26	93.79	94.74	80.09	58.92	54.21
	m³/hm²	25.63	33.78	30.34	31.41	31.76	33.19	44.43	52.11
防护林	10³ hm²	4	70	58	75	67	769	1568.20	1721.10
	%	0.12	3.03	2.04	2.53	1.95	21.01	39.84	41.97
	10⁴ m³	11	264	237	250	144	1760	6239.75	8655.93
	%	0.16	3.34	2.69	2.64	1.30	15.25	36.23	39.92
	m³/hm²	31.67	37.63	40.84	33.40	21.42	23.17	39.79	50.29
特种用途林	10³ hm²	4	27	27	29	24	65	83.80	124.50
	%	0.14	1.15	0.94	0.98	0.70	1.79	2.13	3.04
	10⁴ m³	24	178	254	292	348	535	835.55	1272.25
	%	0.33	2.25	2.88	3.09	3.12	4.63	4.85	5.87
	m³/hm²	54.32	67.10	195.41	100.78	144.81	82.76	99.71	102.19
薪炭林	10³ hm²	313	29	22	31	39	7		
	%	10.22	1.25	0.77	1.06	1.12	0.20		
	10⁴ m³	117	65	15	45	93	2		
	%	1.64	0.83	0.17	0.48	0.84	0.01		
	m³/hm²	37.52	22.57	6.82	14.47	24.13	2.47		

资料来源:[1]42、154、158—159、162—163、166、174,[2]。

(三) 林龄结构

浙江林分中幼龄林、中龄林占很大比例而呈显著的幼态特征。(表 6-4,图 6-2)

2009 年,幼龄林 1709.50×10³ hm² 占 41.69%、中龄林 1438.30×10³ hm² 占 35.07%,成熟林 952.90×10³ hm² 占 23.24%;林分蓄积量,也多分布在幼、中龄林——幼龄林 5645.39

$\times 10^4 m^3$ 占 26.04％、中龄林 8063.54 $\times 10^4 m^3$ 占 37.19％，成熟林 7970.82 $\times 10^4 m^3$ 占 36.77％。幼、中龄林的面积，2009 年前始终在 80％以上（1979 年超过 90％），2009 年仍有 76.76％；大多数年份的蓄积量占到 2/3，1979 年、1994 年超过 70％。

按三分法分类的成熟林（包括近熟林、成熟林、过熟林）面积长期处于 10％～16％的低水平（最低的 1979 年仅有 9.80％），只是到 2009 年（23.24％）才有所上升；与 1975 年的 40.51％相比，蓄积量的份额则一路走低——2004 年曾降至 28.66％。按五分法分类的成熟林，面积、蓄积量比重一直处于下降之中且以蓄积量为著：1994 年 3.77％、8.78％，分别比 1979 年（7.30％、22.90％）减少 3.53 和 14.12 个百分点；到比重显著回升的 2009 年（6.89％、11.22％），仍然比 1979 年少 0.41 和 11.68 个百分点。

表 6－4　1957—2009 年浙江省林业清查年按林龄分别的林分资源

林龄	单位	1975 年	1979 年	1986 年	1989 年	1994 年	1999 年	2004 年	2009 年
幼龄林	$10^3 hm^2$	2215.00	1475.20	1561.58	1452.80	1586.80	1543.20	1644.80	1709.50
	％	72.44	63.60	54.90	49.08	46.02	42.69	41.79	41.69
	$10^4 m^3$	1639.00	2478.44	2185.30	2087.80	2879.35	1958.83	4210.70	5645.39
	％	22.86	31.30	24.80	22.07	25.89	16.98	24.45	26.04
	m^3/hm^2	7.40	16.80	13.99	14.37	18.15	12.69	25.60	33.02
中龄林	$10^3 hm^2$	527.70	617.00	913.05	1128.30	1408.20	1495.20	1644.60	1438.30
	％	17.26	26.60	32.10	38.12	40.84	41.36	41.77	35.07
	$10^4 m^3$	2626.00	3270.27	3630.41	4466.76	5048.50	5676.90	8077.05	8063.54
	％	36.63	41.30	41.20	47.21	45.39	49.21	46.90	37.19
	m^3/hm^2	49.76	53.00	39.76	39.59	35.85	37.98	49.11	56.06
成熟林	$10^3 hm^2$	315.00	227.30	369.77	378.90	452.80	576.90	646.70	952.90
	％	10.30	9.80	13.00	12.80	13.13	15.96	16.43	23.24
	$10^4 m^3$	2904.00	2169.62	2995.97	2906.83	3194.15	3900.12	4935.39	7970.82
	％	40.51	27.40	34.00	30.73	28.72	33.81	28.66	36.77
	m^3/hm^2	92.19	95.43	81.02	76.72	70.54	67.60	76.32	83.65
成熟林中：近熟林	$10^3 hm^2$		51.02	193.42	205.10	277.00	421.20	469.50	653.80
	％		2.20	6.80	6.93	8.03	11.65	11.93	15.94
	$10^4 m^3$		300.90	1268.88	1355.57	1813.60	2546.85	3413.01	5287.69
	％		3.80	14.40	14.33	16.31	22.08	19.82	24.39
	m^3/hm^2		58.98	65.60	66.09	65.47	60.47	72.67	80.88

续　表

林龄	单位	1975 年	1979 年	1986 年	1989 年	1994 年	1999 年	2004 年	2009 年
成熟林	$10^3 hm^2$		169.32	153.60	144.90	130.10		172.40	282.40
	%		7.30	5.40	4.90	3.77		4.38	6.89
	$10^4 m^3$		1813.30	1445.12	1260.19	976.93		1497.30	2431.49
	%		22.90	16.40	13.32	8.78		8.69	11.22
	m^3/hm^2		107.09	94.08	86.97	75.09		68.50	
过熟林	$10^3 hm^2$		6.96	22.75	28.90	45.70	*155.70*	4.80	16.70
	%		0.30	0.80	0.98	1.33	*4.31*	0.12	0.41
	$10^4 m^3$		55.43	281.97	291.07	403.62	*1353.27*	25.08	251.64
	%		0.70	3.20	3.08	3.63	*11.73*	0.15	1.16
	m^3/hm^2		79.64	123.94	100.72	88.32	*86.92*	52.25	150.68

资料来源：[1]25、142、152、156、161、167、174、[12]。

注：1999 年成熟林与过熟林数据未分开，置于过熟林栏并以斜体表示。

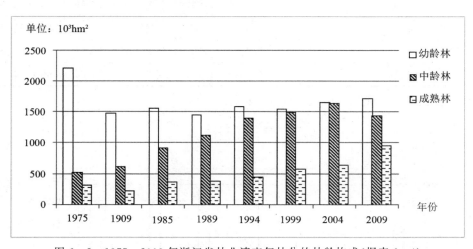

图 6-2　1975—2009 年浙江省林业清查年林分的林龄构成（据表 6-4）

（四）树种结构

浙江的林分，按优势种有松林、杉木林和阔叶林。（表 6-5，图 6-3）

2009 年松林、杉木林、阔叶林占林分面积的 34.06％、27.05％、38.89％，占蓄积量的 35.16％、31.14％、33.69％而大体形成"三分天下"的局面。

2009 年前，松林一直是浙江的第一树种，面积、蓄积量占林分的比例，1957 年曾高达 72.48％和 52.52％，多年来虽一直减少，但到 2004 年依然有 40.30％和 39.68％而"一树独大"；杉木林的变化特征是面积增加、蓄积量减少，波动显著而一直保持第二树种的地位——2004 年面积占林分的 31.81％，比 1957 年（21.05％）上升 10.76 个百分点，蓄积量占林分的 35.66％，比 1957 年（41.86％）下降 6.20 个百分点。

表 6-5　1957－2009 年浙江省林业清查年按树种分别的林分资源

树种	单位	1957 年	1975 年	1979 年	1986 年	1989 年	1994 年	1999 年	2004 年	2009 年
松林	$10^3 hm^2$	2486	1906	1371	1606	1684	1855	1761	1586.40	1396.90
	%	72.48	62.34	59.12	56.46	56.90	53.81	48.71	40.30	34.06
	$10^4 m^3$	3395	3218	3495	4569	5094	6240	5396	6833.81	7621.71
	%	52.52	44.89	44.13	51.86	53.84	56.11	46.78	39.68	35.16
	m^3/hm^2	14.11	16.88	25.48	28.45	30.25	33.64	30.64	43.08	54.56
杉木林	$10^3 hm^2$	699	598	607	854	892	1123	1215	1252.10	1109.20
	%	21.05	19.56	26.17	30.02	30.14	32.58	33.59	31.81	27.05
	$10^4 m^3$	2705	2217	2112	2059	2162	2883	3885	6141.55	6750.50
	%	41.86	30.92	26.67	23.36	22.85	25.92	33.65	35.66	31.14
	m^3/hm^2	38.71	37.06	34.79	24.10	24.24	25.67	31.96	49.05	60.86
阔叶林	$10^3 hm^2$	215	553	341	384	384	470	640	1097.60	1594.60
	%	6.46	18.10	14.71	13.51	12.97	13.62	17.69	27.89	38.89
	$10^4 m^3$	364	1734	2312	2139	2206	1999	2258	4247.78	7303.54
	%	5.62	24.18	29.20	24.27	23.31	17.97	19.57	24.66	33.69
	m^3/hm^2	16.94	31.33	67.78	55.64	57.47	42.57	35.30	38.70	45.80

资料来源：[1]26、142、151－152、156、161、163、167、174，[2]。

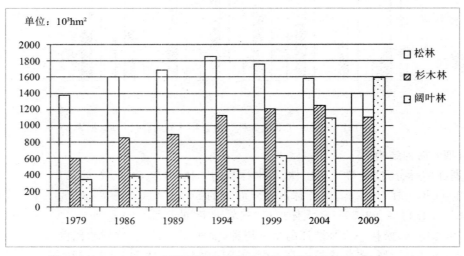

图 6-3　1979－2009 年浙江省林业清查年林分的树种构成（据表 6-5）

　　作为适宜种的阔叶林，在 2009 年前一直处于低发展态。1957 年面积、蓄积量只有 6.46％、5.62％，占林分的比重，自 1975 年（面积 18.10％、蓄积量 24.18％）和 1979 年（蓄积量 29.20％）大发展后一直处于下降之中（分别止于 2004 年、2009 年），极大地少于松林和杉木林。作为林分质量重要标志的单位面积蓄积量（m³/hm²），自 1979 年（67.78m³）后也连年下降——1999 年 35.30m³，减少了 47.92％、32.48m³。虽经恢复，2004 年、2009 年单位面积的蓄积量（38.70m³、45.80m³），也明显低于松林（43.08m³、54.56m³）和杉木林（49.05m³、60.86m³）。

三、天然林与人工林

人工林的大发展和天然林[①]的式微，是浙江森林生态系统变化的重要特征。

（一）面积和蓄积量

天然林地位的相对下降和人工林的大发展，从面积和蓄积量看，是天然林的相对减少和人工林的绝对增加。（表 6-6，图 6-4）

2009 年天然林 3428.30×10³hm²，人工林 2585.30×10³hm²，分别占有林地的 57.01％和 42.99％。与 1975 年比，天然林增 18.57％、537.00×10³hm²，比重下降 15.96 个百分点；人工林增 1.41 倍、1514.20×10⁴hm²，比重相应上升 15.96 个百分点。

林分面积，天然林 2982.80×10³hm² 占 72.74％，人工林 1117.90×10³hm² 占 27.26％，与 1975 年相比，天然林增 29.87％、686.20×10³hm²，人工林增 46.87％、356.80×10³hm²，占林分的比重分别减少、增加了 2.37 个百分点。

林分蓄积，天然林 14847.99×10⁴m³，人工林 6831.76×10⁴m³，分别占 68.49％和 31.51％，与 1975 年相比，天然林增 1.27 倍、8305.89×10⁴m³，人工林增 9.90 倍、6265.26×10⁴m³，占林分的比重分别减少、增加 22.77 个百分点。

每公顷面积的林分蓄积量（m³/hm²），天然林 49.78m³，比 1975 年增 21.29m³，人工林 61.11m³，比 1975 年增 52.88m³；1975 年，天然林 28.49m³，为人工林（8.23m³）的 3.46 倍；到 2009 年，人工林则高出天然林 11.13m³——单位面积林分蓄积量的增加，人工林大大地超过了天然林。

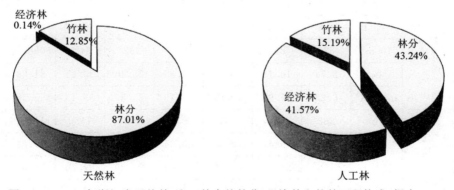

图 6-4　2009 年浙江省天然林、人工林中的林分、经济林和竹林面积构成（据表 6-6）

---

① 原始林意义上的天然林在浙江已难得一见。这里的天然林指次生林——被（人、自然）破坏后自行恢复，或通过封山育林恢复的森林。

表 6－6　1975－2009 年浙江省林业清查年的天然林、人工林资源

项目		单位	1975 年	1979 年	1986 年	1989 年	1994 年	1999 年	2004 年	2009 年
合计		$10^3 hm^2$	3962	3429	4037	4376	5172	5539	5844.20	6013.60
天然林	小计		2891	2390	2532	2499	2788	2983	3169.80	3428.30
		%	72.97	69.70	62.72	57.11	53.92	53.85	54.24	57.01
	林分	$10^3 hm^2$	2297	1814	2037	2091	2386	2564	2755.70	2982.80
		% A	79.45	75.90	80.45	83.67	85.58	85.95	86.94	87.01
		% B	75.11	78.18	71.60	70.83	69.19	70.91	70.01	72.74
		$10^4 m^3$	6542	7113	7205	7394	8298	8051	11214.86	14847.99
		%	91.26	89.82	81.77	78.15	74.61	69.79	65.12	68.49
		m^3/hm^2	28.49	39.22	30.45	35.36	34.78	31.41	40.70	49.78
	经济林	$10^3 hm^2$	176	109	75	99	51	26	7.10	4.80
		% A	6.09	4.56	2.96	3.96	1.83	0.87	0.22	0.14
		% B	38.45	17.52	10.61	10.94	4.61	2.24	0.63	0.44
	竹林	$10^3 hm^2$	419	467	421	317	352	393	411.80	440.70
		% A	14.49	19.54	16.63	12.69	12.63	13.17	12.99	12.85
		% B	93.67	96.09	86.57	62.08	56.38	53.18	52.60	52.88
人工林	小计	$10^3 hm^2$	1071	1039	1505	1877	2383	2556	2674.40	2585.30
		%	27.03	30.30	37.28	42.89	46.08	46.15	45.76	42.99
	林分	$10^3 hm^2$	761	506	808	869	1062	1052	1180.40	1117.90
		% A	71.05	48.70	53.69	46.30	44.57	41.15	44.14	43.24
		% B	24.89	21.82	28.40	29.17	30.81	29.07	29.99	27.26
		$10^4 m^3$	627	806	1607	2068	2824	3485	6008.28	6831.76
		%	8.74	10.18	18.23	21.85	25.40	30.21	34.88	31.51
		m^3/hm^2	8.23	15.92	19.89	23.79	25.39	33.13	51.58	61.11
	经济林	$10^3 hm^2$	282	514	632	814	1049	1150	1118.10	1074.70
		% A	26.33	49.47	42.00	43.34	44.03	44.99	41.81	41.57
		% B	61.55	82.48	89.39	89.06	95.39	97.76	99.37	99.56
	竹林	$10^3 hm^2$	28	19	65	193	272	355	371.10	392.70
		% A	2.61	1.83	4.32	10.28	11.41	13.89	13.88	15.19
		% B	6.33	3.91	13.43	37.92	43.62	46.82	47.40	47.12

资料来源：[1]24－25、27－28、152、155、159－160、167－168、175－176，[2]。

注：在分 AB 的构成（%）栏中，A 栏为天然林、人工林各自的内部构成；不分 AB 的构成（%）栏和 B 栏为天然林、人工林的比较构成。

1975—2009 年,天然竹林面积相对稳定,增 5.25%、$22.00×10^3 hm^2$,人工竹林变化急剧,增 12.17 倍、$344.40×10^3 hm^2$——竹林的构成,天然竹林由 93.67% 降至 52.88%,人工竹林由 6.33% 升至 47.12%。经济林的变化,不论是天然的还是人工的,都同样巨大:天然经济林减 97.27%、$171.20×10^3 hm^2$,人工经济林增 2.82 倍、$790.00×10^3 hm^2$——从构成看,天然经济林由 38.45% 降至 0.44% 而近于消失,人工经济林由 61.55% 升至 99.56% 而"独霸天下"。期间天然林、人工林内部构成的变化趋势是:天然林中,林分面积显著上升(由 79.45% 升至 87.01%),经济林(由 6.09% 降至 0.14%)、竹林(由 93.67% 降至 52.88%)比重大幅下降;人工林中,林分面积大幅下降(由 71.05% 降至 43.24%),经济林(由 26.33% 升至 41.57%)、竹林(由 2.61% 升至 15.49%)大幅上升。

(二)林龄结构

从林龄构成看,天然林的幼态化和人工林的趋于成熟是天然林地位相对下降和人工林大发展的又一展现:在天然林中,幼龄林面积超过 1/2,在人工林中,成熟林蓄积量接近 3/5。(表 6－7,图 6－5)

表 6－7　1989—2009 年浙江省林业清查年按林龄分别的天然林和人工林林分资源

林龄	单位	天然林					人工林				
		1989 年	1994 年	1999 年	2004 年	2009 年	1989 年	1994 年	1999 年	2004 年	2009 年
幼龄林	$10^3 hm^2$	941	1047	1177	1470	1535	512	540	367	175	175
	%	45.00	43.88	45.89	53.34	51.45	58.90	50.81	34.87	14.82	15.64
	$10^4 m^3$	1541	2337	1610	4007	5503	547	543	348	204	143
	%	20.84	28.16	20.00	35.73	37.06	26.47	19.21	10.00	3.40	2.09
	m^3/hm^2	16.37	22.32	13.69	27.26	35.86	10.69	10.05	9.50	11.67	8.16
中龄林	$10^3 hm^2$	802	987	1011	962	954	326	422	484	682	484
	%	38.37	41.36	39.44	34.92	32.00	37.50	39.68	46.02	57.81	43.29
	$10^4 m^3$	3160	3408	3928	4769	5393	1307	1640	1749	3308	2671
	%	42.74	41.08	48.79	42.53	36.32	63.19	58.08	50.18	55.05	39.09
	m^3/hm^2	39.39	34.54	38.85	49.57	56.50	40.08	38.91	36.13	48.47	55.19
成熟林	$10^3 hm^2$	348	352	376	324	494	31	101	201	323	459
	%	16.62	14.76	14.66	11.74	16.55	3.60	9.51	19.11	27.37	41.08
	$10^4 m^3$	2693	2552	2513	2439	3952	214	641	1387	2497	4018
	%	36.42	30.76	31.21	21.75	26.22	10.34	22.71	39.82	41.55	58.82
	m^3/hm^2	77.47	72.51	66.85	75.37	80.06	68.34	63.49	72.60	91.22	87.51

资料来源:[1]27－28、29、168、175－176,[2]。

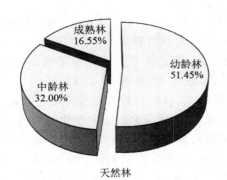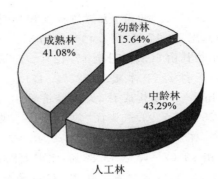

图 6-5　2009 年浙江省天然林、人工林林分的林龄构成（据表 6-7）

　　与天然林形成强烈对比的，是人工林幼态化的减弱：幼龄林面积由 58.90％降至 15.64％，跌 43.26 个百分点，蓄积量由 37.06％降至 2.09％，跌 34.97 个百分点；中龄林面积由 37.50％升至 43.29％，增 5.79 个百分点，蓄积量由 63.19％降到 39.09％，跌 24.10 个百分点；相应地，成熟林面积由 16.55％升至 41.08％，蓄积量由 26.22％升至 58.82％，各增加了 24.53 和 36.20 个百分点。

　　天然林地位的相对下降和人工林的大发展，还表现在成熟林单位面积蓄积量（m³/hm²）的变化上：期间，天然林增长缓慢，仅增 3.19m³（由 77.47m³ 升至 80.06m³），人工林增长迅速为 19.17m³（由 68.34m³ 升至 87.51m³），并在期末超出天然林 7.45m³。

四、用材林和重点林业县资源

（一）用材林资源

　　——面积和蓄积量

　　用材林是浙江林分资源的主体，在 1999 年大调整前，面积和蓄积量皆占绝对高的比重，大调整之后，面积和蓄积量也占到一半多。（表 6-3）

　　1975－1994 年，用材林面积由 2193.70×10³hm² 升至 3318.00×10³hm²，增 51.25％、1124.30×10³hm²，占林分的比重由 89.51％升至 96.24％，增 6.73 个百分点；蓄积量由 7410.24×10⁴m³ 升至 10537.36×10⁴m³，增 42.20％、3127.12×10⁴m³，占林分的比重由 97.87％降至 94.74％，减 3.13 个百分点。

　　1999 年开始的大调整，使用材林面积降到 1999 年的 2784.00×10³hm²、2004 年的 2284.10×10³hm²、2009 年的 2255.10×10³hm²，占林分的比重，相继降为 77.01％、58.03％和 54.99％；蓄积量占林分的比重虽下降显著——相应年份为 80.09％、58.92％和 54.21％，但绝对量则减少不多，且到 2009 年达到高峰——1999 年 9239.92×10³hm²，比 1994 年减 14.04％、1297.44×10⁴m³，2009 年 11751.57×10⁴m³，比 1994 年增 11.52％、1214.21×10⁴m³。

　　——林龄结构

　　从林龄构成的变化看，虽然幼龄林比重趋于下降、成熟林比重趋于上升，但同林分资源一样，作为其主体的用材林也属于"年轻型"。（表 6-8）

　　1979－2009 年，幼龄林面积由 64.06％降至 38.11％，减 25.95 个百分点，蓄积量比重由 30.72％降至 21.74％（1999 年比重最低时为 15.48％），减 8.98 个百分点；成熟林面积比重由 8.05％升至 25.81％,蓄积量比重由 22.45％升至 43.08％,分别增加了 17.76和 20.63 个百分点。

表 6－8　1979－2009 年浙江省林业清查年份林龄的用材林林分资源

林龄	单位	1979 年	1986 年	1989 年	1994 年	1999 年	2004 年	2009 年
幼龄林	$10^3 hm^2$	1405.20	1372.80	1372.80	1517.00	1118.80	823.70	859.50
	％	64.06	48.60	48.60	45.72	40.19	36.06	38.11
	$10^4 m^3$	2344.08	1915.71	1915.71	2753.77	1430.24	1877.97	2554.53
	％	30.72	21.59	21.59	26.13	15.48	18.51	21.74
	m^3/hm^2	16.68	13.95	13.95	18.15	12.78	22.80	29.72
中龄林	$10^3 hm^2$	611.90	1097.00	1097.00	1379.40	1190.90	1015.20	813.60
	％	27.89	38.84	38.84	41.57	42.78	44.45	36.08
	$10^4 m^3$	3353.38	4318.13	4318.13	4906.12	4659.90	4729.32	4134.65
	％	43.95	48.66	48.66	46.56	50.43	46.60	35.18
	m^3/hm^2	54.08	39.36	39.36	35.57	39.13	46.59	50.82
成熟林	$10^3 hm^2$	176.60	354.90	354.90	421.60	474.30	445.20	582.00
	％	8.05	12.25	12.25	12.71	17.04	19.49	25.81
	$10^4 m^3$	1712.78	2609.64	2609.64	2877.47	3153.78	3540.55	5062.39
	％	22.45	29.41	29.41	27.31	34.13	34.89	43.08
	m^3/hm^2	96.99	75.44	75.44	68.25	66.49	79.53	86.98

资料来源:[1]25、155、159、167、176,[2]。

——成熟林面积和蓄积量变化

用材林成熟林(包括近熟林、成熟林、过熟林)资源的变化大致分为面积快于蓄积量增加和蓄积量快于面积增加两个阶段。(表 6－8)

1979－1994 年,成熟林面积由 $176.60×10^3 hm^2$ 升至 $421.60×10^3 hm^2$,增 1.39 倍、$245.00×10^3 hm^2$,年递增率 5.97％;蓄积量由 1712.78 升至 $2877.47×10^4 m^3$,增 68.00％、$421.60×10^3 hm^2$,年递增率 3.52％。1994－2009 年,面积增 38.05％、$160.40×10^3 hm^2$,达 $582.00×10^3 hm^2$,年递增率 2.17％;蓄积量增 75.93％、$2184.92×10^4 m^3$,达 $5062.39×10^4 m^3$,年递增率 3.84％。

单位面积蓄积量(m^3/hm^2)因面积快于蓄积量的增加而由 1979 年的 96.99m^3 降至 2004 年的 68.25m^3,减 29.63％、28.74m^3;因蓄积量快于面积的增加在 2009 年达 86.98m^3(仍比 1979 年少 10.01m^3),比 2004 年增 27.44％、18.73m^3。

——成熟林径阶变化

林木径阶(胸径)的显著减小,是浙江因过度砍伐导致用材林质量下降的另一重要展现。(表 6－9,图 6－6、6－7)

表 6－9　1979－2009 年浙江省林业清查年用材林（成熟林）分径阶的林分蓄积

径阶	单位	1979 年	1986 年	1989 年	1994 年	1999 年	2004 年	2009 年	1979－2009 年
小径阶	$10^4 m^3$	301.45	510.89	513.33	739.64	804.89	847.08	1062.39	760.94
	%、百分点	17.60	18.52	19.67	25.70	25.55	23.93	22.17	4.57
中径阶	$10^4 m^3$	762.20	1240.56	1209.68	1205.24	1844.77	2136.14	2772.71	2010.51
	%、百分点	44.50	44.97	46.35	41.89	58.57	60.34	57.86	13.36
大径阶	$10^4 m^3$	390.52	658.16	553.31	579.79	383.01	510.20	797.01	406.49
	%,百分点	22.80	23.86	21.20	20.15	12.16	14.41	16.63	－6.17
特大径阶	$10^4 m^3$	258.63	348.93	333.32	352.80	117.11	47.13	160.29	－98.34
	%,百分点	15.10	12.65	12.77	12.26	3.72	1.33	3.34	－11.76

资料来源：[1]32、155、159、169、177，[2]。

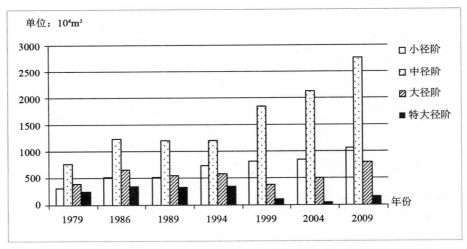

图 6－6　1979－2009 年浙江省林业清查年用材林（成熟林）分径阶的林分蓄积（据表 6－9）

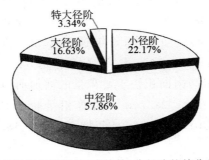

图 6－7　2009 年浙江省用材林（成熟林）分径阶的林分蓄积（据表 6－9）

1979—2009 年,小径阶(6~12cm)组由 301.45×10⁴ m³ 升至 1062.39×10⁴ m³,增 2.52 倍、760.94×10⁴ m³,比重由 17.60％上升到 22.17％(1994 年最高为 25.70％)增 4.57 个百分点;中径阶(14~24cm)组由 762.20×10⁴ m³ 升至 2772.71×10⁴ m³,增 2.64 倍、2010.51× 10⁴ m³,比重由 44.50％上升到 57.86％增 13.36 个百分点;而大径阶(26~36cm)组、特大径阶(≥38cm)组的比重,则在同期由 22.80％、15.10％降至 16.63％、3.34％,减少了 6.17 和 11.76 百分点——由是,小、中径阶与大、特大径阶组的比例,便由 1979 年的 62∶38,演变到 2009 年的 80∶20(1999 年、2004 年曾达 84∶16)。

(二) 重点林业县资源

位于西部、西南部的龙泉、庆元、遂昌、松阳、云和、景宁(丽水市)、开化(衢州市)、临安、淳安(杭州市),是浙江的重点林业县。

——林业资源和变化

林业资源总体增加而林分蓄积占全省比重显著下降,是浙江重点林业县,特别是龙泉林业资源变化的突出特征。(表 6－10)

表 6－10　1957－2009 年浙江省部分林业清查年重点林业县森林资源

林业县	项目	单位	1957 年	1986 年	1999 年	2009 年	1957—1999 年	1999—2009 年
合计 (21634 km²)	有林地	10³ hm²	1011.68	1303.40	1529.40	1627.95	517.72	98.55
		％,百分点	26.36	25.52	26.17	27.07	−0.19	0.90
	林分	10³ hm²	901.28	1046.30	1185.30	1445.15	284.02	259.85
		％,百分点	27.14	36.79	32.79	35.24	5.65	2.45
	林分蓄积	10⁴ m³	4070.28	5205.10	4490.40	7628.18	420.12	3137.78
		％,百分点	62.97	59.07	38.93	35.19	−24.04	−3.74
		m³/hm²	45.16	49.75	37.88	52.75	−7.28	14.87
	森林蓄积		40.23	39.93	29.36	46.86	−10.87	17.50
	覆盖率	％,百分点	47.46	60.25	70.69	75.25	23.23	4.56
龙泉 (3059 km²)	林分	10³ hm²	148.75	179.10	183.00	217.47	34.25	34.47
	林分蓄积	10⁴ m³	1281.54	1503.40	901.80	1410.66	−379.74	508.85
		％,百分点	19.83	17.06	7.82	6.51	−12.01	−1.31
		m³/hm²	86.15	83.94	49.28	64.87	−36.87	15.59
	覆盖率	％,百分点	54.82	68.29	74.24	83.09	19.42	8.85
庆元 (1898 km²)	林分	10³ hm²	71.91	110.80	131.90	137.47	59.99	5.57
	林分蓄积	10⁴ m³	399.62	710.10	460.00	839.17	60.38	379.17
		m³/hm²	55.57	64.09	34.87	61.04	−20.70	26.17
	覆盖率	％,百分点	42.17	68.76	81.56	86.20	39.39	4.64

续　表

林业县	项目	单位	1957 年	1986 年	1999 年	2009 年	1957—1999 年	1999—2009 年
遂昌 (2539 km²)	林分	10³ hm²	145.04	154.20	153.10	182.06	8.06	28.96
	林分蓄积	10⁴ m³	438.08	542.40	545.40	722.57	107.32	177.17
		m³/hm²	30.20	35.18	35.63	39.69	5.43	4.06
	覆盖率	%，百分点	61.41	68.96	72.31	78.62	10.90	6.31
松阳 (1406 km²)	林分	10³ hm²	65.48	65.00	76.20	88.02	10.72	11.82
	林分蓄积	10⁴ m³	186.69	239.20	258.20	386.11	71.51	127.91
		m³/hm²	28.51	36.80	33.88	43.87	5.37	9.99
	覆盖率	%，百分点	52.00	58.61	68.14	69.35	16.14	1.21
云和 (978 km²)	林分	10³ hm²	69.58	32.70	59.50	70.25	−10.00	10.75
	林分蓄积	10⁴ m³	245.62	103.60	181.00	304.84	−64.62	123.84
		m³/hm²	35.82	31.68	30.42	43.39	−5.40	12.97
	覆盖率	%，百分点	67.32	49.08	76.48	77.17	9.16	0.69
景宁 (1950 km²)	林分	10³ hm²	84.35	96.00	131.60	134.80	47.25	3.20
	林分蓄积	10⁴ m³	318.81	466.50	413.60	759.74	94.79	346.14
		m³/hm²	37.80	48.59	31.43	56.36	−6.37	24.93
	覆盖率	%，百分点	47.79	55.79	75.69	77.44	27.90	1.75
开化 (2228 km²)	林分	10³ hm²	95.89	103.70	136.30	149.26	40.41	12.96
	林分蓄积	10⁴ m³	508.82	468.80	539.20	836.81	30.38	297.61
		m³/hm²	53.06	45.21	39.56	56.06	−13.50	16.50
	覆盖率	%，百分点	47.45	58.93	77.74	69.14	30.29	−8.60
淳安 (4452 km²)	林分	10³ hm²	126.00	182.20	187.10	283.56	61.16	96.46
	林分蓄积	10⁴ m³	393.33	701.30	718.50	1512.70	325.17	794.20
		m³/hm²	31.22	38.49	38.40	53.35	7.18	14.95
	覆盖率	%，百分点	35.29	52.13	56.87	76.45	21.58	19.58
临安 (3124 km²)	林分	10³ hm²	94.28	122.60	126.60	182.26	32.32	55.66
	林分蓄积	10⁴ m³	297.77	469.80	472.70	855.58	174.93	382.88
		m³/hm²	31.58	38.32	37.34	46.87	5.76	9.53
	覆盖率	%，百分点	38.28	59.64	70.13	76.45	31.85	6.32

资料来源：[1]32、144－147 表 6－3、147－150 表 6－4、204－210 表 7－4，[2]。

2009 年有林地 1627.95×10³ hm² 占全省的 27.07%，林分 1445.15×10³ hm² 占全省的 35.24%，林分蓄积 7628.18×10⁴ m³ 占全省的 35.19%；单位面积蓄积量（m³/hm²），

林分 52.75m³ 与全省均值(52.87m³)相近,森林 46.86m³ 为全省均值(36.05m³)的 1.30 倍;森林覆盖率(按有林地)75.25%,高出全省(57.74%)17.51 个百分点。

1957 年以来,有林地显著增加(60.92%)而占全省的比重基本稳定(增 0.71 个百分点);林分面积与占全省的比重同步增加——面积增 60.34%,比重升 8.10 个百分点;林分蓄积显著增加(87.41%),占全省的比重大幅下降(减 27.78 个百分点)且以 1957—1999 年为著(减 24.04 个百分点);单位面积蓄积量(m³/hm²)总体增加——林分、森林分别增 7.59m³ 和 6.68m³,但皆以 1999 年为界,经先降后升两个阶段——林分先减 7.28m³ 后增 14.87m³,森林先减 10.87m³ 后增 17.50m³;森林覆盖率显著增加(27.79 个百分点)并快于全省(20.88 个百分点)。

龙泉在浙江森林资源中处于重要地位且变化特别显著。1957 年以来的数十年中,其林分蓄积量一直占全省较大份额——1957 年 1281.54×10⁴m³ 占 19.83%,1986 年 1503.40×10⁴m³ 占 17.06%,最高的 1975 年 1559.20×10⁴m³ 占 21.75%[11]209。高强度的利用,则使林分蓄积量减少到 1999 年的 901.80×10⁴m³,占全省的比重降至 7.28%,到显著恢复的 2009 年(1410.66×10⁴m³),比重 6.51%仍继续下降。蓄积量大幅减少导致的,是单位面积蓄积量(m³/hm²)的显著下降:1957 年、1975 年、1986 年 86.15m³、101.25m³[1]194 和 83.94m³,为当年全省均值(19.47m³、23.44m³、30.98m³)的 4.42 倍、4.32 倍和 2.71 倍,1999 年减至 49.28m³,不到 1975 年的 1/2,显著恢复的 2009 年,也只有 64.87m³ 而远低于历史时期。

——人口、环境和经济状况

重点林业县的人口、环境和经济呈显著的低冲击量特征。(表 6-11)

表 6-11 2010 年浙江省重点林业县的人口、经济状况

林业县	国土面积	人口	人口密度	国民生产总值		农民人均纯收入
	km²	10⁸ 人	10⁴ 人/km²	10⁸ 元	10⁴元/km²	元/人
浙江	104141	5442.69		27722.31	2662	51711 11303
龙泉	3059	23.46	77	62.59	172	21748 6704
庆元	1898	14.15	75	31.70	167	15618 6012
遂昌	2539	19.02	75	57.60	227	24929 6659
松阳	1406	18.51	132	47.50	338	20037 6060
云和	978	11.16	114	33.51	343	29732 6370
景宁	1950	10.71	55	26.70	137	15611 6202
开化	2228	24.51	110	70.23	315	19992 7399
淳安	4452	33.68	76	117.48	264	25906 7172
临安	3124	56.67	181	287.66	921	54700 12012
林业县合计	21634	211.87	98	734.97	340	
比例(%)	20.77	3.89	19	2.65	12.77	33-106 53-106

资料来源:[4]4-5,550-551,554-555,[5]2-4。

　　一是地处丘陵山区、交通不便，对环境的人为干扰少；二是地多、人少、密度低——土地面积 21634km² 超过全省的 1/5（20.77％），人口 211.87×10⁸ 人不到全省的 1/25（3.89％），人口密度 89 人/km² 为全省的 0.19；三是经济发展相对滞后、收入（消费）水平相对较低——国民生产总值占全省的 2.65％，经济密度（10⁴ 元/km²）相当全省的 1/8（12.77％），（除临安外）人均 GDP 为全省平均的 0.33（景宁）～0.57（云和），农村居民人均纯收入在全省平均的 0.53（庆元）～0.65（开化）之间。

五、森林质量

（一）林分郁闭度

　　林分郁闭度是衡量森林质量的重要指标。高郁闭度林分蓄积量大，面积－蓄积比和生产力高，生态/环境效率好，低郁闭度林分蓄积量小，面积－蓄积比和生产力低，生态/环境效率差。（表 6－12、6－13，图 6－8）

表 6－12　1979－2009 年浙江省林业清查年林分郁闭度

年份	林分面积		(0.5)0.4		0.7		平均
	10³hm²	%	10³hm²	%	10³hm²	%	
1979	2315.90	(1368.51)	(59.0)	(626.27)	(27.0)	324.73	14.0	
1986	2844.40	(1848.86)	(65.0)	(625.77)	(22.0)	369.77	13.0	
1994	3447.80	(1957.40)	(56.8)	(964.80)	(28.0)	525.60	15.2	0.44
1999	3615.30	1869.10	51.7	1413.40	39.1	332.80	9.2	0.48
2004	3936.10	905.30	23.0	2125.50	54.0	905.30	23.0	0.53
2009	4100.70	779.10	19.0	2173.40	53.0	1148.20	28.0	0.56

　　资料来源：[1]32、156、161、177，[2]。

　　注：郁闭度指林地上林木树冠垂直投影覆盖面积的比率。1994 年前，郁闭度＞0.3 为有林地，0.3～0.1 为疏林地，＜0.1 为散生木（不算森林）；1994 年开始，郁闭度≥0.2 为有林地，＜0.2～0.1 为疏林地，＜0.1 为散生木。郁闭度低、中、高的分类，1999 年开始为≥0.2～0.4，＞0.4～0.7，＞0.7，之前为＞0.3～0.5，＞0.5～0.7，＞0.7。以 0.5 为分界的低、中郁闭度在表中置于括号之中。

　　——林分郁闭度变化

　　2009 年，郁闭度＜0.4 的林分面积占 18.55％，蓄积量占 5.73％，面积－蓄积比只有 0.31，单位面积蓄积量（m³/hm²）仅 16.32m³；郁闭度＞0.7 的林分面积占 28.36％，蓄积量占 47.24％，面积－蓄积比 1.67，单位面积蓄积量（m³/hm²）88.05m³，是郁闭度＜0.4 林分的 5.40 倍。在 1999 年之前，林分郁闭度始终较低——低郁闭度（＜0.5）面积一直超过一半（1986 年最多时占 65.0％），高郁闭度（＞0.7）林分从未超过 1/6（1994 年最高时占 15.2％）；从 1999 年开始，则有了明显提高——中郁闭度（＞0.4～＜0.7）林分相继升至 30％并超过 50％，高郁闭度林分从 23.0％上升到 28.0％。林分的平均郁闭度，由 1994 年的 0.44 上升到 2009 年的 0.56。

　　——天然林与人工林的郁闭度

　　1999－2009 年林分的（平均）郁闭度，天然林由 0.46 增至 0.56，人工林由 0.54 增至 0.57[2]。如表 6－13 所示，在这两个清查年中，人工林分的郁闭度皆高于天然林。

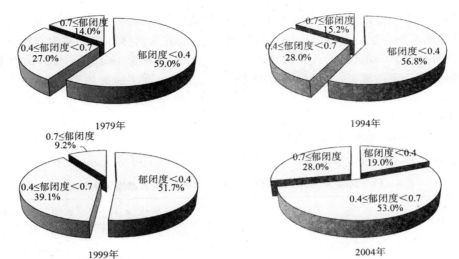

图6-8　1979年、1994年、1999年、2009年浙江省林分郁闭度构成（据表6-12）

表6-13　1999年、2009年浙江省按林分郁闭度分的天然林和人工林

项目		单位	1999年			2009年		
			—0.4—		—0.7—	—0.4—		—0.7—
合计	面积	$10^3 hm^2$	1869.10	1413.40	332.80	760.48	2177.13	1163.09
		%	51.70	39.09	9.21	18.55	53.09	28.36
	蓄积量	$10^4 m^3$	3233.87	5858.04	2443.94	1241.33	10197.29	10241.13
		%	28.03	50.78	21.19	5.73	47.04	47.24
	面积-蓄积比	面积=1	0.54	1.30	2.30	0.31	0.89	1.67
	单位蓄积	m^3/hm^2	17.30	41.45	73.44	16.32	46.84	88.05
天然林	面积	$10^3 hm^2$	1485.70	931.80	146.10	536.90	1640.54	805.36
		%	57.95	36.35	5.70	18.00	55.00	27.00
	蓄积量	$10^4 m^3$	2741.32	4068.37	1241.66	913.16	7338.05	6596.78
		%	34.05	50.53	15.42	16.15	49.42	44.43
	面积-蓄积比	面积=1	0.59	1.39	2.71	0.34	0.90	1.65
	单位蓄积	m^3/hm^2	18.45	43.66	84.99	17.00	44.73	81.92
人工林	面积	$10^3 hm^2$	383.40	481.60	186.70	223.58	536.59	357.73
		%	36.46	45.79	17.75	20.00	48.00	32.00
	蓄积量	$10^4 m^3$	492.55	1789.67	1202.28	328.17	2859.24	3633.35
		%	14.14	51.36	34.50	4.81	41.92	53.27
	面积-蓄积比	面积=1	0.39	1.12	1.94	0.24	0.87	1.66
	单位蓄积	m^3/hm^2	12.85	37.16	64.40	14.68	53.29	101.57

资料来源：[1]32,[2]。

1999 年,低、中、高郁闭度林分的比例,人工林为 36：46：18,天然林为 58：36：6——低郁闭度的高比重和极低比例的高郁闭度,凸显着天然林林相的残次;到 2009 年,低、中、高郁闭度林分的比例,人工林为 20：48：32,天然林为 18：55：27。10 年间,天然林分得到了一定的恢复(主要是郁闭度结构);人工林得到了显著的发展(郁闭度结构、生产力)——单位面积蓄积量(m³/hm²)由 33.13m³ 增至 61.11m³,其中,中郁闭度林分由 37.16m³ 增至 53.29m³,高郁闭度林分由 64.40m³ 增至 101.57m³。

(二)群落结构、自然度和生态功能

浙江森林群落结构较完整而自然度甚低,生态功能居中等水平。(表 6-14)

表 6-14　2004 年、2009 年浙江省森林的群落结构、自然度和生态功能

项目		2004 年		2009 年		2004—2009 年	
		$10^3 hm^2$	%	$10^3 hm^2$	%	$10^3 hm^2$	%
群落结构	完整	2133.37	54.20	2348.90	57.28	215.53	3.08
	较完整	1742.12	44.26	1735.00	42.32	−7.12	−1.94
	简单	60.61	1.54	16.80	0.41	−43.81	−1.13
自然度	Ⅰ				0		
	Ⅱ	4.80	0.08	7.20	0.12	2.40	0.04
	Ⅲ	325.50	5.57	358.60	5.96	33.10	0.39
	Ⅳ	2839.50	48.59	3036.10	50.49	−196.60	1.90
	Ⅴ	2674.40	45.76	2611.70	43.43	62.70	−2.33
生态功能	良好	21.40	0.37	28.70	0.48	7.30	0.11
	中等	4561.00	78.04	4919.60	81.81	358.60	3.77
	差	1261.80	21.59	1065.30	17.71	−196.50	−3.88
	指数	0.4628		0.4806		0.0124	

资料来源:[2]。

——群落结构

从群落结构[①]看,浙江林分(乔木林)结构较完整——完整结构、较完整结构、简单结构的面积比,2004 为 54.2：44.3：1.5,2009 年为 57.3：42.3：0.4。

---

① 群落结构按乔木层、下木层、地被物层(含草木、苔藓、地衣)划分。三层全有的为完整结构;具有乔木层和下木层或地被物层的为较完整结构;只有乔木层的为简单结构。

　　——自然度

　　浙江森林(有林地)自然度①甚低——顶级群落（Ⅰ级）踪迹难觅，上层原始树种林木保有一定郁闭度、蓄积量的Ⅱ、Ⅲ级地段份额仅有 5％～6％，质量较差、差的Ⅳ、Ⅴ级地段比例极高。2004 年，Ⅱ、Ⅲ级与Ⅳ、Ⅴ级的比例为 5.65∶94.35,2009 年为 6.08∶93.92。

　　——生态功能

　　浙江森林(有林地)生态功能处于中等水平。生态功能指数,2004 年 0.4628,2009 年0.4806；良好、中等、差的比例,2004 年 0.4∶78.0∶21.6,2009 年 0.5∶81.8∶17.7。

六、森林生态系统演变动力、问题和对策

（一）森林生态系统演变动力

　　浙江人类行为与森林生态系统演变(附录一)的关系,主要表现在以下三个方面。

　　——单纯的木材资源观、经济增长观和由之导致的重利用轻保护、重经济效益轻生态效益、重数量轻质量,是浙江森林生态系统一系列问题的认知根源

　　长期以来,森林被普遍视为资源库,林业工作的任务即是向经济建设提供所需要的木材。这种单纯的木材资源观,导致了重利用、轻保护的思想和行为,带来林种结构在调整前的极度单一；经济增长即发展的观点,则造成了重经济效益轻生态效益(重人工林轻天然林、重经济林轻林分资源等)、重数量轻质量的思想和行为,带来"适地种"阔叶林的式微和资源的纯林化、针叶化、幼龄化。

　　——由人口、消费和为此必需的经济增长构成的对土地、木材资源的需求压力,是推动浙江森林生态系统演化的根本动力

　　人口数量的增加、消费需求的上升和为此必需的经济增长,一方面提高着垦殖指数和对土地资源其他多方面的利用,导致森林生态系统空间的缩小；一方面又增加着对木材资源的需求,并在"需求创造供给"的思想指导下不断扩大着对木材资源的利用——由此,人口、消费、经济增长便构成对森林生态系统的双重挤压和演化的根本动力,形成"一个萝卜两头切"的资源利用局面——在这种情形下,森林生态系统的退化便是一种逻辑的必然。

　　浙江以市,特别是以地理区为单元的人口密度、垦殖指数、经济密度与森林资源的反向相关,便是对这种逻辑关系的事实证明。浙东北平原区、嘉兴、舟山市森林资源的贫乏,在于其人多(数量或密度)、地多——在通常情况下,多的人口须有多的耕地的支持；浙西南山地丘陵区(地理区)、丽水市森林资源的丰饶,在于其人少、地少——在通常情况下,少的人口便不需多的耕地。"人多林少,人少林多"这一人口与森林资源在空间配置上的辩证,即是浙江的过去和现在……(表 1-8、1-9)

---

①　森林自然度(forest naturalness degrees)指地段森林生长发育过程状态与森林稳定(顶极)状态的距离。评价指标包括总蓄积量、蓄积结构(径级分布、垂直分布)、树种组成等与森林顶极状态的近似程度,按有林地统计,分 5 级。Ⅰ级为未受人为干预的原始林或稳定的顶极森林(群落)；Ⅱ级为上层原始树种林木的郁闭度在 0.2 以上,其蓄积量在林分中占优势(50％以上)；Ⅲ级为上层原始树种林木以散生木状态保存,其蓄积量虽不占优势,但仍保持三分之一的比重,林分总蓄积量属中上水平；Ⅳ级为上层原始树种林木零星可见,林分处中期发育阶段,主林层树种组成中原始树种和侵入的阳性(喜阳)树种占有一定比例；Ⅴ级为天然更新幼林地、皆伐迹地、火烧迹地和宜林地。

——不合理的山区人口分布、不科学的资源利用方式，在经济利益驱动下的乱砍、滥伐和林权与处置权的矛盾等，进一步加剧了浙江森林生态系统的退化

山区人口虽然稀少，但零散分布和居住在陡山区的人口对耕地、薪柴和其他经济的需求，则构成对立地条件差的山区森林生态系统，特别是水源涵养林的压迫并破坏着野生动物的栖息地和野生植物的原生地。

不科学的资源利用方式，包括对森林立地条件破坏的陡坡垦殖和连片采伐（各种林龄资源一起采伐的"推光头"）两个方面。在经济利益驱动下的乱砍、滥伐带来的破坏，则一直未得到有效遏制——龙泉等重点林业县森林资源的破坏，前些年遍地开花的蘑菇养殖即是一个重要因素。（表6-10）

值得一提的还有林权与处置权的矛盾。按"谁造谁有"的政策，林权所有人可按自己的意愿以自己的方式处置自己所造的林——当"所有人"的处置在生态上不合理时，便必然会带来对森林生态系统的破坏。

（二）森林生态系统演变问题

浙江森林生态系统演变存在的主要问题是，数量增长快，郁闭度低、单位面积蓄积少而质量改善滞后；长期以用材林、幼中林和松林、杉木林为主，资源纯林化、针叶化、幼龄化突出；人工林大发展、天然林式微，系统退化而功能低。

——有林地增加而林分比例减小，覆盖率上升而林分郁闭度低，自然度小

1957—2009 年，有林地（森林）增 56.68%、$2175.40×10^3hm^2$，林分（乔木林）增 23.53%、$781.20×10^3hm^2$，林分占有林地的比重由 86.49% 降至 68.19%，减 28.30 个百分点；森林覆盖率由 36.86% 升至 57.74%，增 20.88 个百分点；林分郁闭度偏低且提高相对滞缓——平均值郁闭度，1994 年 0.44，2009 年 0.56；有林地自然度小——Ⅰ级为 0，Ⅱ、Ⅲ级仅占 5.08%，Ⅳ、Ⅴ级占到 50.49% 和 43.43%。（表6-1、6-12、6-14，图6-8，附录二）

——森林设定功能单一，资源纯林化、针叶化和幼龄化问题突出

浙江森林（人为）设定功能单一，用材林长期占绝对优势——面积、蓄积量一直占林分的 95% 左右，防护林、薪炭林、特用林合计仅 5% 左右，从 1999 开始的林种结构调整，才改变了这种状况。（表6-3，图6-1）

重经济效益、轻生态效益导致的，是树种的单一和以针叶树为主的资源的纯林化和针叶化——速生用材树种松（世界三大速生用材树种之一）、杉木（中国南方速生用材树种）在 1999 年前的绝对优势和"适地种"阔叶树的式微——1975—1994 年的林分结构，针叶林（松林、杉木林）面积由 81.90% 升至 86.38%，蓄积量由 75.82% 升至 81.43%，相应地，阔叶林面积由 18.10% 降至 13.62%，蓄积量由 24.18% 降至 19.57%；1979—1994 年林分单位面积蓄积量（m^3/hm^2），松林由 $44.13m^3$ 增至 $56.11m^3$，阔叶林由 $67.78m^3$ 降至 $35.30m^3$。（表6-5，图6-3）

林龄结构的"幼龄化"同样是浙江森林生态系统极为突出的问题。幼、中龄林的面积，2009 年前始终在 80% 以上（1979 年超过 90%），2009 年仍有 76.76%；大多数年份的蓄积量占到 2/3，1979 年、1994 年超过 70%。按三分法分类的成熟林（包括近熟林、成熟林、过熟林）面积长期处于 10%～16% 的低水平，只是到 2009 年（23.24%）才有显著上升；与 1975 年的 40.51% 相比，蓄积量的份额则一路走低——2004 年曾降至 28.66%。

（表 6-4,图 6-2）

　　——天然林相对式微而人工林大发展

　　1975—2009 年,占有林地的比重,天然林由 72.97％降至 57.01％,人工林由 27.03％升至 42.99％,幅度 15.99 个百分点;经济林的构成,天然林由 38.45％降至 0.44％,人工林由 61.55％升至 99.56％,幅度 38.01 个百分点;竹林的构成,天然林由 93.67％降至 52.88％,人工林由 6.33％升至 47.12％,幅度 40.79 个百分点;占林分地的比重,天然林由 75.11％降至 72.74％,人工林由 24.89％升至 27.26％;占林分蓄积的比重,天然林由 91.26％降至 68.49％,人工林由 8.74％升至 31.51％,幅度 22.77 个百分点;2009 年林分单位面积蓄积量（m^3/hm^2）,人工林 61.11m^3,高出天然林（49.78m^3）11.33m^3,与 1975 相比,人工林增 6.43 倍、52.88m^3,天然林仅增 74.59％、21.25m^3。1989—2009 年幼龄林面积的比重,天然林由 45.00％升至 51.45％增 6.46 个百分点,人工林由 58.90％降至 15.64％减 43.26 个百分点;幼龄林蓄积比重,天然林由 20.84％升至 37.06％增 16.22 个百分点,人工林由 37.06％降至 2.09％减 34.97 个百分点。（表 6-6、6-8、6-9、6-10、6-11、6-12,图 6-5）

　　——林木蓄积量大幅增加而径阶显著减小、单位面积蓄积量低而增加缓慢

　　2009 年,林木总蓄积量 24224.93×$10^4$$m^3$,比 1975 年增 1.94 倍、15983.53×$10^4$$m^3$。林分蓄积量 21679.75×$10^4$$m^3$,比 1975 年增 2.02 倍、14510.75×$10^4$$m^3$。单位面积蓄积量（$m^3/hm^2$）,森林 36.05$m^3$,比 1975 年（18.09$m^3$）增 0.54 倍、17.96$m^3$,年均 0.53$m^3$;林分 52.87$m^3$,比 1975 年（23.44$m^3$）增 1.25 倍、29.43$m^3$,年均 0.87$m^3$。1979—2009 年,用材林各径阶（胸径）组的比重,小径阶增 4.57 个百分点达 22.17％,中径阶增 13.36 个百分点达 57.86％;大径阶、特大径阶组同期降至 16.63％、3.34％,减少了 6.17 和 11.76 个百分点。（表 6-2、6-9,图 6-6、6-7,附录二）

　　——原生植被破坏严重,生态功能明显退化

　　浙江森林原生植被破坏严重,自然度甚低,群落结构不合理,生态功能明显退化（表 6-14）。一是水土流失严重,水源涵养功能下降——水土流失率 18％,流失面积 1.9×$10^4$$km^2$,其中中度以上约占 50％,强度、极强度和剧烈侵蚀面积,则比 20 世纪 80 年代中期增加了 1 倍多[7]。

　　——法制建设滞后,条例与法律相左,环境保护工作陷入困境

　　法制建设滞后——条例与法律相左,对阻碍环境保护的法律条文不能及时作出修正——而使环境保护工作陷入困境,也是一个必须解决的问题。（第九章附录六）

　　——宜林地大量减少,人均森林资源量以减少为主

　　2009 年宜林地 301.70×$10^3$$hm^2$,比 1957 年减 84.92％、1699.50×$10^3$$hm^2$,占林业用地的比重由 32.08％降至 4.57％——这一不可避免的减少规定了浙江林业由数量发展向质量提高转变的必要性。人口数量的增加,人均资源量有的明显减小,有的稍有增长,但都停留在低水平之上:1957—2009 年,林分蓄积由 2.58m^3 升至 4.41m^3,增 70.93％、1.83m^3;有林地（森林面积）由 0.153hm^2 降至 0.114hm^2,减 25.49％、0.039hm^2;林分地（乔木林）由 0.133hm^2 降至 0.078hm^2,减 41.35％、0.55hm^2。（表 1-7、6-1）

（三）森林生态系统正态演替的指导思想和目标

浙江森林生态系统正态（向）演替的指导思想和主要目标是：坚持保护第一、质量第一、生态效益第一的原则，彻底转变森林资源观，确立保护森林的生态文明观；坚持"休养生息"，节制（合理）采伐，改数量（覆盖率）扩张为质量提高；大力发展生态林、阔叶林、针阔混交林，彻底扭转幼龄化、纯林化和针叶化趋势；坚持科学造林和多样性原则，大力增加森林生物量、群落多样性、林分郁闭度和蓄积量，提高系统生态功能，"碳汇"、抗灾（自然、生物）和防火能力。

——转变森林资源观，确立保护森林的生态文明观，在认知上保证森林生态系统的"休养生息"和正态（向）演替

森林既是木材的资源库，更是地球上极端重要的生态系统——与海洋、湿地一起被列为地球三大生态系统（《世界自然保护大纲》）。转变森林资源观，确立保护森林的生态文明观，是森林生态系统"休养生息"和正态（向）演替的认知保证。高覆盖率对森林生态系统，特别是林分退化的掩蔽，也是一个需要清醒看待的问题。（森林覆盖率为舆论所关注，而需一定专业知识方能了解的林分质量退化，则很少进入公众视野）

——遵循生态优先原则，坚持"休养生息"，节制采伐，减轻环境冲击量，保证森林生态系统的正态（向）演替

"强度利用"带来的一系列问题和限伐（国家层面上对 1998 年长江流域大洪水的回应）[①]对森林质量的改善表明，遵循生态优先原则（兼顾经济和社会效益），坚持"休养生息"，节制采伐，减轻环境冲击量是调节林种、树种、林龄结构，保证浙江森林生态系统正态（向）演替的根本。（附录三）

（四）森林生态系统正态演替的主要对策

积极推动山区人口梯度转移，封山育林，保护山区生态系统和水源涵养林；大力开展天然林、栖息地、原生地保护工作，增加野生动、植物种数和种群规模；实施八大工程和分类（区域）指导，全面提升森林系统质量、林业发展水平和综合服务能力；加强法制建设，建立动态监测、管理系统，保证森林生态系统正态（向）演替对策的落实和目标的实现。

——大力发展阔叶林、针阔混交林，加快树种结构调整，彻底扭转针叶化、纯林化趋势

常绿阔叶林是中国南方亚热带最具代表性的森林类型。林木个体高大（15～20m），林内乔、灌、草分层显著，乔木层也常有 2～3 个亚层，生物多样性高、生物量大——1979 年单位面积蓄积量曾达 67.78m³/hm²，为历年各树种最高（表 6-5），对涵养水源、保持水土和保护生物多样性具有重要生态功能和特殊意义。浙江森林生态系统的针叶化、纯林化和质量改善的滞缓，常绿阔叶林的式微是关键而重要的因素。

---

① 1998 年 8 月 18 日，朱镕基提出了根治水患的 32 字综合治理措施——"封山育林，退耕还林，退田还湖，平垸泄洪，以工代赈，移民建镇，加固堤坝，疏浚河道"，而首要的即是，"全面停止长江、黄河流域天然林采伐，实施天然林资源保护"。（生态格局变化下湿地之失，中国经济周刊[微博]，2012-03-12）

浙江速生树种松、杉木的高比重,"适地种"阔叶树的式微和由之而来的针叶化、纯林化,源自对经济效益的追求。是故,要彻底扭转针叶化、纯林化趋势,便须在生态优先的原则下,大力发展地带性植被,积极调整树种结构,使阔叶林、针阔混交林不少于林分面积的三分之二。

——通过限采、合理采伐,以"三四三"为目标,积极调整林龄结构,彻底扭转幼龄化趋势

浙江森林的幼龄化亦源自经济效益优先原则下的过度采伐。是故,要彻底扭转幼龄化趋势,便须在生态优先的原则下,通过限采、合理采伐,以"三四三"(幼、中、成熟林面积比)为目标,积极调整林龄结构,彻底扭转幼龄化趋势。

——继续调整林种结构,大力发展生态林,提高森林系统的综合效益,彻底改变以木材生产为主的单一格局

——坚持科学造林和多样性原则,全面提升森林系统的生态功能和"抗逆性"

坚持科学造林和多样性原则,针、阔叶搭配,品系多样,乔木分层,乔、灌、草混交,大力增加森林的层次性、生物量、群落多样性和林分郁闭度,全面提升森林系统的生态功能(生态屏障=阻断+野生动物保护),"碳汇"能力和"抗逆性"(适应性)——抗灾(自然、生物)能力、防火能力[1]。

——压缩板材生产,开展木材资源的替代利用,加快商品林基地建设,解决森林生态系统"休养生息"时的供需矛盾

鉴于森林保护引起的国内外商品木材的短缺(2010年国内生产只能满足需求的一半,一些主要生产国禁止出口),应通过压缩板材生产,开展木材资源的替代利用,加快商品林基地建设,解决森林生态系统"休养生息"时的供需矛盾。

——实施八大工程,加快重点防护林体系和平原绿化建设,全面提升森林系统质量和综合服务能力

实施重点生态公益林建设(扩大面积、提升林分质量、完善生态效益补偿制度),重点为防护林与平原绿化提升(全面推进森林城市、城镇和村庄建设),生物多样性保护(野生动植物和湿地保护,森林类型自然保护区建设和林木种质资源保护),森林质量提升(中幼林抚育、阔叶化改造、珍贵树种和大径材基地建设、工业原料林基地建设),现代农业(林业)园区建设,林业产业转型升级,林业基础设施建设,森林安全与林业支撑保障(森林公安与森林消防、林业有害生物防控、林业种苗良种化、科技与服务、林业标准体系建设、资源监测与林业信息化体系建设)等八大工程,加快重点防护林体系和平原绿化建设,全面提升森林系统质量和综合服务能力[7]。

——分类指导,协调区域发展,全面提升林业发展水平

浙江环境(地形、降水)分异显著,各区域林业发展水平不一、面临问题不同,应分类指导,协调区域发展,全面提升林业发展水平。(附录三)

---

① 纯林化大大降低了森林的多样性(树种单一,灌、草缺乏),进而生态功能——野生动物失去栖息地而无处藏身;系统生态屏障(稳定小气候、涵养水源)功能下降;系统内生态阻断功能极弱而"抗逆性"差。2008年,湖北恩施土家族苗族自治州富尔山林场的上万亩林木在一场雪灾中被大面积压断、劈裂、倒伏,重要原因便是纯林化——部分林地全部种植日本落叶松。

——积极推动山区人口梯度转移和封山育林，保护山区生态系统和水源涵养林；大力开展天然林、栖息地、原生地保护工作，增加野生动、植物种数和种群规模

——加强法制建设，做到依法管理；妥当处理所有权与处理权的关系；理顺法律与条例的矛盾之处

加强法制建设，做到依法管理，杜绝滥伐、过采，关闭严重破坏森林资源的木材加工企业；妥当处理所有权与处理权的关系；从有利保护出发，理顺法律与条例的矛盾之处，使有些环境保护工作走出法律条文限制的"困境"。

——建立森林生态系统动态监测和管理系统

附录一：人类行为与森林生态系统演变

浙江森林1999年前后的变化表明，一定时期内人为干预对森林生态系统的演变有重大而显著的影响。（表6－1、6－2、6－3、6－4、6－5、6－6、6－7、6－9、6－10、6－11、6－12）

在1999年前利益驱动下的"强度利用"阶段，林分（乔木林）占有林地（森林）的比重下降——自1957年以来减少了21.22个百分点；林种、林龄、树种结构极不合理——占林分的比重，用材林长期在95%左右而防护林仅为2%～3%，幼龄林占46%～72%而幼态特征显著，松林占54%～72%而"一树独大"，适宜树种阔叶林仅占6%～18%；林木蓄积量增长缓慢——1975－1999年，总蓄积量年均增长234×10⁴m³，林分蓄积量年均增长182×10⁴m³；单位面积蓄积量（m³/hm²）下降——有林地20.83m³比1979年（23.09m³）减少2.26m³，林分31.91m³比1989年（39.16m³）减少7.25m³；用材林大径阶、特大径阶组由38.90%降至15.88%，减少了23.02个百分点。

人为干预影响森林生态系统演变的典型还有：人工林的大发展与天然林的相对式微；重点林业县达成的人口、经济条件（低冲击量）与地位的相对下降，特别是龙泉县林分资源在1986－1999年的大破坏——林分蓄积量由1503.40×10⁴m³降至901.80×10⁴m³，减少了40.02%、601.60×10⁴m³。

1999年后以节制采伐为主的"休养生息"，则开启了浙江森林生态系统的良性演变：2009年林分占有林地的68.19%，比1999年增2.92个百分点。林种结构，用材林比重调整至77.01%（1999年）、54.99%（2009年），比1994年减少19.23和41.25个百分点；防护林比重调整至21.01%、41.97%，比1994年增加19.06和40.02个百分点。树种构成，松林比重48.71%（1999年）、34.06%（2009年），比1994年（53.81%）相继下降了5.10、19.75个百分点；阔叶林比重17.69%（1999年）、38.89%（2009年），比1994年（13.62%）相继上升了4.07、25.27个百分点。林龄构成，幼龄林比重41.69%（2009年），比1994年下降4.33个百分点；成熟林比重15.95%（1999年）、23.24%（2009年），比1994年（13.13%）增加2.82、10.11个百分点。

1999－2009年，林木蓄积量增长加速——总蓄积量年均增长484×10⁴m³，为1999年前的2.07倍，林分蓄积年均增长446×10⁴m³，为1999年前的2.45倍；单位面积蓄积

量（m³/hm²）上升——有林地增加 15.22m³ 达 36.05m³，林分地增加 20.96m³ 达 52.87m³；用材林大径阶、特大径阶组比重有所回升——期间增 3.99 个百分点 达 19.97％。

附录二：浙江森林在全国的位置

与各省区市相比，浙江森林覆盖率高而单位面积蓄积量低。（表 6-15，图 6-9）

按第七次全国森林资源清查（2004—2008），浙江森林覆盖率 57.41％，高出全国平均（20.36％）37.05 个百分点，仅低于福建（63.10％）、江西（58.21％）居全国第 3 位；森林单位面积蓄积量（m³/hm²）29.47m³，比全国平均（70.20m³）少 40.73m³，只有西藏（153.52m³）、吉林（114.60m³）、四川（96.10m³）、云南（85.48m³）的 0.19、0.26、0.31 和 0.34，仅多于宁夏、青海、上海、北京、天津、河北、山东，排全国第 24 位。

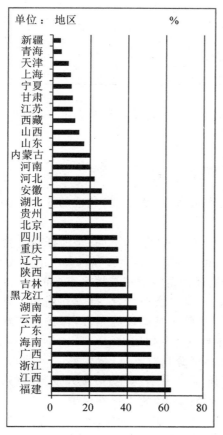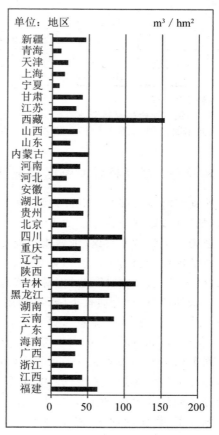

图 6-9　2004—2008 年中国各省区的森林覆盖率和单位面积蓄积量（据表 6-15）

表 6-15　2004-2008 年中国各地区的森林面积、覆盖率和蓄积量

地区	面积	覆盖率	森林蓄积量		地区	面积	覆盖率	森林蓄积量	
	$10^4 hm^2$	%	$10^4 m^3$	m^3/hm^2		$10^4 hm^2$	%	$10^4 m^3$	m^3/hm^2
全国	19545	20.36	1372080	70.20	贵州	557	31.61	24008	43.11
福建	767	63.10	48436	63.18	湖北	579	31.14	20943	36.18
江西	938	58.21	39530	42.16	安徽	360	26.06	13755	38.20
浙江	584	57.41	17223	29.47	河北	418	22.29	8374	20.02
广西	1253	52.71	40875	32.63	河南	337	20.16	12936	38.43
海南	176	51.98	7274	41.27	内蒙古	2366	20.00	117721	49.75
广东	874	49.44	30183	34.54	山东	255	16.72	6339	24.91
云南	1818	47.50	155380	85.48	山西	221	14.12	7644	34.57
湖南	948	44.76	34907	36.81	西藏	1463	11.91	224551	153.52
黑龙江	1926	42.39	152105	78.93	江苏	108	10.48	3502	32.57
吉林	737	38.93	84412	114.60	甘肃	469	10.42	19364	41.31
陕西	768	37.26	33821	44.06	宁夏	51	9.84	492	9.63
辽宁	512	35.13	20227	39.51	上海	6	9.41	101	16.91
重庆	287	34.85	11332	39.49	天津	9	8.24	199	21.34
四川	1660	34.31	159572	96.10	青海	330	4.57	3916	11.88
北京	52	31.72	1039	19.95	新疆	662	4.02	30101	45.49

资料来源：[6]428。

注：为第七次全国森林资源清查（2004-2008）数据，全国含台湾、香港和澳门；由于各地开展清查工作时间不同，表中数据年份不一，浙江为 2004 年数据。

附录三：浙江林业发展区概况、战略和建设重点

按浙江林业发展"十二五"规划，浙江划分出与地理区（表 1-8）相应的 5 个林业发展区，其概况、战略和建设重点如下[7]：

浙南山地林业发展区（浙西南山地丘陵区——对应地理区，下同）是浙江森林资源最为丰富的区域（面积占 33.3%，蓄积量占 40.0%，覆盖率达 76.5%）和八大水系之钱塘江、曹娥江、飞云江、椒江、瓯江的发源地或源头地，浙江乃至整个华东地区重要的生态屏障。历史上破坏严重，林分质量下降、可利用资源减少，应以资源培育、持续利用和生态屏障建设为战略，坚持"休养生息"，提高森林质量，改善林区基础设施条件，保护和培育水系源头的森林资源，加强以重点生态公益林为主体的生态工程建设。

浙西低山林业发展区（浙西北丘陵山区）森林资源相对丰富（覆盖率 73.0%）是钱塘江众多支流的发源地。主要问题是生态功能不强，应以保育为主，适度开发为战略，积极开展小流域综合治理，加强重要生态功能区、湿地资源和生物多样性保护。

浙中丘陵盆地林业发展区（浙中盆地丘陵）森林资源较为丰富（覆盖率 55.4%），主要问题是植被结构单一，林分质量低，水土流失较为严重。应以生态治理、以用促育为战略，加大植树绿化力度，提高森林覆盖率，通过森林保育提升水源涵养和水土保持能力，加强小流域综合治理和水土流失治理；加强植被保护，增加混交林比重，改善林分结构。

　　浙东沿海丘陵海岛林业发展区（浙东南沿海平原区）森林资源相对贫乏（面积占14.8%，蓄积量占12.4%，覆盖率49.4%），主要问题是森林质量较低，台风、风暴潮等自然灾害严重，森林火害、病虫害频发，沿海防护林体系脆弱，水土流失严重等。应以强化保护，构筑生态屏障为战略，加强资源保护和防灾、减灾基础设施建设，构筑浙东沿海生态屏障。

　　浙北平原林业发展区（浙东北平原区）是浙江人口密集、经济发达，生态区位极其重要的地区。森林资源贫乏（面积占9.5%，蓄积量占6.4%，覆盖率28.5%），林业建设滞后，生态脆弱；湿地、城市环境空气污染严重。应以扩林增绿、改善生态为战略，大力发展平原森林、城市森林和村庄绿化，提高林木覆盖率，加快湿地保护区（小区）和湿地公园建设，强化湿地资源保护和水质污染治理，为经济社会发展提供生态保障。

参考文献

［1］浙江省林业局.浙江林业自然资源·森林卷［M］.北京：中国农业科学技术出版社,2002.

［2］浙江省林业厅林业调查规划设计院（提供）.

［3］浙江省统计局,国家统计局浙江调查总队.浙江统计年鉴——2011［M］.北京：中国统计出版社,2011.

［4］浙江省人口普查办公室.浙江省2010年人口普查资料(1)［M］.北京：中国统计出版社,2012.

［5］浙江省人口普查办公室.浙江省2000年人口普查资料(2)［M］.北京：中国统计出版社,2002.

［6］中华人民共和国国家统计局.中国统计年鉴(2011)［M］.北京：中国统计出版社,2011.

［7］浙江省发展和改革委员会.浙江省林业发展"十二五"规划.杭州,2011.

第七章　粮食安全

　　20 世纪 80 年代中期以来"北粮南运"对"南粮北调"的逐步替代,极大地改变了粮食生产的地域分布和产－销格局而将中国的"粮食安全"置于临界态。通过粮播面积、粮食生产大幅度地计划调减,浙江产－消系数降至 0.4 以下,由略有节余的产－消平衡转变为大规模调进粮食。以严峻的国际粮情,人多、地少基本国情和省内人口、消费压力的增加为背景,浙江应对气候变化、保证"粮食安全"的根本途径是,也只能是弱化"粮食进口替代战略",在一定程度上逐步恢复粮播面积,加强基本农田和水利设施建设以增加粮食生产、提高自给率。

一、粮食的生产、消费和供需平衡

(一) 粮食生产

　　以 1984 年为界,浙江粮食生产和人均占有量的变动分为两大阶段,前期在波动中增长,后期在波动中减少。粮食单产波动显著但呈增长态。(表 7－1、7－2,图 7－1)

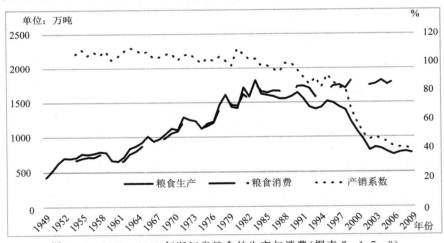

图 7－1　1949－2010 年浙江省粮食的生产与消费(据表 7－1、7－3)

　　——粮食生产

　　1984 年,浙江粮食总产攀升至 1817.19×10⁴t,与 1949 年(429.66×10⁴t)相比增 3.23 倍、1387.53×10⁴t,年平均 39.64×10⁴t,年递增率 42.06‰。

　　其中 1959－1961 年、1973－1975 年分别比 1958 年、1972 年减少了 135.12×10⁴t 和 166.89×10⁴t 而形成增长中的两个波谷;1962－1972 年经过了长达 11 年的持续增加,累计比 1961 年增长 634.91×10⁴t,年均 57.72×10⁴t;1976－1979 年增长为最快,期间比

1975 年增 489.08×10⁴t,年均高达 122.27×10⁴t;1980—1984 年为变动最为剧烈的阶段,总增量虽只有 206.07×10⁴t,但 5 年中波动的绝对值却高达 844.39×10⁴t,最高的 1984 年与最低的 1981 年(1419.84×10⁴t)相差 397.35×10⁴t。

表 7-1 1949—2010 年浙江省人口与粮食生产状况

年份	粮食总产	总产变化	粮食单产	年份	粮食总产	总产变化	粮食单产
	10⁴t		kg/hm²		10⁴t		kg/hm²
1949	430.05		1464	1980	1435.50	−175.80	4192
1950	517.00	86.97		1981	1419.20	−16.30	4205
1951	625.70	108.92		1982	1712.10	292.90	4981
1952	700.80	74.59	2191	1983	1583.70	−128.40	4551
1953	694.13	−6.01		1984	1817.15	233.45	5218
1954	708.62	14.49		1985	1621.29	−195.86	4956
1955	761.29	52.67		1986	1605.09	−16.20	5069
1956	750.47	−10.82		1987	1588.99	−16.10	4911
1957	766.12	15.65	2269	1988	1553.64	−35.35	4840
1958	789.14	23.02		1989	1554.28	−0.64	4823
1959	779.56	−9.58		1990	1586.10	31.82	4856
1960	664.46	−115.10		1991	1640.00	53.90	5020
1961	654.02	−10.44		1992	1553.50	−86.50	4910
1962	712.98	58.96	2233	1993	1436.18	−117.32	5049
1963	835.68	122.70	2626	1994	1404.00	−32.18	5122
1964	869.46	37.78	2794	1995	1430.90	25.90	5084
1965	921.19	51.73	3019	1996	1516.77	85.87	5272
1966	1010.87	89.68	3297	1997	1493.53	−23.24	5199
1967	936.94	−73.93	3004	1998	1435.20	−58.33	5127
1968	974.76	37.82	3099	1999	1392.96	−42.24	5062
1969	1048.93	74.17	3267	2000	1217.00	−175.96	5294
1970	1123.79	74.82	3413	2001	1075.61	−141.39	5547
1971	1101.36	−22.43	3248	2002	959.41	−116.20	5583
1972	1288.93	107.57	3670	2003	809.23	−148.88	5475
1973	1248.98	−33.95	3523	2004	850.17	40.94	5648
1974	1233.22	−15.76	3543	2005	830.42	−19.17	5314
1975	1122.04	−111.18	3276	2006	785.50	−44.92	6021
1976	1196.79	74.75	3480	2007	745.07	−40.43	5863
1977	1223.51	26.72	3524	2008	775.55	30.48	6099
1978	1467.20	243.69	4226	2009	789.15	13.60	6117
1979	1611.30	144.10	4662	2010	770.67	−18.48	6041

资料来源:[1]241-242,[2]134-135,[3]16-17。

这一时期,年变动超过 100×10^4 t 的有 11 年,其中增产 7 年(1951 年、1963 年、1972 年、1978 年、1979 年、1982 年、1984 年)——1978 年、1982 年、1984 年最多达 243.69×10^4 t、292.90×10^4 t 和 233.45×10^4 t;减产 4 年(1960 年、1975 年、1980 年、1983 年)——1980 年最多达 175.80×10^4 t。

表 7－2　1949－2010 年浙江省人均粮食变化　　　　　单位：kg/人

年份	人均粮食	变化	年份	人均粮食	变化	年份	人均粮食	变化
1949	206		1963	298	35	1977	330	3
1950	244	38	1964	302	4	1978	393	63
1951	289	45	1965	311	9	1979	425	32
1952	316	27	1966	333	22	1980	377	－48
1953	306	－10	1967	302	－31	1981	367	－10
1954	305	－1	1968	307	5	1982	436	69
1955	320	15	1969	322	15	1983	400	－36
1956	307	－13	1970	339	17	1984	455	55
1957	306	－1	1971	325	－12	1985	404	－51
1958	308	2	1972	373	48	1986	396	－8
1959	300	－8	1973	356	－17	1987	388	－8
1960	254	－46	1974	351	－5	1988	375	－13
1961	248	－6	1975	310	－41	1989	371	－4
1962	263	15	1976	327	16	1990	375(374)	4(5)
1991	385(384)	10(10)	1998	323(322)	－15(－15)	2005	180(166)	－6(－7)
1992	362(361)	－23(－23)	1999	312(311)	－11(－11)	2006	170(155)	－10(－11)
1993	333(331)	－31(－30)	2000	270(260)	－42(－51)	2007	160(145)	－10(－10)
1994	323(322)	－10(－9)	2001	238(227)	－32(－33)	2008	165(149)	5(4)
1995	327(326)	4(4)	2002	212(201)	－26(－26)	2009	167(150)	2(1)
1996	345(344)	18(18)	2003	178(167)	－34(－34)	2010	162(141)	－5(－9)
1997	338(337)	－7(－7)	2004	186(173)	12(6)			

资料来源：[1]41、45、241,[2]16、135。

注：括号内数字为按常住人口计。

2010 年,粮食总产降至 770.67×10^4 t,与历史高峰的 1984 年相比,减少了 57.59%、1046.48×10^4 t,年均 40.25×10^4 t,年递减率 $35.58‰$。1984－2003 年为快速下降阶段：减 55.47%、1007.92×10^4 t,占总减少的 96%;年均 53.05×10^4 t,年递减率 $41.68‰$;1985 年减 195.86×10^4 t 为历史之最,2000－2003 年创连续下

降之最——4 年减 582.43×10⁴t,占总减少的 57%,年均 145.61×10⁴t。2003—2010 年下降迅速放缓——减 4.65%、37.56×10⁴t,占总减少的 4%;年均 5.37×10⁴t,递减率 6.78‰。

粮食单产(kg/hm²)波动显著而总体呈增长态。在 1963—2010 年的 48 年中,增产 31 年,减产 17 年,1978 年、1982 年、1984 年、2006 年增幅最大,为 702kg、776kg、667kg 和 707kg,1980 年、1983 年、2005 年减幅最大为 470kg/、430kg/和 334kg/,但总体呈增长态,并相继在 1965 年、1978 年、1991 年、2006 年迈上 3000kg/、4000kg/、5000kg/和 6000kg/4 个台阶。

——人均占有粮变化

浙江人均占有粮的变动,也与粮食总产的变动相类似。以 1984 年为界,人均粮在之前呈波动增加态,在之后呈减少态。

1949—1984 年,浙江人均粮食由 206kg 升至 455kg 的峰值。35 年间增 1.21 倍、249kg,年均 7.11kg,年递增率 22.90‰。由于人口数量的增加,递增率低于粮食产量 19.16 个千分点;1984—2010 年,由于人口的增长和总产的减少,除 1990 年(6kg)、1991 年(10kg)、1995 年(4kg)和 1996 年(5kg)有微小的增加外,人均粮食在这一时期呈持续、大幅度减少态。按户籍人口计,2010 年人均粮食 162kg,比 1984 年减少了 64.40%、293kg,年均 11.27kg,年递减率 38.85‰。按常住人口计,2010 年人均粮食 141kg,比按户籍人口计少 13%、21kg,比 1990 年(375kg)少 62.30%、233kg。

浙江人均占有粮的高峰期在两个阶段之间的 1972—1992 年。21 年中,除 1975—1977 年外,均在 350kg 以上,其中超过 400kg 的有 5 年——1979 年(425kg)、1982 年(436kg)、1983 年(400kg)、1984 年(455kg)和 1985 年(404kg)。

(二)粮食的消费和供需平衡

——粮食消费

浙江粮食消费变动有两大显著特征:一是受人口和消费驱动的持续增长,一是受生产影响的显著波动。(表 7-3,图 7-1)

表 7-3　1953—2010 年浙江省粮食的消费与供需平衡

年份	粮食消费		消费变动	产消缺口	产—消系数	净调入
	10⁴t	kg/人	10⁴t		消费=1	10⁴t
1953						−61.53
1954	667.73	287		40.89	1.0612	−38.18
1955	696.47	292	28.74	64.82	1.0931	−30.19
1956	714.08	292	17.61	36.39	1.0510	−43.83
1957	712.16	284	−1.92	53.96	1.0758	−31.47
1958	750.63	293	38.47	38.51	1.0513	−47.11
1959	719.50	277	−31.13	60.06	1.0835	−42.63
1960	651.55	249	−67.95	12.91	1.0198	−71.22

续 表

年份	粮食消费		消费变动	产消缺口	产—消系数	净调入
	10^4 t	kg/人	10^4 t		消费=1	10^4 t
1961	628.43	219	−23.12	25.59	1.0407	−41.23
1962	661.47	244	33.04	51.51	1.0779	−35.72
1963	756.83	270	95.36	78.85	1.1042	−61.62
1964	795.81	277	38.98	73.65	1.0925	−61.29
1965	864.44	292	68.63	56.75	1.0656	−51.18
1966	938.44	309	74.00	72.43	1.0772	−50.60
1967	906.59	292	−31.85	30.34	1.0335	−37.10
1968	937.24	295	30.65	37.52	1.0400	−37.33
1969	991.05	305	53.81	57.88	1.0584	−51.97
1970	1055.50	318	64.45	68.29	1.0647	−47.31
1971	1082.76	319	27.26	18.60	1.0172	−31.19
1972	1227.33	356	144.57	61.60	1.0502	−35.18
1973	1175.15	335	−52.18	73.83	1.0628	−62.22
1974	1195.28	336	20.13	37.94	1.0317	−52.81
1975	1126.52	312	−68.76	−4.48	0.9960	−22.67
1976	1161.31	317	34.79	35.48	1.0306	−20.27
1977	1207.61	326	46.30	15.90	1.0132	6.45
1978	1409.16	376	201.55	58.04	1.0413	−26.90
1979	1590.30	419	181.14	21.00	1.0131	−31.09
1980	1466.11	383	−124.19	30.61	0.9787	−6.71
1981	1454.90	376	−11.21	−35.70	1.0975	4.45
1982	1616.73	412	161.83	98.37	1.0581	3.14
1983	1540.15	389	−76.58	43.55	1.0227	−24.81
1984	1769.18	443	229.03	47.97	1.0271	−15.03
1985	1659.02	412	−110.16	−37.73	0.9772	−12.00
1986	1640.12	403	−18.90	−35.03	0.9784	39.17
1987	1667.29	405	27.17	−78.30	0.9528	75.72
1988	1663.19	399	−4.10	−109.55	0.9340	104.30
1989	1560.39	371	−102.80	−6.11	0.9951	94.95
1990	1593.41	376(376)	33.02	−7.31	0.9954	68.95

年份	粮食消费		消费变动	产消缺口	产—消系数	净调入
	10^4 t	kg/人	10^4 t		消费=1	10^4 t
1991	1730.49	406(405)	137.08	−90.49	0.9476	108.35
1992	1734.65	405(403)	4.16	−181.15	0.8959	132.35
1993	1703.13	395(393)	−31.52	−266.69	0.8433	198.15
1994	1578.46	364(362)	−124.67	−174.46	0.8895	248.10
1995	1733.00	397(395)	154.54	−302.10	0.8251	320.03
1996	1663.75	378(377)	−69.25	−146.98	0.9117	233.14
1997	1735.05	392(391)	73.10	−241.52	0.8611	255.97
1998	1750.00	394(393)	14.95	−314.80	0.8203	330.39
1999	1702.41	381(380)	−47.59	−309.45	0.8183	335.84
2000	1820.39	404(389)	117.98	−603.39	0.6689	539.86
2001	1833.86	406(388)	13.47	−758.25	0.5757	754.63
2002	1882.95	415(394)	49.09	−923.54	0.5004	869.93
2003	1747.20	396(360)	−135.75	−937.97	0.4632	993.50
2004	1765.50	386(358)	18.30	−915.33	0.4815	1047.80
2005	1817.70	395(364)	52.20	−987.28	0.4569	1011.30
2006	1758.30	380(347)	−59.40	−1072.80	0.4467	1094.60
2007	1805.60	388(350)	47.30	−1060.53	0.4126	1084.50
2008	1901.60	406(365)	96.00	−1126.05	0.4078	1165.40
2009	1927.20	409(365)	25.60	−1138.05	0.4095	1097.40
2010	1974.10	416(362)	46.90	−1203.43	0.3904	1184.90

资料来源：[1]41、45,[2]16,[4]。

注：净调入量＝省外调入＋进口−销往省外−出口；括号内数据为按常住人口计。

　　受人口增长和消费增长的推动,浙江粮食消费总量由1954年的667.73×10^4t上升到2010年的1974.10×10^4t,56年中增1.96倍、1306.97×10^4t,年均23.33×10^4t,年递增率19.54‰;变动超过100×10^4t的有13年,1978—1985年6年相对集中,其中增加8年(1984年最多229.03×10^4t),减少5年(2003年最多135.75×10^4t)

　　粮食产量变动对粮食消费变动有着密切的、显著的影响,并一直延续到20世纪90年代中为大规模调粮所打破。在1955—1995的41年中,二者变动方向一致的35年,不一致的仅有6年且幅度较小——1956(粮食减产10.82×10^4t,消费增加17.61×10^4t,下同)、1957年(15.65,−1.92)、1971年(−22.43,27.26)、1974年(−15.76,20.13)、1987年(−16.14,27.17)和1992年(−85.69,4.16)。

——产—消系数变化与粮食的供需平衡

受生产的影响，以 1984 年为界，粮食产—消系数变化和供需平衡分为两个时期。（表 7-3，图 7-1）

在 1984 年之前，除个别年份（1975、1980）外，粮食产量大于消费量，产—消系数（消费＝1）皆大于 1。1954—1984 年的 31 年中，自给率超过 1.05 的年份有 17 年，占 54.8%，其中 1963 年最高达 1.1042。在 1953—1984 年的 32 年中，除个别年份（1977、1981、1982）外，粮食皆为净调出，累计 1155.35×10⁴t，年均 36.10×10⁴t。其中 1960 年最多为 71.22×10⁴t，在 1963—1966 年、1973—1974 年两个峰值期，年均达 56.17×10⁴t 和 57.52×10⁴t；净调出占粮食总产的比例以 1960 年最高为 10.72%，1979 年最低为 0.42%——从量到所占比重，随着自身消费的增加呈显著减少态。

1984 年之后，粮食产—消系数皆小于 1，受粮食产量减少和消费增加的规定，除 1985 年外，粮食由净调出变为净调入且呈持续增长和规模大两个显著特征。1985—1990 年，产—消系数平均 0.9717，年际差别不大——1983 年 0.9340，1990 年 0.9954；净调入 371.09×104t，年均 61.85×104t，分别占总产量、总消费量的 3.90% 和 3.79%。1991—1999 年产—消系数迅速下降，净调入迅速上升。9 年中，产—消系数由 0.9476 降为 0.8183；净调入由 108.35×10⁴t 上升到 335.84×10⁴t，累计 2043.22×10⁴t，年均 227.02×10⁴t，分别占总产量、总消费量的 15.36% 和 13.33%。

2000—2010 年产—销系数急剧下降，净调入急剧上升。2000 年、2001 年、2003 年产—销系数相继降至 0.6、0.5 和 0.4，2010 年则降至 0.4 以下。2000 年、2001 年、2002 年、2006 年、2008 年、2010 年粮食净调入相继突破 600×10⁴t、700×10⁴t、900×10⁴t、1000×10⁴t、1100×10⁴t 和 1200×10⁴t，11 年累计净调入 9887.22×10⁴t，年均 898.842×10⁴t。

二、中国粮食生产的地域变化和"虚拟平衡"

（一）"粮食进口替代战略"和中国粮播面积的地域大调整

20 世纪 80 年代以来，东南部一些地区在发挥"比较优势"思想指导下，相继实施了通过粮食进口"替代"本地粮食生产，可称之为"粮食进口替代"的战略——有计划地调减本地区的粮食种植面积、减少粮食生产，从区外、国外进口解决粮食的产—消矛盾。（表 7-4，图 7-3）

1985—2010 年粮食播种面积的变化，在全国层面不到 1%，地区之间的变化却极为显著：南部减少了 10.23%、5613.1×10³hm²，北部增加了 12.31%、6644.2×10³hm²；东部减少了 19.53%、6799.3×10³hm²，中部增加了 16.87%、7732.8×10³hm²，西部变化则很小——增 0.35%、97.6×10³hm²。

在次一级的分区中，变化最大的是中北部和东南部——前者增 32.37%、8418.9×10³hm²，后者减 33.69%、5557.1×10³hm²；东北次之减 6.78%、1242.3×10³hm²；其余地区变化幅度相对较小——西南增 3.40%、630.2×10³hm²，中南减 3.46%、686.2×10³hm²，西北减 5.52%、532.5×10³hm²。

表 7 - 4 1985 年、1995 年、2010 年全国各地域粮食播种面积变化

地域		单位	1985 年	1995 年	2010 年	1985—1995 年	1995—2010 年	1985—2010 年
全国		$10^3 hm^2$	108845.1	110060.4	109876.2	1215.3	−184.2	1031.1
		%	100.00	100.00	100.00	1.12	−0.17	0.95
南部	合计	$10^3 hm^2$	54876.0	54524.2	49262.9	−351.8	−6606.0	5613.1
		%	50.42	49.54	44.83	−0.64	−12.12	−10.23
	东南	$10^3 hm^2$	16495.9	14978.0	10938.8	−1517.9	−3957.6	−5557.1
		%	15.16	13.61	9.96	−9.20	−26.42	−33.69
	中南	$10^3 hm^2$	19819.2	19254.1	19133.0	−565.1	−1958.2	−686.2
		%	18.21	17.49	17.41	−2.95	−10.17	−3.46
	西南	$10^3 hm^2$	18560.9	20292.1	19191.1	1731.2	−690.2	630.2
		%	17.05	18.44	17.47	9.33	−3.40	3.40
北部	合计	$10^3 hm^2$	53969.1	55536.2	60613.3	1567.1	−4044.4	6644.2
		%	49.58	50.46	55.17	2.90	−7.28	12.31
	东北	$10^3 hm^2$	18323.9	18869.4	17081.6	545.5	−3367.3	−1242.3
		%	16.83	17.14	15.55	2.98	−17.85	−6.78
	中北	$10^3 hm^2$	26006.1	27181.8	34425.0	1175.7	755.1	8418.9
		%	23.89	24.70	31.33	4.52	2.78	32.37
	西北	$10^3 hm^2$	9639.2	9485.0	9106.7	−154.2	−1432.2	−532.5
		%	8.86	8.62	8.29	−1.60	−15.1	−5.52
东部		$10^3 hm^2$	34819.7	33847.4	28020.4	−972.3	−7324.9	−6799.3
		%	31.99	30.75	25.50	−2.79	−21.64	−19.53
中部		$10^3 hm^2$	45825.2	46435.9	53558.0	610.7	−1203.1	7732.8
		%	42.10	42.19	48.74	1.33	−2.59	16.87
西部		$10^3 hm^2$	28200.2	29777.1	28297.8	1576.9	−2122.4	97.6
		%	25.91	27.06	25.75	5.59	−7.13	0.35

资料来源：[15]175,[6]368,[7]473。

注：北部包括东北（北京、天津、河北、辽宁、山东）、中北（吉林、黑龙江、山西、内蒙古、河南）和西北（陕西、甘肃、青海、宁夏、新疆）；南部包括东南（上海、江苏、浙江、福建、广东、海南），中南（安徽、江西、湖北、湖南）和西南（重庆、四川、广西、贵州、云南、西藏）。东部包括东北和东南；中部包括中北和中南；西部包括西北和西南。

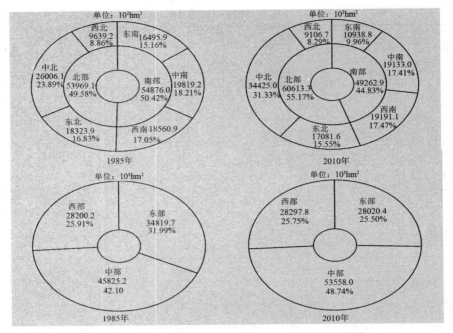

图 7-2　1985 年、2010 年全国各地域的粮食播种面积(据表 7-4)

(二) 中国粮食生产的地域变化和"虚拟平衡"

"粮食进口替代战略"和东南部粮播面积大幅度计划调减的结果是,中国粮食生产格局发生大变化,进而销售格局发生大变化。(表 7-5,图 7-3、图 7-4)

表 7-5　1985 年、1995 年、2010 年中国各地域粮食产量的变化和虚拟平衡

地区		1985 年		1995 年		2010 年		1985 年	1995 年	2010 年
		10^4 t	％	10^4 t	％	10^4 t	％	虚拟平衡(10^4 t)		
南部	合计	22456.7	59.24	25208.6	54.02	25007.3	45.76	−528	1755	6646
	东南	7493.9	19.77	7784.1	16.68	6283.0	11.50	−57	1387	6263
	中南	8431.9	22.24	9343.5	20.02	10198.5	18.66	−1452	−716	−891
	西南	6530.9	17.23	8081.0	17.32	8525.8	15.60	981	1084	1274
北部	合计	15454.1	40.76	21453.2	45.98	29640.5	54.24	528	−1755	−6646
	东北	6440.5	16.99	8876.2	19.02	9352.4	17.11	365	−569	652
	中北	6792.6	17.92	9983.5	21.4	16535.7	30.26	−253	−1932	−7510
	西北	2221.0	5.86	2593.5	5.56	3752.4	6.87	416	746	212
东部		13934.4	36.76	16660.3	35.70	15635.4	28.61	308	810	6915
中部		15224.5	40.16	19327.0	41.42	26734.2	48.92	−1705	−2648	−8401
西部		8751.9	23.09	10674.5	22.88	12278.2	22.47	1397	1830	1486

资料来源：[5]182,[6]371,[7]477。

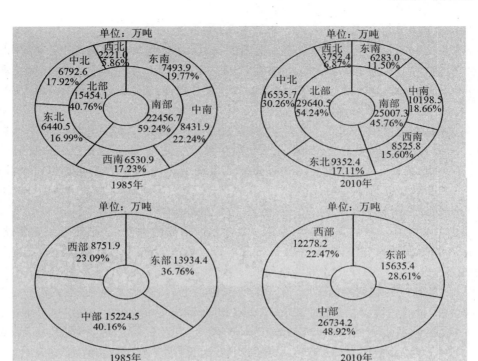

图 7 - 3　1985 年、2010 年全国各地域的粮食产量（据表 7 - 5）

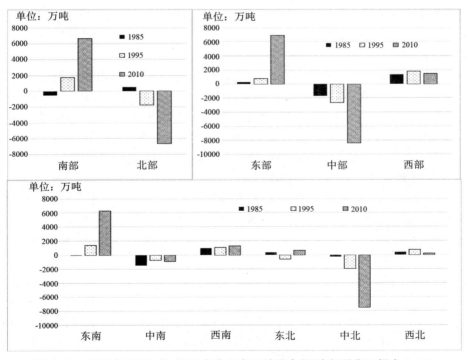

图 7 - 4　1985 年、1995 年、2010 年全国各地域粮食的"虚拟平衡"（据表 7 - 5）

——中国粮食生产格局大变化：北升南降，中北增、东南减

1985—2010 年，各地区粮食产量占全国的比重，南部由 59.24％降至 45.76％，北部由 40.76％升至 54.24％——减增幅度达 13.48 个百分点，东部由 36.76％降至 28.61％，减 8.15 个百分点，中部由 40.16％升至 48.92％，增 8.76 个百分点，西部则变化甚小——由 23.09％降至 22.47％，减 0.62 个百分点。

在次一级的分区中，中北部变化最大增 12.34 个百分点（由 17.92％升至 30.26％），东南次之减 8.27 个百分点（由 19.77％降至 11.50％），中南第三减 3.58 个百分点（由 22.24％降至 18.66％），余皆不大——西南减 1.63 个百分点，西北增 1.01 个百分点，东北增 0.12 个百分点。

——"虚拟平衡"：从"南粮北调"到"北粮南运"，从"中粮西调"到"中粮东调"，从"中南补西南"到"中北补东南"

粮食的平衡是一种必需和客观存在。粮食生产格局的大变化，必然导致销售格局的大变化。借助粮食的"虚拟平衡"（以全国人均粮食占有量匡算的粮食"需求"与供给/生产的平衡），可给出这种变化的大致格局。

从"南粮北调"到"北粮南运"。在 1985 年，历史上的"南粮北调"已经式微——528×10^4t，占生产量的比重，对南部而言是 2.35％，对北部来说是 3.42％；到 1995 年，呈现的已是大规模的"北粮南运"——1755×10^4t，占南、北生产量的比重，相应升至 6.96％和 8.18％；2010 年"北粮南运"的规模达 6646×10^4t，比 1995 年增 2.79 倍、4891×10^4t，占生产量的比重，相应升至 26.58％和 22.42％。

从"中粮西调"到"中粮东调"。1985 年"中粮西调"仍十分显著——1937×10^4t，占生产量的比重，对中部是 11.20％，对西部是 19.48％；到 2010 年，则基本转变为"中粮东调"——中粮盈余 8401×10^4t，其中 82.67％、6915×10^4t"填补"东部，17.33％、1486×10^4t"填补"西部。

从"中南补西南"到"中北补东南"。1985 年，中南及中北、东南粮食盈余 1762×10^4t（中南 1452×10^4t、中北 253×10^4t、东南 57×10^4t）——其中，981×10^4t"填补"西南，416×10^4t"填补"西北，365×10^4t"填补"东北。1995、2010 年中南部盈余相继减至 716×10^4t、891×10^4t，中北盈余则大增而形成"中北补东南"的格局——1995 年、2010 年中北盈余 1932×10^4t、7510×10^4t，东南"缺口"1387×10^4t、6263×10^4t。

（三）浙江粮食生产计划的大调减

浙江是最早实施"粮食进口替代战略"的地区之一。1985 年以来，经过三次大的农业结构调整，粮播面积到 2010 年已降至 1275.83×10^3hm²。与 1984 年 3482.53×10^3hm² 的历史峰值相比，减少了 63.36％、2206.70×10^3hm²，年均 84.87×10^3hm²，年递减率达 19.05‰。（表 7－6）

期间，调减力度最大的三次是 1985—1986 年——9.08％、316.28×10^3hm²（年均 158.14×10^3hm²），1992—1994 年——16.10％、526.17×10^3hm²（年均 175.39×10^3hm²），2000—2003 年——46.11％、1268.94×10^3hm²（年均 317.24×10^3hm²），分别占总减少的 14.33％、23.84％和 57.50％。减少超过 300×10^3hm² 的 3 年——2000 年最多 451.65×10^3hm²，1993 年、2001 年次之 319.74×10^3hm² 和 301.18×10^3hm²，分别比上年减少了 16.41％、10.10％和 13.09％——计 1072.57×10^3hm²，占总减少的 48.61％。

表 7-6 1978—2010 年浙江省粮食粮播面积和变化

年份	粮播面积	粮播面积变化		年份	粮播面积	粮播面积变化	
	$10^3\,\text{hm}^2$		%		$10^3\,\text{hm}^2$		%
1978	3472.20	18.67	0.54	1995	2814.39	73.35	2.68
1979	3456.19	−16.01	−0.46	1996	2877.17	62.78	2.23
1980	3424.40	−31.79	−0.92	1997	2873.00	−4.17	−0.14
1981	3375.07	−49.33	−1.44	1998	2799.51	−73.49	−2.56
1982	3437.47	62.40	1.85	1999	2751.91	−47.60	−1.70
1983	3480.00	42.53	1.24	2000	2300.26	−451.65	−16.41
1984	3482.53	2.53	0.07	2001	1999.08	−301.18	−13.09
1985	3271.23	−211.30	−6.07	2002	1718.39	−280.69	−14.04
1986	3166.25	−104.98	−3.21	2003	1482.97	−235.42	−13.70
1987	3223.87	57.62	1.82	2004	1505.37	22.40	1.51
1988	3209.85	−14.02	−0.43	2005	1562.56	57.19	1.91
1989	3222.65	12.80	0.40	2006	1457.67	−104.89	−6.71
1990	3266.00	43.35	1.35	2007	1428.27	−29.40	−2.02
1991	3267.21	1.21	0.04	2008	1271.63	−156.64	−10.97
1992	3164.20	103.01	−3.15	2009	1290.09	18.46	1.45
1993	2844.46	−319.74	−10.10	2010	1275.83	−14.26	0.56
1994	2741.04	−103.42	−3.64	1984—2010		−2206.70	−63.36

资料来源：[1]240。

粮播面积大幅度下降导致的，是单产显著增加也难以阻遏的粮食总产的大幅度下降、产—消缺口的迅速扩大、产—消系数的迅速下降和粮食净调入的大量增加——2010年，粮食产量 $770.69\times10^4\,\text{t}$、产—消系数 0.3904、产—消缺口 $1203.43\times10^4\,\text{t}$、粮食净调入 $1184.90\times10^4\,\text{t}$。（表 7-1、7-3）

三、粮食安全

（一）供给保障和"丰裕度原理"

——粮食安全

粮食安全对人类和地球上一切生命（于生物而言的"食物安全"）都具有根本性的意义。生物多样性、生态/环境稳定性是可持续发展的基石和对粮食安全的保证；而人类的粮食安全，则在左右人类前途的同时，又极大地影响着生物的"食物安全"——当粮食安全得不到保证时，人类便会向自然转嫁危机，破坏生物的栖息地和生态/环境的稳定性[①]。按照定义，粮食安全(food safety)内含着三个层级的问题：

第一层级是"供给保障"——这是一个属于人与自然关系范畴，对第二、三层级起决定作用的，最为根本的粮食安全问题；第二层级是"购买能力"——这是一个与人类社会不平等本质[9]176-178和制度设计有关的问题；第三层级是"食品安全"——这是一个与资本本质[10]和人类道德水平有关的问题。在三个层级上，当代的粮食安全都存在严重的，且以从地区到全球的供给保障为最的问题。

按联合国粮农组织(1974)给出的概念，买得到和买得起是粮食安全的基本含义，既指供给的有效性——从数量上看，食物供应充足，人们能够买得到所需的食物；又指需求的有效性——即可得性，人们能够买得起他们所需要的食物。粮食安全还指，(从质量上看)食物的卫生健康、结构合理、营养全面；(从发展角度看)食物供应的可持续性，即食物获取要以良好生态/环境的保持和资源的可持续利用为基础。

中国的《气候变化国家评估报告》(2007)也给出了大致相同的概念：所有人在任何时候都能够在物质上和经济上获得足够、安全和富有营养的粮食，来满足其积极和健康生活的膳食需要及食物喜好时，才实现了粮食安全——其一是粮食供应量要有保证；其二是保证大家要有能力买；其三是买到的粮食是符合食品卫生要求的[11]307。

——供给保障：粮食安全的根本

在三个层级上，粮食安全都存在问题。国际农业发展基金会总裁伦纳特认为，世界8亿人缺粮、少粮，并不是没有足够的粮食，而是没有足够的购买力[②]。

缺乏购买力是毋庸置疑的，而首要问题是粮食供给在总体上的不足。把粮食安全视为经济和分配问题，即缺乏购买力的流行观点，显然是"本末倒置"。

——"丰裕度原理"：因子愈是丰裕，便愈是能充满它所在的时间和空间

"丰裕度原理"或"因子丰裕度原理"[12]是供给保障作为粮食安全根本的理论说明。

作为一个普适性规律的因子丰裕度原理指，在一定的时空界限内，因子的丰裕度(数量)与因子的时空变率反相关，与系统的稳定性正相关。

因子愈是丰裕，便愈是能充满它所在的时间和空间——因子的时空变率由之便小；反之，因子愈是短缺，便难以充满它所在的时间和空间[③]——因子的时空变率由之便大。如，(数量极多的)老鼠、麻雀在时空上的分布变率小，(数量极少的)老虎、熊猫在时空上的分布变率大(乃至濒临灭绝)；(径流量丰富的)大江常年奔流不息，(径流量小的)小河或有断流，(径流量更小的)小溪则多是季节性的；干旱地区降水的季节变率远大于雨量丰沛的湿润地区，有的沙漠中心会多年不下一滴雨；气温的日较差、月较差，也随热量(太阳辐射强度)的增加而减小，随热量(太阳辐射强度)的减小而增大。

由因子时空组合规定的系统在时间和空间上的稳定性，则与因子或主要因子的丰裕

---

① 1979年，联合国粮农组织第二十一届大会决定，从1981年起，把每年的10月16日定为"世界粮食日"，提出让"粮食第一"成为世界人民的行动口号，以期唤起世界公众的"饥饿意识"，惊醒各国努力发展粮食生产[8]1。我们在关注人类粮食安全和食不果腹饥民的同时，切不要忘记了生物的"食物安全"。

② 杨爱国.专访国际农业发展基金会总裁伦纳特.参考消息，2007-10-11.

③ 冬日的阳光温暖大地，普照万家；一只火炉仅可使室内"春意盎然"——但室外依然是"冰天雪地"。

度正相关——因子愈是丰裕,其时空组合(如水、热的地域、季节组合)的稳定性便愈高;因子愈是稀缺,其时空组合的稳定性便愈低。

(二) 全球粮食安全问题

对实施"粮食进口替代"而高度依赖国内及国际市场的浙江粮食来说,全球、中国的粮食安全问题便是浙江的粮食安全问题,讨论全球、中国的粮食安全问题便是讨论浙江的粮食安全问题。

对全球粮食安全在第一,也即根本层级——"供给保障"上的挑战,主要来自人口数量和消费压力的增长、全球气候和覆被变化、"石油农业"向"有机农业"的转变、"生物能源"的发展、作物多样性减小等。

——全球变化和"处于粮食保障十字路口"的世界

到 21 世纪 80 年代,高温将使印度的小麦产量下降 40%,致数亿人长期处于饥饿的边缘;在拉美,农业的减产会超过 20%;有 4/5 人口依靠土地的非洲,农业减产会达 30%,一些国家的生产力可能下降 50% 以上而导致农业的彻底崩溃[1]——土地生产力下降导致的粮食供给减少,是全球变化最为显著、最为巨大和最令人担忧的影响。美国《全球变化研究议案》对全球变化的定义——"可能改变地球承载生物能力的全球环境变化(包括气候、土地生产力、海洋及其他水资源、大气化学以及生态系统的改变)"[14]344——即人们这种担忧的反映。

全球变化造成的粮食产量下降和人口、消费增长带来的需求增加,"已使全世界处于粮食保障的十字路口"。人们预计,随全球变化而来的世界性粮食危机将在 21 世纪 50 年代发生。实际上,危机的降临比人们预计的更早——2006 年以来全球粮价已节节上涨。联合国粮农组织(FAO)总干事雅克·迪乌夫指出,按照 FAO 的价格指数,粮食价格的上涨幅度,2006 年为 12%,2007 年为 24%,2008 年前 8 个月已超过 50%;营养不良的人口,单 2007 年就增加了 7500 万人,截至 2008 年年初,全世界受饥饿影响的人口已从 8.5 亿人增加到 9.25 亿人[2]。

——"石油农业"向"有机农业"转变导致的粮食生产减少

石油枯竭导致的"石油农业"向"有机农业"的转变,进而粮食生产的下降,是对粮食安全最为根本的挑战[3]。"石油农业"对粮食生产的重要性,还有近半个世纪粮食增产的历史可资佐证——从农业出现到 1950 年,几乎所有的粮食增产都源于土地面积的增加;而从 1950 年开始,至少有 4/5 的粮食增产源于生产力的提高[13]91。

——对粮食安全的重大潜在威胁:"生物能源"的发展和作物多样性大幅度减小

对粮食安全的重大潜在威胁来自"生物能源"的发展和作物多样性的大幅度减小。

"生物能源"(不论是第一代还是第二代)发展对粮食安全的巨大威胁:一是对耕地的

---

① 美《华盛顿邮报》11 月 19 日文章. 农业和食品供应面临威胁(里克·韦斯). 参考消息,2007 - 11 - 21。

② 法新社罗马 9 月 17 日电:国际粮食价格上涨 全球饥民逼近十亿. 参考消息,2008 - 09 - 19。

③ 以石油为基础的化学化、良种化(化肥、农药)、机械化(动力)和由之而来的高产,是"石油农业"的基本特征。光合作用即是以 CO_2、H_2O 为原料,在太阳辐射作用下生成碳水化合物而固定太阳能的过程。以富含碳石油(含碳量是生物的 50 倍)为原料的化肥,除为农作物补充土壤缺乏的 N、P、K 等生命元素外,还为生物建造自己的身体(骨骼)提供了丰富的碳。

占用；一是导致生态系统稳定性和生物多样性的降低[15]233-235。

过去的一个世纪里，在人口、资本利润压力下对高产、强抗逆性、强抗病力品种的追求，使粮食作物的多样性丧失了 75％。全球产粮作物有 3 万多种，但种植的只有 200 种，且以提供植物性热量 60％的小麦、稻谷和玉米为主。许多作物品种内部的遗传多样性也有损失。在世界许多地方，小麦只剩下几个品种①。

（作为高产必需的）品种特化②意味着作物适应能力的下降，作物多样性大幅度减小则意味着食物系统抗风险能力的相应下降——由是，食物系统稳定性的极大减小便成了一种必然。在由全球变化（气候、植被）导致的高风险世界中，一个稳定性极大减小的食物系统，是根本无法保证"粮食安全"的。

——人口数量和消费压力增长

人口数量和消费压力的增长是对世界"粮食安全"最为根本性的威胁——推动、加剧着全球变化，对生态/环境、食物系统构成巨大、日益增长的压力。

全球生态基金会编撰的报告《粮食缺口：气候变化对粮食产量的影响》指出，人口增加和温室气体不受限制地排放将对全球粮食生产构成灾难性影响：2020 年，人口增加 9 亿人，气温至少上升 2.4℃，小麦、稻米、玉米缺口达 14％、11％和 9％。IPCC（联合国政府间气候变化专门委员会）指出，粮食价格在今后 10 年将上涨 20％；联合国粮农组织指出，营养不良的人口将由目前的 1/7 增加到 2020 年的 1/5③。

（三）中国粮食安全问题

中国农业生态系统一直处于危机运行之中。对中国粮食安全的威胁，除人多地少、耕地质量低（以中产田和低产田为主）、生态/环境严重退化（荒漠化、自然灾害）这些长期的"痼疾"之外，"全球变化"和"粮食进口替代战略"导致的产销格局大变化，则带来新的、进一步的深远影响。

——"全球变化"对中国粮食安全的潜在威胁

据气候变化国家评估报告（2007），全球气候变化将导致中国生态/环境显著退化，洪涝、干旱灾害频发，农业水资源不稳定性增加，种植业生产能力总体下降、粮食产量大幅减少，供需矛盾加剧而严重危及粮食安全——到 2030 年，种植业生产能力在总体上将减小 5％～10％；至 21 世纪后半期，主要农作物，如小麦、水稻、玉米产量最多可下降 37％[11]197-198,295。第二次气候变化国家评估报告（2011）给出的判断是：在不考虑任何适应措施情况下，全球温度升高 2.5℃，中国粮食单产最高下降约 20％[16]ix,262-263。

绿色和平组织于 2008 年世界粮食日（10.16）前一日在北京发布的《气候变化与中国粮食安全》报告称：当平均温度升高 2.5～3.0℃之后，中国三大主要粮食作物——水稻、小麦和玉米的产量将持续下滑。由于温度升高、农业用水减少和耕地面积下降等因素，粮食总生产水平到 2050 年的下降最高可能达 23％④。

---

① 美国《发现》月刊 11 月号文章. 粮食供应的守护者. 参考消息（基因库：粮食安全守护神），2009 - 10 - 30。
② 物种特化在进化意义上意味着灭绝的开始。
③ 美国趣味科学网站 1 月 18 日报道. 可怕的收成前景：气候报告警告说，未来将出现严重的粮食歉收. 参考消息，2011 - 01 - 20。
④ 绿色和平预警：20 年后中国可能出现粮食缺口. 江旋，解放网——每日经济新闻.

　　长江流域是中国人口稠密和砍伐森林最厉害的地区,也是受全球变化影响严重的地区。世界自然基金会发布(2009.11.10)的报告说:长江流域过去十几年来变暖速度大大高于全球水平——近10年来,温度在前5年内上升了0.71℃,在20世纪90年代上升了0.33℃,由之对粮食安全和生物多样性造成愈加严重的影响——从源头到入海口,温度上升的后果都显而易见:长江源头附近81%的草原退化,靠近上海入海口的海平面在过去30年中上升了11.5厘米;除了对野生植物,尤其是湿地生物产生严重影响外,还将带来更长的干旱期、更加猛烈的风暴并导致农作物减产——如果目前的趋势不变,21世纪末水稻将减产9%~41%,玉米和冬小麦的减产幅度甚至会更大[①]。

　　以上预测表明,气温的继续上升给中国农业带来的影响将是灾难性的——种植业生产能力大幅度下降,主要作物产量大幅度减产;与之同时发生的,是经济增长、人口增加对粮食需求增长构成的巨大而长期的持续性压力。特别要指出的是,勿以20年来粮食总产的稳定增加为据而误判中国粮食安全的前景——绿色和平组织的预警,就是在中国夏粮连续5年增产的背景下公布的。

　　近20年来全国粮食总产的稳定增加,在相当程度上受益于气候变暖[②]的早期效应,特别是农牧分界线北移导致的垦殖规模扩大和(二、三)熟制北移带来的复种指数的提高——"北大仓"粮食在土壤肥力下降情况下的显著增产即在于此。1992—2010年,黑龙江粮食播种面积增55.9%、4106.3×10³hm²,粮食产量增118.4%、2646.5×10⁴t;吉林次之为27.0%、955.4×10³hm²和54.5%、1002.2×10⁴t[7]473,477,[17]359,368。

　　——"粮食进口替代战略"/粮食产销格局大变化的影响

　　"粮食进口替代战略"和其推动下粮食产—销格局的地域大变化,在对产、销地带来一定时期(经济)"双赢"的同时,还将对中国的粮食安全、生态/环境等构成巨大而深远的影响。

　　第一,将中国粮食安全置于高风险的"临界态"。

　　中国粮食生产(2010)的盈余区12个,主要为黑龙江(3442×10⁴t)、吉林(1718×10⁴t)、河南(1584×10⁴t)、内蒙古(1145×10⁴t)、安徽(640×10⁴t)、山东(408×10⁴t)和新疆(276×10⁴t);缺口区19个,主要有广东(2961×10⁴t)、浙江(1461×10⁴t)、福建(851×10⁴t)、上海(826×10⁴t)、北京(688×10⁴t)、广西(477×10⁴t)、山西(379×10⁴t)、陕西(365×10⁴t)和云南(354×10⁴t)。

　　以全球变化(覆被变化、气候变化)对世界、中国粮食安全的长期胁迫为背景,粮食产—销格局的巨大变化,将中国的粮食安全置于高风险的"临界态"。在低位均衡——2010年全国人均粮408kg——和产之者少、食之者众的情况下,一旦主产区粮食显著减产,便会因供给减少的"临界效应"而形成粮食危机。

　　当黑龙江、吉林、内蒙古、河南等产粮大省因气温的继续升高而不能再像今天那样提供剩余粮食时,情况将会变得更糟。

---

① 英国《卫报》11月10日文章. 乔纳森·沃茨:专家提醒长江流域应对气候变化影响. 参考消息(题:长江流域易遭受全球变暖打击),2009-11-13。

② 自1980年以来,中国年平均气温增加了0.25℃,其中北纬35°以北地区增幅为0.5℃,黄河以北冬季为1℃,东北及新疆北部则达2℃[18]137。

第二,加剧生态/环境,特别是中北部生态/环境的退化。

"粮食进口替代战略"的实施,是以生态/环境,特别是中北部生态/环境退化的加剧为代价的。1985－2010 年,凭借粮食单产的增加(43.63％、1491kg/hm²),粮食总产在播种面积基本稳定的情况下增加了 44.15％、16736.9×10⁴t——与粮食单产增加相伴随的,或在很大程度上为粮食总产增长所必需的,是农业投入更快的增加:(同期)化肥施用量(折纯)增 3.73 倍、3785.9×10⁴t,农业机械总动力增 3.44 倍、71868.0×10⁷w[7]465-466,473,477。作为粮食主产区的中北部,(在西部"退耕还林",东部搞"效益农业"情况下)扩大垦殖的代价是正在显现的、潜伏的大规模"生态灾难"——湿地、湖泊大量消失,黑龙江三江平原的沼泽丧失了近八成,"北大仓"土壤肥力和环境的退化已极为显著①。

第三,形成北方,特别是中北部的"机制性缺水"。

按每生产 1 吨粮食耗水 1000m³ 计,当前(2010 年)规模的"北粮南运"、"中北补东南"即意味着,每年要由缺水的北方向丰水的南方(南方的水资源总量、单位面积密度、人均量为北方的 4.64 倍、6.88 倍和 3.35 倍),缺水的中北部向丰水的东南部(相应数据,东南部为中北部的 2.07 倍、7.82 倍和 1.74 倍)输送 664.6×10⁸m³、626.3×10⁸m³——相当"南水北调"工程东、中、西三线计划总调水 480×10⁸m³1.38 倍、1.30 倍的"虚拟水",由之形成北方,特别是中北部(占北方流向南方"虚拟水"的 94％)的"机制性缺水"。

四、浙江粮食安全问题与对策

(一) 浙江粮食安全问题

浙江粮食安全的根本问题是需求的刚性增加,供给的不确定和可能减少。

——消费需求刚性增加、对外依赖度进一步上升而安全性进一步下降

1954－2010 年,以人口数量增加(由 2325.54×10⁴ 人升至 5446.51×10⁴ 人,增 1.34 倍、3120.97×10⁴ 人)和消费水平上升(由 289kg/人升至 362kg/人,增 0.25 倍、73kg/人)为背景,粮食消费从 667.73×10⁴t 升至 1974.10×10⁴t,56 年中增 1.96 倍、1306.97×10⁴t。(表 1－3、7－3)

据迈向小康社会的中国人口(浙江卷)的预测,峰值时的常住人口,低、中、高方案依次为 6361×10⁴ 人(2035)、6550×10⁴ 人(2037)和 6760×10⁴ 人(2040)[19]485,按中方案,在消费水平(362kg/人,2010)不变的情况下,总消费将上升到 2037 年的2371.10×10⁴t,比 2010 年增 1/5、397.00×10⁴t;按 400kg/人稍有提高的消费水平,总消费将上升到 2620.00×10⁴t,比 2010 年增 1/3、645.90×10⁴t。若继续"粮食进口替代战略"但粮播面积不再减少,粮食产量稳定在 2010 年的水平(770.69×10⁴t),在以上两种消费水平下,产－消缺口将扩大到 1600.41×10⁴t 和 1848.31×10⁴t——相当 2010 年"北粮南运"量(6646×10⁴t)的 24％和 28％,产－消系数将降至 0.3250 和 0.2942。如此低的产－消系数和如此大的产消缺口,毋庸置疑地将浙江的粮食安全置于高度危机的临界态。

——气候变化的威胁

浙江未来的气候变暖趋势将进一步加剧。IPCC 的预估表明:与 21 世纪初相比,到

①　参见中国经济周刊:湿地之失(2011－01－24)。

2030 年年平均气温将增加 0.65～0.77℃,暖冬、夏季高温增加而向暖干化发展;到 2050 年,年平均气温将上升 0.99～1.70℃,暖干化趋势将进一步加剧。根据区域气候模拟,21 世纪末年平均气温增幅可能达 2.7～3.0℃,届时暖冬和夏季高温将会更多;年降水量增多 5%～25%,而夏季降水日数在大部分地区减少——暴雨等强降水将由之频繁出现。总体而言,浙江未来极端天气将会增多,干旱、高温热浪及台风强度也将增大,沿海海平面将继续上升,沿海地区遭受洪涝、风暴潮以及其他自然灾害的频率可能加大[20]。①

气候变化对浙江粮食生产的影响,从有利的方面看:积温增加、三熟制因北移而面积扩大,光合作用效率提高,冻害发生率降低等②。从不利的方面看,一是生育期(成熟期)缩短而减少干物质积累——籽粒充实不良、不饱满,总干重下降;二是粮食品质下降——水稻、小麦中直链淀粉增加,蛋白质、赖氨酸和 Fe、Zn 元素含量减少;三是粮食生产不稳定性因生物灾害(病虫害)和农业气象灾害(干旱、洪涝、暴雨、极端天气等)频发的极大增加。由是(虽无具体预估),特别是基于生物、农业气象灾害频发导致的极大不确定性,气候变化对粮食生产的影响在总体上可能是甚为不利的[20]。

——"粮食进口替代战略"受到挑战,粮食安全变数增多

发挥"比较优势"之于浙江粮食安全,一是"粮食进口替代战略"的率先实施,一是经济作物、水田养殖对粮作物的排挤,一是低效益春粮,早稻播种面积的下降。从认识论的角度看,"粮食进口替代战略"的决策至少体现着两种认知。第一是发挥地域比较优势——主产区种粮效益高,主销区发展效益农业优势明显,由此带来互补和双赢的局面;第二是"隔离决策"——主产区不一定想得到"粮食进口替代战略"的运用,这样,便可以在获得更大效益的同时保证粮食稳定。

中国粮食产—消的"虚拟平衡"表明,("隔离决策"只是"一厢情愿")已有越来越多的地区效法浙江,发展效益农业而构成对"粮食进口替代战略"的挑战,使粮食安全变数增多——一旦气候变化的早期效应消失,各种变数将被放大而威胁粮食安全。

——耕地持续减少,占补平衡难以为继

"粮食进口替代战略"是可以改变的(虽然要付出代价),而耕地减少构成的威胁,对粮食安全则是根本性的——对人多地少("七山一水二分田")、后备资源(88.48×10³hm²)有限的浙江来说,占补平衡难以为继而不能阻止耕地的继续减少。(表 1-4)

按统计口径,2007 年浙江耕地 1597.34×10³hm²,比 1957 年 2079.87×10³hm² 的峰值减少 23.20%、482.53×10³hm²,年均 9.65×10³hm²,年递减率 5.26‰。耕地的净减少主要发生在 1958 年——比 1957 年减 7.10%、147.57×10³hm²,1965 年——比 1964 年减 1.25%、23.73×10³hm²,1992—1995 年——比 1991 年减 5.67%、97.21×10³hm²。

(二) 浙江粮食安全对策

大力保护耕地和调整"粮食进口替代战略"是浙江粮食安全的基本对策。

——中国:只能自己养活自己

世界、中国的粮食问题是讨论浙江粮食安全的前提:中国粮食安全与世界谷物产量

---

① 浙江气候中心.浙江省气候变化公报.中国天气网,zj. weather. com. cn/qhb,2010-12-13。

② 在更接近自然条件下的试验表明,气候变暖增产的效果,要远低于人们依据人工环境下测试结果所做的预期。(www. eastmoney. Com,2013.11.28)

息息相关，浙江粮食供给高度依赖国内及世界谷物市场。

在"供给保障"这一最根本的层级上，全球粮食安全存在的问题是供需矛盾尖锐、谷物情势日见趋紧。从供给看，是粮食生产的"裹足不前"、库存在低位的波动和对美国、加拿大等少数谷物供应国的依赖；从需求看，是越来越多的国家和地区需要从世界市场上购买粮食以供养增加着的人口。IPCC 的最新报告表明，气候、覆被的全球变化将进一步导致农业生产条件恶化、不少地区农业系统崩溃、粮食产量大幅下降；与此同时发生的，是耕地因生物燃料生产占用的大量减少，以及人口、经济规模扩大对粮食需求的倍增。

全球粮情趋紧使我们无法依赖国际谷物市场解决国内的粮食压力；即使供给充足，也同样因为庞大规模的人口①而难以"共享全球资源"（"吃世界"）——如专家所愿地从有限的市场上买到中国所需粮食的 20%～30%。在人口为 14.5 亿人、15 亿人、15.5 亿人，人均粮为 400 千克、450 千克、500 千克的背景下，20% 的比例即意味着最低 1.16 亿吨，最高 1.55 亿吨的进口量。

把世界市场谷物贸易量的一半卖给中国显然是不可能的，也是不可取的：按 1.16 亿吨，要么挤掉日本、韩国、俄罗斯等谷物进口大国，要么使许多发展中国家买不到粮食而导致贸易纠纷和国际政治问题。当印度人口达到 16 亿人而需大量进口粮食时，矛盾将变得更加尖锐；即使能如愿以偿，也将在国际政治乃至国内事务上受制于美国等商品谷物的主要提供国。世界养活不了中国，中国只能自己养活自己[21]。

——调整"粮食进口替代战略"，增加粮食生产，提高粮食自给率

"粮食进口替代战略"的率先运用，为浙江带来了巨大利益，同时，也带来了巨大的风险，特别是把备受能源、资源长期困扰的发展安全置于更大、更多的不确定之中。

基于严峻的世界粮食情势和国内粮食生产稳定性因气候变化在未来的下降，应着手调整"粮食进口替代战略"②——有计划地扩大粮播面积、增加粮食生产，在今后 10 年内把自给率提升到 70% 左右。

对浙江等南部一些地区来说，调整"粮食进口替代战略"的必要性还在于，使中国摆脱"北粮南运"和"南水北调"工程尴尬而巨大浪费的困境：（"南水北调"）在耗费巨大物力、人力并冒着极大生态风险将"南水"调到北方的同时，通过"虚拟水"（"北粮南运"）的形式，又将调到北方的"南水"运回南方。

——严格控制非农用地，切实做好"占补平衡"

浙江耕地的减少，在 1987 年前以农业结构调整（林、桑、茶、果，鱼塘）为主，从 1987 年开始以基本建设（国家、乡村）占用为主。由于"占补平衡"的实施，1996 年以来耕地的年内减少得到了有效控制。（表 7-7）

后备资源的有限性，规定了"占补平衡"的"时效性"③，以及严格控制非农，特别是基

---

① 对中国因庞大规模人口造成的粮食保障困境，李瑞环早在 1986 年 11 月 5 日答中央电视台记者问时即"鞭辟入里"地指出："中国的小勺多，你别看小，锅再大也经不起捞。"

② 2013 年，浙江播种面积、粮食产量 1253.70×10³ hm²、733.90×10⁴ t——比 2010 年再减 1.73%、22.13×10³ hm² 和 4.77%、36.77×10⁴ t[1]240-241,[22]。

③ 按 1985—2010 年 25.72×10³ hm² 的平均占用规模，88.48×10³ hm² 的后备资源不到 4 年即可被用完；在"占补平衡"政策下，按 12.47×10³ hm² 的年内净减少，也不过能维持 7 年。

表 7-7 1985－2007 年浙江省耕地的年内增加和减少

年份	年内增加	年内减少							年内净减少
		合计	农业结构调整		基本建设占用		其他		
	$10^3\,hm^2$	$10^3\,hm^2$	$10^3\,hm^2$	%	$10^3\,hm^2$	%	$10^3\,hm^2$	%	$10^3\,hm^2$
1985	4.89	34.14	22.60	66.18	9.21	26.97	2.33	6.82	29.25
1986	5.83	40.55	24.65	60.79	10.64	26.24	5.26	12.97	34.73
1987	8.14	21.10	8.06	38.20	10.25	48.58	2.79	13.22	12.96
1988	7.02	19.65	4.77	24.27	8.34	42.44	6.54	33.28	12.63
1989	6.46	14.52	4.31	29.68	7.00	48.21	3.21	22.11	8.06
1990	5.59	17.22	5.39	31.30	7.74	44.95	4.09	23.75	11.63
1991	5.50	18.30	6.68	36.50	9.82	53.66	1.80	9.84	12.80
1992	5.65	41.24	12.98	31.47	23.75	57.59	4.51	10.94	35.59
1993	4.91	49.91	14.96	29.97	31.91	63.94	3.04	6.09	45.00
1994	6.71	45.34	12.21	26.93	29.87	65.88	3.26	7.19	38.63
1995	4.57	22.24	3.50	15.74	17.22	77.43	1.52	6.83	17.67
1996	7.89	11.91	2.46	20.65	7.66	64.32	1.79	15.03	4.02
1997	9.79	11.20	2.36	21.07	6.77	60.45	2.07	18.48	1.41
1998	12.58	11.56	0.79	6.83	9.99	86.42	0.78	6.75	−1.02
1999	12.82	17.19	5.87	34.15	8.66	50.38	2.66	15.47	4.37
2000	19.81	21.32	6.11	28.66	13.08	61.35	2.13	9.99	1.51
2001	28.88	41.29	9.96	24.12	22.30	54.01	9.03	21.87	12.41
2002	37.98	40.33	4.92	12.20	29.18	72.36	6.23	15.45	2.35
2003	34.61	41.58	5.02	12.07	34.95	84.05	1.61	3.87	6.97
2004	16.43	13.65	0.90	6.59	11.97	87.69	0.78	5.71	−2.78
2005	19.15	20.51	1.40	6.83	16.58	80.84	2.53	12.34	1.36
2006	20.21	20.35	3.71	18.23	15.16	74.50	1.48	7.27	0.14
2007	19.39	16.49	0.80	4.85	15.08	91.45	0.61	3.70	−2.91
年均值	13.25	25.72	7.15	27.79	15.53	60.37	3.05	11.84	12.47

资料来源：[23]。

本建设用地对保护耕地,(在气候变化背景下)保证粮食安全的根本性和长远性。

严格控制基本建设用地可包括:"占补平衡"政策范围内的限批;基本建设用地与耕地的互换平衡;基本建设用地的自我平衡。

"占补平衡"既有"时效性",也有政策执行中存在的问题和其本身的"局限性"。政策执行中存在的主要和应立即改正的问题，一是破坏生态/环境的"围涂造田"（进入政府规划）①和"上山造田"（应对"占补平衡"）；一是被称作"数字游戏"的"省际平衡"（占用省内耕地，用省外新增耕地补充的跨地域平衡）。而其"局限性"，则是不可抗拒的"以差补好"②。

"占补平衡"虽有其"时效性"和不可避免的"局限性"，但在当前对保护耕地仍然是重要的，因而要切实做好。

——提高粮食综合生产能力，稳定省内粮食生产以应对气候变化

第一，提高粮食综合生产能力，稳定省内粮食生产。建设 $1200 \times 10^3 \, hm^2$ 标准农田、保证 $1700 \times 10^4 \, t$ 粮食综合生产能力，平均年产粮不少于 $1200 \times 10^4 \, t$，急需时当年恢复不少于 $500 \times 10^4 \, t$ 的生产能力[24]。

第二，加强基本农田和水利设施建设。加强基本农田建设，保证粮食稳产、高产；加强水利设施建设，最大限度地降低旱、涝对粮食生产的影响。

第三，调整作物播种期和提高复种指数。适当调整（提前、推后）播种期，尽量使作物生育期与水、热、光的最佳配置相一致；气温的上升，则使提高复种指数以增加产量成为可能。

第四，发展生态农业，培育（引进）强抗逆性作物品种。

第五，深入研究气候变化的具体影响。深入研究和预估气候变化的具体情景——升温对不同作物的时序、地域影响；生物、气象灾害和极端天气的频度、强度和影响，尽可能地（对极不稳定的气候系统来说，只能是尽力而为）为应对气候变化提供依据。

第六，以提高综合效益为目标，最大限度地维持各种措施之间的平衡。

需对一些措施说明的是，与"石油农业"相比，生态农业有强的适应性但粮食生产能力低；产出与稳定性的反相关，规定了强抗逆性作物品种的低产出，或适应的选择性——如，在抗干旱、高温的同时对涝、冻的脆弱性，能应对多种逆境的作物是不存在的；扩大复种指数，粮食稳产、高产和生物灾害的应对，必然增加对化肥、农药依赖性和生态/环境的压力而破坏增加粮食生产的努力……时刻也不可忘记的是，以提高综合效益为目标，最大限度地在各种措施之间维持平衡而不可使之最大化。

——提高储备和储藏能力，进行战略储备

提高储备和储藏能力，在气候变化的早期进行战略储备，将粮食储备增至 $450 \times 10^4 \sim 480 \times 10^4 \, t$[24]。

——建立粮食安全预警系统和应急保障机制

参考文献

[1] 浙江省统计局、国家统计局浙江调查总队.浙江统计年鉴——2011[M].北京：中国统计出版社,2011.

[2] 浙江省统计局.新浙江五十年统计资料汇编[M].北京：中国统计出版社,2000.

---

① 对浙江的海洋开发，"围涂造田"也是极具破坏性的。

② 这里不可抗拒的"以差补好"并非人们所诟病的"以次充好"，而是指土地利用在时序上先好后差对后备资源质量在总体上低于已利用土地的一种规定。

[3] 浙江省统计局,国家统计局浙江调查总队[M].浙江 60 年统计资料汇编.北京：中国统计出版社,2010.

[4] 浙江省粮食厅(提供).

[5] 中华人民共和国国家统计局.中国统计年鉴(1986)[M].北京：中国统计出版社,1986.

[6] 中华人民共和国国家统计局.中国统计年鉴(1996)[M].北京：中国统计出版社,1996.

[7] 中华人民共和国国家统计局.中国统计年鉴(2011)[M].北京：中国统计出版社,2011.

[8] 李希光,聂晓阳.饥饿会重新叩响中国的大门吗？[M].北京：改革出版社,1996.

[9] 原华荣."生态目的性"与环境伦理——"小人口"原理(第 3 卷)[M].北京：中国环境出版社,2013.

[10] 原华荣.论人类在本质上的外部性[J].浙江大学学报(人文社会科学版),2014(2)：99－110.

[11] 《气候变化国家评估报告》编写委员会.气候变化国家评估报告[M].北京：科学出版社,2007.

[12] 原华荣.极端天气的"悖论"、"炕－被效应"和"热窟效应"——基于全球安全的"公众困惑"[A].余潇枫,米红,等.中国非传统安全报告(2013－2014)[C].北京：社会科学文献出版社,2013：211－223.

[13] 保罗·艾里奇,安妮·艾里奇.人口爆炸[M].张建中、钱力译,钱炜校.北京：新华出版社,2000.

[14] 丁圣彦.生态学——面向人类生存环境的科学价值观[M].北京：科学出版社,2004.

[15] 原华荣."马尔萨斯革命"与"适度人口"的"终结"——"小人口"原理(第 1 卷)[M].北京：中国环境出版社,2013.

[16] 《第二次气候变化国家评估报告》编写委员会.第二次气候变化国家评估报告[M].北京：科学出版社,2011.

[17] 中华人民共和国国家统计局.中国统计年鉴(1993)[M].北京：中国统计出版社,2003.

[18] 刘纪远,岳天祥,王桥,等.中国生态系统综合评价[M].北京：气象出版社,2006.

[19] 浙江省第六次全国人口普查办公室.迈向小康社会的中国人口(浙江卷)[M].北京：中国统计出版社,2015.

[20] 浙江省人民政府.浙江省应对气候变化方案.杭州,2010.

[21] 原华荣.中国国民食物构成的选择[J].兰州大学学报(社会科学版),1994(3)：53－57.

[22] 浙江省统计局,国家统计局浙江调查总队.浙江统计年鉴——2014[M].北京：中国统计出版社,2014.

[23] 浙江省国土资源厅土地勘测规划院(提供).

[24] 浙江省政协《粮食安全体系建设》课题组.浙江省粮食安全体系建设研究报告.杭州,2003.

第八章　人口与资源－环境关联演变

人口压力与经济反应、经济活动、物质（能源）投入、废物排放、空气污染和水环境恶化各代表因子，从时序关联、空间遍历意义上在各层级－尺度上不同程度的相关，是浙江人口与资源、环境关联演变的基本态势。这既是实践的也是理论的，既是浙江的也是中国的，而且，也是被历史所证明的。

一、人－地关系

（一）传统人－地观

对人－地关系——环境与人类和人类社会，或环境与文明的关系，人们普遍认为，从经济活动、生活方式、可居住性、民族特点、民族性格、风俗习惯，到人口密度、肤色、患病、自杀和犯罪，环境对人和社会的影响都是极其广泛的。

——人－地观：因果观与无因果观、决定论与非决定论

因果观是一种古老的人－地观。它认为，人类社会与自然环境的关系是决定论的，二者之间存在着决定与被决定的因果关系——自然规律的普适性，不存在普适性规律之外的、脱离自然的特殊的社会规律（对社会规律特殊性的否定，并未得到广泛认同），是这种人－地观的指导思想和逻辑结论。

无因果观是近代发展起来的人－地观。它认为，人类社会与自然环境的关系是非决定论的，并不存在必然的联系，即决定与被决定的因果关系——人类社会和自然环境各自按照自己的规律发展，而且，社会规律与自然规律又是性质相异和不同的。

——人－地关联：决定论与"或然论"，直接决定论和间接决定论

按因与果的关联强度，可分为决定论和"或然论"；按因与果的关联方式，决定论分为直接决定论和间接决定论。地理环境决定论认为，地理环境对人类和社会发展的影响是决定性的；"或然论"认为，地理环境与人类和社会发展的影响是相互的。

环境决定论的经典表达是由拉采尔（德）和库津（法）给出的。拉采尔写道：自然环境"盲目而野蛮地支配着人类的命运"[1]79。库津则表达了环境决定论的本质和强必然性：给我某一个国家的地图，让我知道这个国家的地形、气候、内陆水系以及他们的全部自然地理，再告诉我这个国家的天然资源、植物和动物，我就可以预先告诉你，这个国家的人民是怎么样的，这个国家在历史上起着什么样的作用。这些都不是偶然的，而是必然的[1]70（《哲学史引言》）。孟德斯鸠（法）认为，人的生理和心理特征由地理环境直接决定："热带民族像老人一样胆怯，寒带民族则像青年一样勇敢"；一个国家的政治制度（专制主义、民主共和）和法律的性质及其演变也为其地理环境和气候所决定[1]71-72。

大部分学者的观点是间接决定论的。黑格尔认为，环境对社会发展的作用是通过

经济实现的(环境→经济→社会发展);普列汉诺夫的见解是,地理环境通过对生产力的决定规定着生产关系和社会的发展(地理环境→生产力→生产关系/一切社会关系)[2]154-155。

"或然论"(possibilism)也称"人地相关论",代表人物是法国的维达尔·白兰士和让·白吕纳。白兰士强调,人类对环境的适应是主动而非被动的,自然环境为人类的居住规定了界限,提供了可能性,但人们对这些条件的反映,则按照他自己的传统生活方式而不同[1]28——"世界并无必然,而到处都存在着或然,人类作为机遇的主人,正是利用机遇的评判员"[1]104。白吕纳的"相关原理"——人生活动不只是受制于地理事实,两者是相互影响的[4]105——既反对环境决定人生,也坚持环境对人类的重要影响:"人定虽然似乎胜天,但天定似乎仍能胜人,因为各处人生活动都须受自然环境的限制。"[1]115

　　——"生产方式"决定论

"生产方式"决定论是一种无因果的人－地观——非环境决定论。它并不否定环境对社会发展的影响,但认为这种影响不是决定性的:地理环境是社会发展的经常必要条件之一,人口增长无疑也是一种"社会物质生活条件";它们无疑能影响——加速或延缓社会发展的进程,但这种影响并不是主要和决定性的;决定社会面貌、社会制度性质和社会从这一制度发展到另一制度的主要力量,是物质资料的生产方式[3]440-441。

(二) 新人－地观:理论、本质和"情景"

环境决定论强调"天定胜人",非环境决定论/"生产方式"强调"人定胜天",由之而来的问题是:"天定胜人"还是"人定胜天"?"或然论"指出同时存在着环境界限和人对环境的能动适应,在认知上给出了二者的辩证关系——"人定虽然似乎胜天,但天定似乎仍能胜人"。由是,摆在人们面前的问题便成了"情景":何种"情景"下"人定胜天"? 何种"情景"下"天定胜人"?

　　——历史被深深地打上了环境的"烙印",环境中也留下了越来越强的文明"踪迹";须用地理观点研究全部历史,用历史观点研究所有地理

人们总是在具体的、特定的环境中创造自己的文明和文化,受到所在环境的严格限制而使自己的历史被深深地打上环境的"烙印"——高地文明、低地文明,大河文明、黄土文明,欧洲文明、中国文明,灌溉农业、雨养农业,水文化、干旱文化,等等。

与此同时,人们也借助技术(人的本质属性),在环境中留下了越来越强的文明"踪迹":砍伐森林,垦殖草原,"围涂造田",在山地、丘陵上修梯田,将河流拦起发电,建水库灌溉农田,改良作物品种,将农业由川坝(小麦－水稻)推向丘陵、浅山(玉米、番薯、马铃薯),荒漠化,气候变化,灭绝物种,等等。

是故,地理学是历史学的基础,历史是运动中的地理学(И. 赫尔达),须用地理观点研究全部历史,用历史观点研究所有地理[4]539("地理学之父"希罗多德)——这即是新人－地观所要坚持的,一度被抛弃、批判的古老传统。

　　——"数量原理"和"层级－尺度理论":新人－地关系的理论

◆ "数量原理":事物的存在、存在方式为其数量,数量的变化所规定。

数量原理也可称为数量支配原理,指数量——质量、规模、空间、时间对事物的根本性,即事物的存在、存在方式、质量(品质)、复杂性为其数量,数量的变化和变化的速度所控制、所支配、所规定。数量原理的形成,依赖于事物所处空间的有限性、运动的永续性

和所遵循运动法则的同一性——自组织和临界态的不确定性；为对初始条件敏感性依赖所规定的运动轨迹的永不相交；为"最小熵产生"（最小耗散）驱使的向稳态的趋近（吸引子）；迭代、分形、自相似和复杂性等。数量（支配）原理是一个对自然、生物界和人类社会具普适性的原理，可归为三个方面、九条规律[5]141-144：

事物以一定限度的数量、空间和持续时间为条件而存在（一）——事物的存在有一个数量（质量/规模、空间）限度，小于或大于该限度（限度域），事物便难以存在（Ⅰ）。事物的存在有一个时间限制（Ⅱ）。事物的性质和存在方式为数量所规定（二）——事物的性质为其数量（规模）所规定（Ⅲ）。数量（规模）决定着事物的存在方式和活跃程度（Ⅳ）。数量（规模）是极为重要乃至根本性的生存（生态）对策（Ⅴ）。事物的质量、复杂性、稳定性在一定程度上为数量和数量的变化速度所规定（三）——事物的质量（品质、速度、力量）与数量反相关（Ⅵ）。事物的复杂性与数量（规模）正向关联（Ⅶ）。系统的稳定性为数量所规定、所支配（Ⅷ）；数量变化的速度与事物质量（品质）反相关（Ⅸ）。

◆ "层级－尺度理论"：包容性，逐级控制/服从，不对称相干和"系统内解决"。

"层级－尺度原理"（据景观生态学）的要义是，高层级－大尺度系统对低层级－小尺度系统，在目的上具"包容性"；在关系上为逐级控制、逐级服从；在影响上具"不对称相干性"——气候变化会"触发"导致王朝覆灭的"雪崩"，帝国的覆灭丝毫不会影响第二天太阳从东方升起——生物圈在目的、行为上包容和控制着人类社会；人类只有遵从"自然秩序"，保护生物圈才能生存；各层级/系统问题须在该层级/系统内解决，跨层级/系统解决会导致混乱和崩溃：扩大采食、捕食（"系统外解决"）会使草地、羊群、狼群崩溃，节制采食、捕食（"系统内解决"）才能使草地－羊群－狼群作为一个系统长期共存——是故，扩大对自然的索取将导致"人－社会－自然"系统崩溃[5]144-146。

——新人－地关系的本质和"天定"与"人定"的"情景"

◆ 新人－地关系的本质：包容"主观能动性"的"环境决定论"。

新人－地关系是一种包容"主观能动性"，特别重视环境伟力的"环境决定论"。人不会消极地屈从于自然，但自然绝不允许，人也绝不可能把自己的意志（凌驾）加于自然之上；人的"主观能动性"与自然力对人的限制是极为不对等的："人定胜天"被严格限定在低层级－小尺度上；在高层级－大尺度上，自然力仍主宰着一切。阿努钦即指出："地理决定论即使处于最粗俗的模式下，即认定自然环境对社会生活发展有直接的、决定性的影响，它也能促使正确认识自然界的很多地理现象。"[2]39——"实践不止一次地证明，在社会发展中对地理环境的意义估计不足……是一个极大的错误。"[2]220

◆ 与层级－尺度正相关的"天定"和反相关的"人定"。

自然的主宰作用与层级－尺度正相关，人对自然的影响与层级－尺度反相关。即，随着层级－尺度的扩大，环境的决定性作用上升，对人类活动的限制作用增强；随着层级－尺度的缩小，人对局部环境的影响增强——在北极冰原上，生火使小木屋内"春意盎然"，而屋外依旧是一望无垠的"冰天雪地"。

二、人口与资源－环境的一般关系

（一）人口与资源－环境的一般关系

——资源与生态/环境的相互关系

简单地说,生态系统由生物与其生存的环境所组成,而某一种生物,又作为另一种生物的环境,即生态关系而存在。由此,环境(广义)便可被分为三个部分:相互关联的资源、环境(狭义)和生态关系。环境问题,总体而言便包括资源的匮乏、环境(狭义)的污染和因生物减少、灭绝引起的生态关系问题。食物链、食物网对一切生物的制约,使生物界就理论层面而言并不存在环境问题,故生态学家称"自然界本不存在废物"。

对此,经济学家补充道,废物"只是放错地方的资源"。从效法自然,发展循环经济,这种补充是积极的;然而,这一补充却掩盖了"人是唯一制造无用之物的生物"这一事实——环境问题在人类社会产生的必然性和客观性。这种必然性便在于,打破食物链、食物网对生物资源的广泛利用和对化石资源(能源、矿产)的大规模开发是人类社会存在和发展的基础。而这一基础的存在和维持,便不可避免地扰乱了物质循环和能量流转的秩序,改变了各种环境因子的组分(如大气中的 CO_2、SO_2 的增加,水体中各种生化物质比例的上升),减少和灭绝了食物链的生物和环节,带来各种环境问题。循环利用可在一定程度上减缓资源、环境问题,但并不能从根本上解决资源、环境问题。

资源、环境(狭义)与生态是紧密联系在一起的。(1)资源的利用既可以导致资源问题——利用(不可更新资源)和不合理利用(可更新资源)带来的资源短缺,也可导致环境污染和生态问题——前者如矿产、石油能源、地下水资源利用带来的空气污染、酸雨、固体废物和地面沉降,后者如对土地、生物资源过度利用导致的栖息地破坏、生态关系失调和生物濒危和灭绝等生态问题。(2)同样,环境污染和破坏也带来资源和生态问题——前者如水、土壤污染造成的水和耕地资源短缺,后者如栖息地破坏带来的生物濒危和灭绝。(3)生态关系问题,也是一个资源和环境问题——前者如生物资源的减少,后者如生态关系失调引发的"生态入侵"和"生态爆发"(蝗灾、赤潮等)等。

资源、环境、生态是互有区别而又紧密结合的三位一体问题。由是,既要准确区别各类环境问题又要把它们作为一个总体来对待。人们通常把生态问题纳入环境问题,使用环境问题、生态环境问题而很少单独使用生态问题的术语。为表述生态问题的独立性和与环境问题的紧密关联性,本研究用"生态/环境"替代"生态环境"的表述。

——以有限性为背景的"规模效应"、"排斥效应"和"破坏效应"

在有限性条件下,人口与资源、生态/环境的一般关系,可从"规模效应"、"排斥效应"和"破坏效应"三个方面来考察。

"规模效应"/"密度效应" 经济密度的上升要求投入相应的能源、资源而带来能源、资源密度的上升;能源、资源密度的上升必将导致污染密度或排污强度的上升。在消费环节,同样存在着人多、消费多污染便多的"规模效应"。

"排斥效应"/"阈密度效应" 这是一个常被忽略而存在于人－地关系中的普遍现象。生物的衰退、灭绝除栖息地破坏、分割、猎杀和捕捉这些直接原因外,"阈密度效应"也是极为重要的因素——在人口密度达到或超过生物的"阈密度"(野生条件下,生物所能承受的最大人口密度或忍耐限度)时,(即使不猎杀)生物种群也会在人口数量压力的胁迫下衰退或消失（如同人们逃离拥挤、喧闹的场所那样）[6]138-139 ①。

"破坏效应" "破坏效应"指在"规模效应"、"排斥效应"作用下"生物圈"的破坏，和作为发展基础的资源、生态/环境的破坏（资源短缺、枯竭，环境污染、生态失调）——发展对发展基础的吞噬。"以史为鉴，可以知兴替"，古代文明的兴衰、转移，即人口与资源—环境、生态关系演变的结果[7]、[8]、[9]。当代生态/环境退化与人口增长、消费提高的并存，既非这一关系的不存在，也非"技术魔棒"作用的结果，而在极大程度上是赖于对化石能源（"历史的太阳"）和地质矿藏（"自然的馈赠"）的大规模利用。

（二）环境冲击量：人口与资源—环境关系的再分析

——环境冲击量的概念

"环境冲击量"即人类活动对环境的扰动力。这一概念由保罗·艾里奇、约翰·P.霍尔德伦在 1974 年提出，用公式 $I = PAT$ 表示。式中 P 代表人口，A 代表消费，T 为技术对环境的破坏程度指数，减少 P、A、T 三者的任一项，皆可降低对环境的冲击力而有利于环境保护[10]47-49、272-273、[11]297-300。"环境冲击量"概念表达（和应当表达）的，一是人类活动对环境的扰动力与人口规模和消费水平正相关；一是技术进步（改进）对扰动力的推动，以及对扰动力环境后果在一定程度上的削减。

——人口、消费和生产

在"环境冲击量"的形成中，人口——数量、欲望（倍加的数量）展现为消费压力的源泉；消费是对人口压力的回应或对人的需求（基本、发展、奢侈）的满足；将自然物转化为人工物的生产，提供着消费的对象——产品/商品。由是有人口压力—消费—生产的因果关联，人口压力—生产—消费的时序关联。根据物质不灭、能量守恒定律，在生产中，自然物转化为人工物可写成：

自然物＋能量（自由能）＝人工物（产品，含自由能）＋废物＋废热↑

消费公式是：人工物（消费品，含自由能）＝废物＋废热↑

废物进入地球生物—化学循环（包括改变大气组分），废热则影响着全球的热平衡。

根据热力学第二定律，在生产中，自然物转化为人工物并生成废物、废热是不可逆的；在消费中，含自由能的消费品转化为废物和废热，也是不可逆的。在这一不可逆的生产—消费过程中，冲击量，进而与人口、消费/生产规模正相关：人口愈多、消费愈高/生产规模愈大，转化为人工物的自然物便愈多，生成的废物、废热便愈多，生物圈的稳定性便愈低，自然系统的退化便愈烈。

——环境冲击量中的技术因素

从技术的物质能量耗散指向和对物质能量节约的"天花板效应"看，对冲击量公式中的 T（技术对环境的破坏程度指数）只能作如下理解：以原有技术为参照，技术进步对物质的节约、对能源利用率的提高，或相应对废物、废热排放的减少。设原有技术条件下满

---

① 生物的"阈密度"与其"阈空间"（为生存——取食、繁殖、育幼、防御乃至隐秘性所需空间的下限，即最小或边界地理空间，与体型正相关）反向相关——生物体型越大，所需"阈空间"便越大，"阈密度"便越小，这即是大型 K-对策物种大量灭绝的根本原因。而对一些 r-对策物种如鼠、蚊、蝇来说，人类社会规模扩大带来的食物、栖息地（地下室）增加，天敌灭绝，则进一步弱化了其本来很小的"阈密度效应"，乃至发展起了对人口密度的负效应——人口密度越高，种群便愈兴旺[6]138-139。

足一定人口消费的生产所耗散的物质、能量,排放的废物、废热为 1,即 $T_0=1$,技术进步满足同样人口消费的生产所耗散的物质、能量,排放的废物、废热下降了 5% 或 10%,则技术进步下的 $T_i=95\%(1-5\%)$,或 $T_i=90\%(1-10\%)$。

与技术"时间节约"本质对应的人口、消费/生产是个"大数",与"天花板效应"下技术"资源节约"对应的"破坏程度指数的下降"是个"微不足道"的"小数"。是故,技术的"资源节约"可以在一定程度上缩减由人口增加、消费上升对环境的冲击量,但并不能明显阻止这种增加。(参见第九章之技术的本质和"软肋")

——人类系统与自然系统

自然物转化为人工物是人类生产－消费活动的本质和标志;结果是人类系统的扩大和自然系统的相应缩减;自然系统的高稳定性和人类系统的低稳定性,则规定了人类生产－消费活动导致生物圈稳定性下降的必然性——人口数量、经济规模由之具有了对生物圈、生物、人类而言的根本性。

第一,系统发育即生态系统由幼年期到成熟期的(正向)生态演替过程。在这一结构和功能的变化过程中,系统的物质循环由开放到趋于闭合,生物与环境的交换由快变慢;系统的产出(净生产量)由高到低,总有机物质(生物量)由少到多,支持力由小到大;食物链由直线到网状,营养关系由简单到复杂,生物多样性(物种多样性、生化物质多样性、分层和空间异质性)由小到大,内部共生由不发达到发达,营养物质保存趋于良好;适宜性由 r-对策物种转向 K-对策物种,稳定性由低到高[12]500-50。

第二,生物量是系统稳定性的物质基础——生物量愈大、系统稳定性便愈高;生物量愈小,系统稳定性便愈低。当大量自然物被转化为人工物之后,生物圈稳定性因自然物大量减少的下降便成了一种不可抗拒的必然。

第三,人类系统的特征是高产出、单一(多样性小)、线性、开放、低稳定(如农田);自然系统的特征是低产出、多样性高、网状、闭合和高稳定(如森林)。由是,人类系统因人口增长、生产规模扩大的扩张和兴旺,便意味着自然系统相应的缩小和萎缩,进而是地球生物圈稳定性的下降。

系统在幼年期的高产出性质使人类得以获得大量产出(如食物);为保证大量产出以支持大量的人口和不断增长的消费,系统便必须处于幼年期——是故,人类系统便必须处于相对自然系统的负向演替态,幼态－低稳定性便成了其本质;生物圈稳定性因人口、消费增长和生产规模扩大的下降便成了一种不可避免的必然[13]。

——环境冲击量:一个有用而难以准确计量的"概念"

如同生态系统为了保证自身的稳定性而存在"冗余种"(生态上等价、功能上重叠的物种——"同资源种团")[14]81-85一样,生物圈为了自身的稳定性,也发展起了"冗余功能"——即人们常说的"生态韧度"。支持人类存在的,即是生物圈的这种"冗余功能"。

从理论上看,具"阈值性"的土地承载力是对生物圈可利用"冗余功能"的计量,环境冲击量是对"冗余功能"利用的计量,两者的差值即是还可以利用的"冗余功能"——为正,表明还可增加人口－消费;为负,表明已经超载而要减小人口－消费。

从定义和研究的实际情况看,土地承载力和冲击量只能是一个有用的概念而难以准确计量,如同索维在 60 多年前把"适度人口"视作一个"有用的'虚数'"[15]54-55那样。

首先,土地承载力的"阈值性"(最大)和对稳定性的普遍定义——"不对土地资源造成不可逆负面影响，或不使环境遭到严重退化"——表明，其一，它允许环境退化乃至严重退化（只要不导致系统崩溃）在承载力界限内的存在，而这与生物圈"冗余功能"的"设计"完全相悖——在"冗余功能"的范围内，生物圈是稳定、和谐、持续的；其二，当对稳定性做了以上规定时，精确意义上的土地承载力研究便如同在寻找"不把骆驼脊梁骨压折的最后一根稻草"而是徒劳的[16]171-172。

实践亦表明，承载力是难以准确计量的。在 1679 年以来关于地球可养活人口的各种研究中，既有被视为保守的 10 亿人（休勒特，1970），也有为其 1000 倍而"异想天开"的 1 万亿人（德维特，1967）[17]58——亨利·乔治在 1879 更是充满自信地写道："地球供养 1 万亿人和供养 10 亿人一样容易"。[18]119 中国的承载力，一说是 20 世纪 80 年代初的 7 亿人左右（宋健、田雪原等，1981）[19][20]，一说是 10 年后的 16 亿人（陈百明等，1991）[21]。

三、人口与资源－环境关联演变路径

（一）人口与资源－环境演变的基本路径

人口与资源－环境关系演变的基本路径是：人口密度/消费水平－经济密度－能源/资源密度－（环境）污染/（生态）破坏强度。（图 8-1）

三种具体路径是：经济密度－能源/资源密度－（环境）污染（生态）破坏强度；消费水平－资源消费－废物排放；经济密度－人口密度－消费水平。

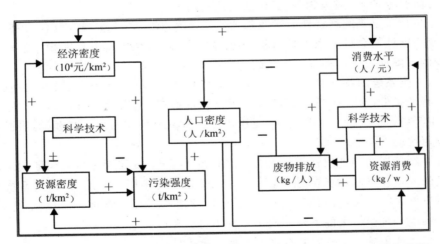

图 8-1　人口与资源－环境演变的基本路径（图中＋表示正相关，－表示负相关）

第一、二路径各要素之间呈正函数相关，所不同的是，前者体现着经济、资源和能源的利用，污染和破坏强度在总体规模上的关系，后者则只表明三者在个体（人均）水平上的关系；第三种路径通过人口密度的引入，把经济密度同消费水平，进而第一、二种路径连接了起来；经济密度＝消费水平×人口密度，或消费水平＝经济密度/人口密度。人口密度与经济密度的正相关、消费水平与人口密度的负相关表明了，控制人口增长、减少人口规模对提高生活水平和保护生态/环境的根本性。

（二）人类活动与环境空气、水环境演变路径

——人类活动与环境空气、水环境演变路径

人类活动与大气、水环境演变（参见第二、三、四、五章）路径如图 8-2 所示。

SO_2、NO_x/NO_2、TSP、PM10（PM 2.5）、降尘导致环境空气污染，SO_2 在高空形成酸雨而是土壤和各类水体的污染源。各类污染物质——有机化合物（高锰酸盐指数、生化需氧量、挥发酚、石油类等），无机物（溶解氧、氨氮、亚硝酸盐氮、硝酸盐氮、氰化物等），金属化合物（总汞、总铅、总镉、总砷、六价铬等），经淋溶－径流由固体废物、矿渣、垃圾、生物排泄物中进入土壤，河流、湖泊、水库、河口、近岸海域等水体；废水中的各类污染物质，则直接或经灌溉进入土壤和各类水体；化肥、农药中的各类污染物经生产/生活活动进入土壤或水体；水在土壤库、地表水体和地下水体（非承压水）之间的交换，造成该污染物的扩散——由此，带来水体和土壤的交叉污染；沿江而下，河流又将污染带到入海口和近岸海域。沉积和富集作用，则使水质污染呈如下态势：平原河网重于丘陵、山地，湖泊、水库重于江河，下游重于上游，近岸海域重于陆地水体。

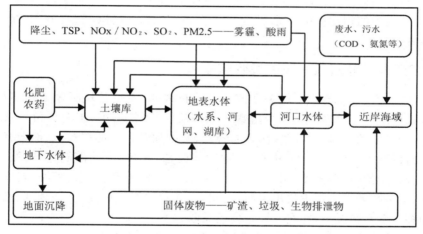

图 8-2　人类活动与环境空气、水环境演变路径

以地面沉降为代表的地下水环境破坏，则是地下承压水过量开采的结果。由于渗透作用，地表水和土壤的污染，终将引起地下水浅层承压水水质的变化。

——人类活动与湿地、近岸海域环境演变机制

人类活动与湿地、近岸海域的环境演变，是一个以环境冲击量增加为背景，以人为干扰为主导的，十分复杂的过程。（参见第四、五章）

◆ 陆源污染物通过地表水、沿江排污口、河流（江河入海口）、沿海岸排污口被带到并污染近岸海域水体和沿岸滩头湿地；滩涂养殖、工业建设、港口、船舶污染物直接进入沿岸滩头湿地和近岸海域水体；滩头湿地与近岸海域水体交叉污染。

这既是一个以水为动力的"冲刷－搬运－堆积"过程，也是一个人为排污过程：陆源污染物→沿江排污口、地表水→江河→江河入海口→近岸海域水体、沿岸滩涂；陆源污染物→地表水→近岸海域水体、沿岸滩涂；陆源污染物→近岸海域水体、沿岸滩涂湿地、滩涂养殖、工业建设、港口、船舶污染物→沿岸滩头湿地、近岸海域水体；沿岸滩涂湿地→近

岸海域水体→沿岸滩涂湿地。

◆ 近岸海域水体污染导致生物栖息地质量下降、海洋生物多样性减小并引发赤潮。

这是一个海洋生态/环境退化的物理－化学过程：近岸海域水体污染→生物栖息地质量下降→海洋生物多样性减小；近岸海域水体污染→赤潮；赤潮→生物栖息地质量下降、海洋生物多样性减小。

◆ 围垦、工程用地、滩涂养殖减小、污染沿岸滩头湿地和生物栖息地。

这是一个人为的物理作用和湿地生态/环境稳定性的破坏过程：围垦、工程用地、滩涂养殖→沿岸滩头湿地、生物栖息地。

◆ 湿地生态/环境稳定性破坏导致湿地生物种群减小，种质资源退化，生物种群减小、种质资源退化反过来增加着生态/环境的不稳定。

这是一个多样性减小和环境稳定性下降的生态、生物和化学过程：沿岸滩头湿地、生物栖息地减小、污染→湿地生物多样性下降；湿地生物多样性下降→生态/环境稳定性下降。

◆ 过度利用、捕捉导致海洋生物、湿地生物减少，生物多样性下降。

这是一个人为的物理作用过程，也是一个生物－生态学过程：过度利用、捕捉→海洋生物、湿地生物减少。

四、浙江人口与资源－环境关联演变

本节对浙江人口与资源、环境关联演变的分析表明，不论是从时序关联还是空间遍历意义上，人口压力（人口密度、消费指数），经济反应（经济密度、工业产值指数、建筑业产值指数），经济活动（港口吞吐量、旅客周转量、货物周转量），能源投入（能源密度、用电强度），废物排放（工业废气、二氧化硫、工业固体废物、废水、化学需氧量、氨氮），空气污染（空气综合污染指数、酸雨率、pH 值）和水环境恶化（地表水、水系、河网、湖库、近岸海域）各要素（不关联者在分析中给出说明）之间，在各种层级－尺度上（地理区、密度区、设区城市等）和大多数情况下，存在不同程度的关联。

（一）人口与资源－环境演变在空间遍历意义上的关联分析

——人口密度、经济密度与能源（用电量）强度、工业废气排放量、工业固体废物产生量、废水、氨氮排放量、化学需氧量

据表 2－10、2－11、2－12、2－13、2－14 数据对地理区、人口密度区、行政区 2010 年的人口密度、经济密度（10^4 元/km^2）与能源强度（用电量强度，10^4 kW·h/km^2）[1]、工业废气排放量（10^4 m^3/km^2）、工业固体废物产生量（t/km^2）、废水（t/km^2）、氨氮排放量（t）和化学需氧量（t）做空间遍历意义上的关联分析，结果表明：（表 8－1）

按地理区，用电强度与人口密度、经济密度强显著正相关；按人口密度区，用电强度与人口密度、经济密度强显著正相关；按行政区（设区城市），用电强度与人口密度、经济密度，经济密度与工业废气排放量、固体废物产生量强显著正相关；人口密度与工业废气排放量，经济密度与废水排放量显著正相关；人口密度与工业固体废物产生量、废水排放量、氨氮排放量、化学需氧量，经济密度与氨氮排放量、化学需氧量不相关。

---

① 基于用电量终端消费的性质和占总能源消费 2/3 的比例[22]334，以用电强度代表能源消费强度。

表 8-1　浙江省地理区、密度区、行政区的人口密度、经济密度
与用电强度和废气、废物排放的关联程度（2010）

项目	指标	相关系数（R）	置信度（α）	临界值（r）	相关程度
地理区（n＝5）	人口密度与用电强度	0.939	0.05	0.878	显著正相关
	经济密度与用电强度	0.992		0.959	
密度区（n＝7）	人口密度与用电强度	0.998	0.01	0.874	强显著相关
	经济密度与用电强度	0.994			
设区城市（n＝11）	人口密度与用电强度	0.914		0.735	
	人口密度与工业废气排放量	0.611			显著相关
	人口密度与工业固体废物产生量	0.568	0.05	0.602	不相关
	人口密度与废水排放量	0.403			
	人口密度与氨氮排放量	0.196			
	人口密度与化学需氧量	0.151			
	经济密度与用电强度	0.956			
	经济密度与工业废气排放量	0.755	0.01	0.735	强显著相关
	经济密度与工业固体废物产生量	0.763			
	经济密度与废水排放量	0.614			显著相关
	经济密度与氨氮排放量	0.283	0.05	0.602	不相关
	经济密度与化学需氧量	0.036			

——人口密度、经济密度与城市环境空气质量和酸雨状况

依据表 3-9 数据，对浙江省设区城市（n＝11）、县级以上城市（n＝69）2010 年人口（人/km²）、经济（10⁴ 元/km²）与环境空气质量（综合污染指数、优质天数）、酸雨状况（pH 值、酸雨率）做空间遍历意义上的关联分析，结果表明：（表 8-2）

设区城市环境空气综合污染指数与人口密度、经济密度强显著正相关；人口密度、经济密度与优质天数、pH 值和酸雨率不相关。在县区一级，环境空气综合污染指数与人口密度、经济密度强显著正相关；pH 值、酸雨率与人口密度、经济密度显著正相关；环境空气优质天数与人口密度、经济密度不相关。

（二）人口与资源—环境演变的时序关联分析

——人口压力与经济反应

对表 1-3、2-1 相关数据的分析表明，1978—2010 年人口密度、消费指数、经济密度、工业产值和建筑业产值之间的变化，皆呈极显著的正相关。（表 8-3）

——人口压力、经济反应、经济活动和能源投入

对表 1-3、2-1、2-4、2-5 数据的分析表明，1980—2010 年（港口吞吐量与旅客周转量之间不做相关分析），人口密度、消费指数、经济密度、能源密度、港口吞吐量和旅客周转量之间（20 种关系）的变化，同样呈极显著的正相关。（表 8-4）

表 8-2　浙江省设区、县级以上城市人口、经济状况与环境空气质量和酸雨的关联程度(2010)

项目	指标	相关系数(R)	置信度(α)	临界值(r)	关联程度
设区城市 ($n=11$)	综合污染指数与人口密度	0.805	0.01	0.735	强显著相关
	综合污染指数与经济密度	0.770			
	优质天数与人口密度	−0.582	0.05	0.602	不相关
	优质天数与经济密度	−0.550			
	pH 值与人口密度	−0.461			
	pH 值与经济密度	−0.393			
	酸雨率与人口密度	0.366			
	酸雨率与经济密度	0.269			
县级以上城市 ($n=69$)	综合污染指数与人口密度	0.413	0.01	0.308	强显著相关
	综合污染指数与经济密度	0.393			
	优质天数与人口密度	−0.179	0.05	0.237	不相关
	优质天数与经济密度	−0.128			
	pH 值与人口密度	−0.312			显著相关
	pH 值与经济密度	0.282			
	酸雨率与人口密度	0.281			
	酸雨率与经济密度	0.248			

表 8-3　人口压力与经济反应的关联程度(1978—2010)

	人口密度	消费指数	经济密度	工业产值	建筑业产值
人口密度		0.960**	0.961**	0.959**	0.967**
消费指数			0.997**	0.999**	0.998**
经济密度				0.996**	0.998**
工业产值					0.994**

注：** $\alpha=0.01$ 时显著。

表 8-4　人口压力、经济反应、经济活动和能源投入的关联程度(1980—2010)

	人口密度	经济密度	消费指数	能源密度	港口吞吐量	旅客周转量	货物周转量
人口密度		0.968**	0.963**	0.985**	0.907**	0.991**	0.920**
经济密度			0.997**	0.993**	0.975**	0.982**	0.982**
消费指数				0.988**	0.981**	0.975**	0.988**
能源密度					0.949**	0.991**	0.962**
港口吞吐量						0.928**	0.987**
旅客周转量							

注：** $\alpha=0.01$ 时显著。

──人口压力、经济反应、经济活动、能源投入和废物排放

对表 2-1、2-4、2-5、2-6、2-7 相关数据的分析表明,1986─2010 年(固体废物、废水排放与工业废气、二氧化硫,固体废物与废水排放等 5 种关系不做相关分析),工业废气与消费指数、经济密度、能源密度、货物周转量(4 种关系)不相关外,经济密度、消费指数、能源密度、货物周转量、工业废气排放量、二氧化硫排放量、固体废物产生量、废水排放量之间 19 种关系的变化,同样呈极显著的正相关。(表 8-5)

表 8-5　人口压力、经济反应、经济活动、能源投入和废物排放的关联程度(1986─2010)

项目	消费指数	经济密度	能源消费	货物周转量	工业废气	二氧化硫	固体废物	废水排放
消费指数		0.997**	0.986**	0.983**	0.363	0.787**	0.993**	0.984**
经济密度			0.994**	0.992**	0.340	0.760**	0.995**	0.977**
能源密度				0.967**	0.376	0.829**	0.982**	0.987**
货物周转量					0.299	0.726**	0.991**	0.959**
工业废气						0.276**		
二氧化硫								
固体废物								

注:** α=0.01 时显著。

──废物排放、大气污染和水环境恶化

对表 2-6、2-7、3-10、4-1、4-2、4-4、4-6 相关数据的分析表明,1986/1996/2001─2010 年(固体废物、废水排放与工业废气、二氧化硫、酸雨率,固体废物与废水排放等 7 种关系不做相关分析),除工业废气与二氧化硫、地表水质、水系水质、湖库水质,湖库水质与二氧化硫、酸雨率、水系水质、河网水质(8 种关系)不相关外,工业废气、二氧化硫、固体废物、废水排放、酸雨率、地表水质、水系水质、河网水质、湖库水质之间 21 种关系的变化,皆存在显著以上关系──其中极显著相关的达 18 种。(表 8-6)

表 8-6　废物排放、酸雨率和地表水污染的关联程度*(1986/1996/2001─2010)

项目	工业废气	二氧化硫	固体废物	废水排放	酸雨率	地表水质	水系水质	河网水质	湖库水质
工业废气		0.262			0.484*	−0.130	−0.232	0.394*	0.012
二氧化硫					0.888**	−0.708**	−0.580*	0.702**	−0.373
固体废物						−0.812**	−0.542**	0.578**	−0.640**
废水排放						−0.819**	−0.606**	0.745**	−0.563**
酸雨率						−0.746**	−0.584**	0.932**	−0.337
地表水质							0.692**	−0.753**	0.812**
水系水质								−0.684**	0.275
河网水质									−0.007

注:** α=0.01 时显著;* α=0.05 时显著。
地表水、地表水系、湖库水质使用≤Ⅲ类数据,平原河网水质使用劣Ⅴ类数据。

——人口压力、经济反应、能源投入、废物排放、大气污染和水环境恶化

对表 2-1、2-5、2-6、-7、3-10、4-1、4-2、4-4、4-6、5-6 相关数据的分析表明，1996—2010 年（工业废气与废水总量、固体废物，固体废物与酸雨率等 3 种关系不做相关分析），人口密度、经济密度、能源密度、工业废气、废水总量、固体废物、酸雨率、水系水质之间 33 种关系的变化，存在显著以上相关关系——其中极显著相关 30 种。（表 8-7）

表 8-7　人口压力、经济反应、能源投入、废物排放、大气污染、水环境恶化的关联程度（1996—2010）

	人口密度	经济密度	能源密度	工业废气	废水总量	固体废物	酸雨率	水系水质	海域水质
人口密度		0.980**	0.985**	0.990**	0.992**	0.970**	0.846**	−0.844**	0.692**
经济密度			0.991**	0.990**	0.971**	0.994**	0.743**	−0.807**	0.635*
能源密度				0.995**	0.981**	0.987**	0.800**	−0.858**	0.642**
工业废气						0.808**		−0.843**	0.658**
废水总量						0.964**	0.869**	−0.857**	0.699**
固体废物								−0.783**	0.599*
酸雨率								−0.859**	0.677**
水系水质									−0.533*

注：** α＝0.01 时显著；* α＝0.05 时显著。
地表水系水质使用≤Ⅱ数据，近岸海域水质使用超四类数据。

五、人口与环境关联演变的历史见证

（一）浙江历史时期的人口与水、旱灾害

两汉以来，浙江水、旱灾害频度随人口的增加和由之而来的人类活动规模的扩大而增加。（表 8-8，图 8-3）

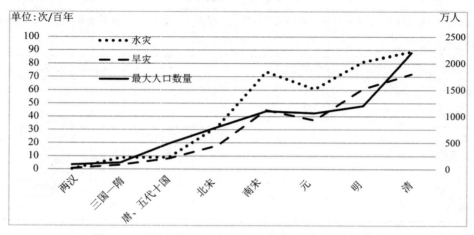

图 8-3　浙江省历史时期的人口与水、旱灾（据表 8-8）

表 8-8　浙江省历史时期的人口与水、旱灾害

历史年代	公元纪年	水旱灾害		水灾		旱灾		人口
		次	次/百年	次	次/百年	次	次/百年	10^4 人
两汉	220	4	0.94	1	0.23	3	0.70	86
三国—隋	618	48	12.06	35	8.79	13	3.26	124
唐、五代十国	960	59	17.25	31	9.06	28	8.19	489
北宋	1127	84	50.30	54	32.34	30	17.96	798
南宋	1279	180	118.42	112	73.68	68	44.74	1100
元	1368	87	97.75	54	60.67	33	37.08	1062
明	1644	392	142.03	224	81.16	168	60.87	1200
清		429	160.67	237	88.76	192	71.91	2200

资料来源：[23]1-278,[24]592-613,[25]32-55。

两汉时,浙江人口约 $86×10^4$ 人,大的水、旱灾害频度为每百年 0.23 次和 0.70 次,至清,人口增至 $2200×10^4$ 人,水、旱灾害也多达百年 88.76 次和 71.91 次——清为两汉的倍数,人口 25.6 倍,水、旱灾害频度 385.9 倍和 102.7 倍。

南宋偏安,北人南迁带来的人口增加,使南宋时期浙江水、旱灾害频度分别为北宋时期的 2.28 倍、2.24 倍;元时人口的减少和经济重心的转移,则使水、旱灾害的频度由南宋时的 73.68 次/百年、44.74 次/百年,降到 60.67 次/百年和 37.08 次/百年,每百年分别减少了 13.01 次和 7.66 次。

(二) 中国历史时期的自然灾害、饥荒和瘟疫

有增无减、愈演愈烈的自然灾害、瘟疫和饥荒,是生态/环境衰退的重要表现。文明所负荷的灾害,在中国也尤为醒目且呈三个显著特征:其一,灾害与文明的发展度和人口规模正相关——社会愈是繁荣,人口规模愈大,自然灾害的频率便愈高——这即是晚近灾害频发的原因;其二,灾害与人口在空间分布上重叠;其三,灾害随人口迁移而移动——人口南迁,灾害南移,如南方灾害频率在南宋偏安临安(杭州)前后的变化。(表 8-9、8-10,图 8-4、8-5)。

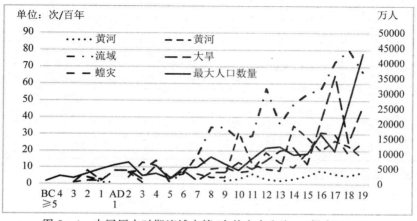

图 8-4　中国历史时期流域水情、自然灾害和人口(据表 8-10)

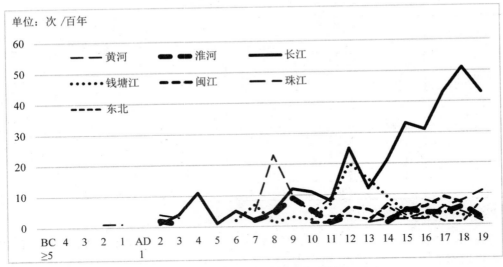

图 8-5　中国历史时期各流域水灾（据表 8-10）

表 8-9　中国历代流域水情、自然灾害、饥荒和疫情　　　　　单位：次

| 中国历史年代 | 公元纪年 | 黄河改道 | 黄河决溢 | 流域水灾 | | | | | | 大旱 | 蝗灾 | 大疫 | 饥荒 |
				黄河	淮河	长江	钱塘江、瓯江等	闽江、赣江等	珠江	东北地区				
先秦		1	1								3	21	11	8
西汉	BC207	6	5	2	1	5					12	4	4	14
东汉	AD25		7	4	2	2					15	5	19	
三国两晋南北朝	220		3	1	20		2		2		23	32	24	29
隋	580					1					1	4		1
唐	618	2	14	38	15	19	11	1	1		16	34	24	24
五代十国	907	2	11			1		1	2		5	2		
北宋	960	7	33	13	7	23	9	1	2	4	21	15	7	87
南宋	1127	3	9		2	27	31	10	1	2	25	28	26	
元	1279	4	35	8	1	18	8	3	1	2	23	9	12	59
明	1368	19	63	13	10	92	11	14	9	7	90	70	73	93
清	1644	13	60	10	11	123	7	13	22	12	101	57	183	90

资料来源：[26]69-179、287-324、335-345、451-463，[27]1218-1234。

表 8－10 中国历史上各世纪流域水情、自然灾害和人口

世纪	黄河改道(次)	黄河决溢(次)	流域水灾(次)							大旱(次)	蝗灾(次)	最大人口数量(10⁴人)
			黄河	淮河	长江	钱塘江、瓯江等	闽江、赣江等	珠江	东北地区			
BC≥5	1									2	20	1000
4		1										2630
3										1	1	2000
2	4	2	1		3					8	2	3500
1	1	3	1	1						2	2	5000
AD 1	1									8		6300
2		7	4	2	1					8	4	7200
3		1	3	1	4					3	13	2754
4					11	1		2		11	11	3479
5					1					3	4	1740
6					5	2				8	6	5340
7		6	5	2	2	7		1		2	17	5542
8		4	23	4	5	1	1			7	9	9045
9	2	4	10	9	12	3				7	10	6703
10	3	31	4	5	11	2	1	4		13	7	4599
11	6	12	9	1	8	7	1		3	9	8	8513
12	3	9		3	25	20	6		3	14	19	12066
13	2	8	1		12	15	5	1	2	20	13	12480
14	3	35	7	1	21	9	2	2	6	22	10	9830
15	5	28	3	5	33	4	5	2	2	12	19	10100
16	8	20	8	4	31	2	6	2	4	38	31	16630
17	6	26	6	4	43	4	9	6		65	30	11024
18	5	23	4	6	51	3	7	8		25	18	26730
19	7	16	1	2	43	2		11	8	46	25	43216

资料来源：同表 8－9。

在公元前 2 世纪至公元 19 世纪的 21 个世纪中，重大自然灾害在后 10 个世纪(公元 10—19 世纪，概略的 1/2 分位)所占的比例为，大旱 70%，蝗灾 80%；黄河改道 86%，决溢 85%；流域水灾，长江 86%，闽江、赣江等 98%，珠江 92%，东北地区 100%。

后 5 个世纪中(公元 15—19 世纪，概略的 3/4 分位)，对应的数字分别为 48% 和 56%；67% 和 50%；62%、63%、74% 和 53%。在公元 10—19 世纪后半期的 5 个世纪中(公元 15—19 世纪，1/2 分位)，重大自然灾害所占的比例，大旱、蝗灾为 70% 和 68%；黄河改道、决溢为 65% 和 57%；流域水灾，长江 77%，闽江、赣江等 64%，珠江 81%，东北地区 53%。

从朝代看，在西汉，黄河改道 6 次、决溢 5 次；流域水灾，黄河 2 次、淮河 1 次、长江 5 次。有唐一代，黄河改道 2 次、决溢 14 次；流域水灾，黄河 38 次、淮河 15 次、长江 19 次——皆为前后各朝之高峰。

北宋时（公元 960－1127,168 年），黄河改道 7 次、决溢 33 次；流域水灾，黄河 13 次、淮河 7 次、长江 23 次、钱塘江和瓯江等（含太湖流域浙江部分）9 次、闽江和赣江等 1 次、东北地区 4 次——北方水患显著大于南方。北人的大量南迁，使南宋（1127－1279,153 年）时北方水患大减而南方水患大增。黄河改道、决溢降至 3 次和 9 次；流域水灾，黄河、淮河、东北地区降至 0 次、2 次和 2 次，长江、钱塘江和瓯江等（含太湖流域浙江部分）、闽江和赣江等增至 27 次、31 次和 10 次。

晚近的明清，无论是水患还是大旱、蝗灾、大疫和饥荒的频率（次/百年），都是中国历史上最高的——黄河改道、黄河决溢、流域水灾，明为 6.88、22.83 和 56.52，清为 4.87、22.47 和 74.16；大旱、蝗灾、大疫、饥荒，明为 32.61、25.36、26.45 和 33.7；清为 37.83、21.35、68.54 和 33.71。

参考文献

[1] 金其铭,杨山,杨雷.人地关系论[M].南京：江苏教育出版社,1993.

[2] B.A.阿努钦.地理学的理论问题[M].李德美,包森铭,译.北京：商务印书馆,1994.

[3] 斯大林.论辩证唯物主义和历史唯物主义[A]//斯大林选集(下卷)[C].北京：人民出版社,1979.

[4] 中国大百科全书总编辑委员会《地理学》编辑委员会.中国大百科全书·地理学[M].北京：中国大百科全书出版社,1994.

[5] 原华荣.文明的脉动、启迪、挑战和应对——"小人口"原理(第 2 卷)[M].北京：中国环境出版社,2013.

[6] 原华荣."生态目的性"与环境伦理——"小人口"原理(第 3 卷)[M].北京：中国环境出版社,2013.

[7] [美]弗·卡特,汤姆·戴尔.表土与人类文明[M].庄峻、鱼珊玲译,陈淑华校.北京：中国环境科学出版社,1987.

[8] 原华荣.环境寿命与文明兴衰[J].西北人口,1997(3)：38－41.

[9] 易正.中国抉择：关于中国生态条件的报告[M].北京：石油工业出版社,2001.

[10] [美]保罗·艾里奇、安妮·艾里奇.人口爆炸[M].张建中,钱力,译,钱炜校.北京：新华出版社,2000.

[11] [美]查尔斯·哈珀.环境与社会——环境问题的人文视野[M].肖晨阳、晋军等译,马戎等校.天津：天津人民出版社,1998.

[12] 孙儒泳.动物生态学原理[M].北京：北京师范大学出版社,1987.

[13] 原华荣,周仲高,黄洪琳.土地承载力的规定和人口与环境的间断平衡[J].浙江大学学报(人文社会科学版),2007(5)：116－123.

[14] 蔡晓明.生态系统生态学[M].北京：科学出版社,2002.

[15] [法]阿尔弗雷德·索维.人口通论(上)[M].查瑞传,邬沧萍,戴世光,侯文若,译,查瑞传、邬沧萍校.北京：商务印书馆,1983.

[16] 原华荣."马尔萨斯革命"和"适度人口"的"终结"——"小人口"原理(第 1 卷)[M].北京：中国环境出版社,2013.

[17] 张善余.世界人口地理[M].上海：华东师范大学出版社,2002.

[18] [美]亨利·乔治.进步与贫困[M].吴良健,王翼龙,译.北京：商务印书馆,1995.

［19］宋健、宫锡芳、宋子成等.中国理想人口目标的定量研究和优化分析［A］.中国人口学会.第三次全国人口科学讨论会论文选集［C］.人口研究（增刊），1981：176－190.

［20］田雪原、陈玉光.从经济发展角度探讨适度人口［A］.中国人口学会.第三次全国人口科学讨论会论文选集［C］.人口研究（增刊），1981：162－169.

［21］《中国土地资源生产能力及人口承载量研究》课题组.中国土地资源生产能力及人口承载量研究［M］.北京：中国人民大学出版社，1991.

［22］浙江省统计局、国家统计局浙江调查总队.浙江统计年鉴——2011［M］.北京：中国统计出版社，2011.

［23］陈桥驿.浙江灾异简志［M］.杭州：浙江人民出版社，1991，杭州.

［24］赵文林，谢淑君.中国人口史［M］.北京：人民出版社，1988.

［25］王嗣均，王瑞梓，等.中国人口·浙江分册［M］.北京：中国财政经济出版社，1988.

［26］宋正海，孙关龙，陈瑞平，等.中国古代重大自然灾害和异常年表总集［M］.广州：广东教育出版社，1992.

［27］路遇，藤泽之.中国人口通史［M］.济南：山东人民出版社，2000.

第九章　发展安全

粮食(耕地)、能源、水资源、水环境安全,环境空气质量改善和森林质量提升是浙江发展安全的根本。协调人口与资源－环境关系,保证发展安全应以建设生态文明,贯彻环境保护优先,减轻环境冲击量为指导思想和原则;以缩减人口－经济规模,提高经济运行质量,推进国土整治、小流域治理、生态移民,新型城市化和城市人口、产业"郊区化",强化节能减排,发展循环－低碳－"轻型经济",以及开展"蓝天"、"湿地保护"、"净土"、"净水"、"碧海"和"森林质量提升"六大工程为综合对策;以构建生态补偿长效机制,加强法制/制度建设、提高违法成本,强化执法力度,建立信息公示制度,推动舆论和公众监督,推行环境保护业绩考核制和领导"问责制"为对策的实施保障。

一、发展安全

(一) 从传统安全到"非传统安全"

——从"空世界"到"满世界"

在全球变化的背景下,由资源枯竭、生态/环境退化和生物灭绝引起的"发展安全"问题已日益凸显。按戴利的说法,我们正处在一个由"空世界"向"满世界"转变的时代——自然生态系统不断为人类和其制造品、驯化生物替代,经济系统的输入、输出由不受限制到日益为生态环境退化和污染所限制,与"有限世界"相伴随的,是对经济的限制因素由人造资本向剩余自然资本的转移[1]11、307。

——从军事入侵到荒漠化蔓延

布朗看到,对国家安全的威胁已由"传统的"军事方面扩展到"非传统的"——资源、能源、生态、环境等诸多领域,而且对很多国家来说,这些威胁,如"沙漠扩延或土壤侵蚀可能比入侵敌军更能威胁国家的安全"[2]289,认为现代社会不可能崩溃是一种危险的幻想[2]101。由此,他主张重新定义国家安全并呼吁:把安全防范的重点由传统的人与人的关系方面,转向非传统的人与自然关系的领域;减少军备开支,把投资的重点转向人口控制、资源、能源安全和生态环境保护——即发展的可持续性上来[2]289-291、[3]序3。

——从政治稳定到"粮食安全"

"沙漠扩延或土壤侵蚀可能比入侵敌军更能威胁国家的安全"在于全球(气候、覆被)变化对沙漠扩延、土壤侵蚀的加剧,和农业、粮食安全可能的灾难性影响。粮食安全是维护政治稳定的基础——没有粮食安全,政治稳定便无从谈起。

——环境问题的关联性:今天吃的白面包,明年春天可能会在堤坝上冲开一个缺口而淹没新奥尔良

对这一变化早有认识和明确提出可持续性,并特别强调环境问题关联性的是福格

特。他在《生存之路》（1949）中写道，"人类由于过度生育和滥用土地已陷入了生态陷阱"[4]267。"今天吃的白面包，明年春天可能会在堤坝上冲开一个缺口而淹没新奥尔良。今年从澳大利亚正在遭受侵蚀的山坡上收获的小麦，30年后可能会燃起一次日本战争的火焰"[4]268。而那些滥用土地的人，则在为城市提供粮食、纤维、木材的同时，也由于对资源的破坏而把自己变成了"生态难民"[4]104-105、135、182。

（二）"发展安全"的概念和内涵

——"发展安全"的概念和宗旨

"非传统安全"即相对于军事、政治、社会等传统国家安全而言的资源、能源和生态/环境安全。非传统安全虽然得到广泛使用，但"非传统"只是相对于"传统"而言的分类概念而所指不直接，亦未明确目的性，更为重要的是，非传统安全的凸现强化了传统安全而使可持续发展处于双重威胁之中。是故，本研究从突出发展的可持续性和对传统安全的包容①出发，用更目的化、理论化、辩证化、系统化的"发展安全"替代"非传统安全"。"发展安全"指，各发展要素自身的安全和对安全发展的保证——支持而不是显著制约发展。其宗旨或目的在于，通过对各发展要素状况及其相互关系的监测、预警、调整，保证各发展要素自身的安全——有保障的供给或稳定，进而对生存和发展的持续支持[5]106。

——"发展安全"的内涵

"发展安全"包括资源安全、生态/环境安全、国土安全、社会安全、人口安全等从传统安全到非传统安全更为广泛的内容[5]106-107。

国土安全　源于国土要素变异对人类、生物活动的影响，指通过监测、预警、预防和应对，避免国土要素大变异的发生，或把不可抗拒变异对生存和发展的危害降到最低程度。国土安全问题主要有气候变化（如温室效应及其影响）、灾害性天气（沙尘暴、暴雨、降温、大风、高温、极寒）、洪涝、生物灾害（种群爆发、生物入侵、病害、虫害）、滑坡、泥石流、火山、地震、海啸，以及大型工程安全。

社会安全　源于国家、民族、宗教、政党、阶层、群体间的矛盾和冲突，指通过协商、调解、社会保障，避免矛盾的激化或把冲突降到最低程度，保证社会的稳定、和谐，为生存和发展创造良好的社会环境和条件。包括国防安全、国家安全和（狭义的）社会安全三个方面。

资源安全　指资源供给对生存和发展需求的持续满足。可区别为资源安全（狭义，水、土、生物、矿产等）、能源安全、粮食安全；或可更新资源安全和不可更新资源安全。

有限性——土地、生物资源的有限性，主要工业化资源（化石能源、地质矿藏）的不可更新性，特别是人类需求对自然供给的超越表明，一切为生存和发展所必需的资源，都存在一个安全问题②——而且，对生存和发展的必要性越大，其安全问题便越重要。在当代，对生存和发展不可或缺的，且供给受到越来越大限制的资源主要有水、土地、粮食、能源和为工业所需的各类重要矿产。与资源、粮食安全不同的是，能源安全的基本要义除有保障的

---

① 以世界由"空"向"满"的转变为背景，不仅资源、环境等非传统安全问题凸显了出来，由于资源、环境等问题的基础性，军事、政治、社会等传统国家安全问题同样被强化、被加剧——于是，世界上的每一个国家和民族，便毫无例外地被置于双重的安全威胁之中。

② 对行将枯竭的化石能源、地质矿藏而言，其供需矛盾是无解的；对可更新的资源、能源来说，也存在利用速率大大超过可更新速率而带来的退化问题。资源供给因生态/环境退化和资源配置不当所导致的减少，特别是可更新资源的减少，则进一步加剧了供需矛盾——如土地和水资源因污染造成的可利用量的减少。

供给外，还有对环境，特别是对大气环境的低污染。

生态/环境安全 指人类活动的冲击力被控制在环境承载力之内，污染远小于环境的自净/消纳能力。包括生态安全和环境安全。对生态安全来说，是生物多样性的保持和生态功能的正常；对环境安全来说，是环境各要素组分的稳定和环境功能的正常。

人口安全 包括数量安全、结构安全、遗传安全、生存安全和人力资源安全。当代人口数量安全的下限（最低限度的安全），是对"临界土地承载力"①的不超越。

（三）"发展安全"的特征

"发展安全"各要素和相互间关联的特征，都是十分突出和重要的[7]220-222。

——"发展安全"的一般特征

从宗旨/目的和内容看，"发展安全"具以下五个方面的显著特征：

第一，普遍性和地域连通性。发展安全存在于从社会到自然的各个领域，以及安全问题没有障碍地到处扩散并为全球化、资本大规模跨国界自由流动所加强。第二，整体性或系统性。即危机既是部分的又是整体的，部分危机复合为总体危机，总体的安全反过来又影响着各个部分的安全。第三，高层级和大尺度性。发展安全问题主要发生在人与自然这一与人类、地球生命生存和发展息息相关的高层级上，具长期、全球范围的大尺度时空特征，且低层级、小尺度上的问题可复合为高层级和大尺度问题。第四，正反馈性。即安全问题通过相互关联而相互强化、放大所呈现的正反馈性。第五，安全要素的同一性、相互关联，以及内在矛盾造成的目标冲突、不确定性和抉择困难。

——各因子安全的关联性、目标冲突和不确定性

资源安全、生态/环境安全与国土安全、社会安全、人口安全也是紧密关联的：以气候变化、灾害性天气、洪涝、生物灾害为主要内容的国土安全，在很大程度上是一个资源安全和生态/环境安全问题；资源安全、生态/环境安全为社会安全、人口安全提供着物质保障，并可有效缓解诸多社会安全和人口安全问题——当资源、生态/环境安全程度得到提高之后，"资源战争"、"环境战争"的风险也就减小了。同样，社会安全、人口安全也会影响资源安全和生态/环境安全——最明白无误的例证是，为保证"粮食安全"而对耕地过度利用导致的土地和生态/环境退化。各安全因子的地域连通性、整体性、同一性、相互关联性和内在矛盾性造成的安全关联、目标冲突和不确定性，既给我们提供了帮助，也对保障发展和抉择带来困难而必须予以高度关注。如水体污染治理的一举多得问题——既提高了水质，又带来可利用水资源量的增加和为水生生物提供了有利的生态/环境等。土地利用中的目标冲突问题（粮食安全与房地产开发），山区修路在推动脱贫致富的同时带来对森林生态/环境的破坏，游牧民定居在提高生活质量的同时带来荒漠化发展和生态大灾难等[8]，则是发展安全中目标冲突和抉择困难的典型。

——一体性、矛盾性共存的生态/环境安全与资源安全

各生态、环境要素千丝万缕的联系和相互作用所形成的"联通性"，使生态安全和环境安全在时空上成了一个内在关联——生态安全是环境安全，环境安全也是生态安全——和地域关联的统一体。生态/环境安全源自人类活动对自然系统的破坏性扰动及

---

① 一个国家或地区在保证土地持续利用和生态/环境稳定条件下，在一定技术水平、投入强度下所能永久、稳定支持的人口或人类活动[6]。

环境容量/"生态阈值"(生态韧度)的有限性。当代突出的安全问题,如物种灭绝、生物多样性下降、栖息地破坏、荒漠化、森林减少和退化,大气、水体和土壤污染,跨越地域/国界的沙尘暴、洪水、酸雨、种群迁徙(蝗灾)、生物(生态)入侵,全球气候变化等,是在人类高强度扰动下内在关联、地域关联作用在整个生态系统和全球范围的展现。

生态/环境安全问题也与资源安全息息相关:土地的减少和退化既是资源安全问题,又会导致生态/环境安全问题——荒漠化(石漠化)的发展和生物多样化的下降;同样,荒漠化的发展、生物多样化的下降也会带来土地资源的退化和减少。

对可更新资源来说,其本身或是生态因子(野生生物)而使资源安全与生态安全呈一体性——生物量减少和物种灭绝/资源安全与食物链的断裂、食物网破碎/生态安全的并存;或是环境因子(大气、水体、土壤、森林、生物)而使资源安全与环境安全呈一体性——水体、土壤污染既是环境安全性的下降,同时也是水、土地资源安全性的下降;或既是生态因子又是环境因子(森林、野生生物)而与生态/环境安全呈一体性——森林的破坏,则既是木材资源的减小,同时也是生态/环境安全性的下降。

不可更新资源、能源的安全,以及驯化生物(动、植物)的安全——对需求的持续满足或有保障的供给,则与生态/环境安全呈负相关关系——驯化生物种群的扩张与野生生物种群的相应缩减,资源、能源有保证地供给和利用,则意味着有更多的废物、废气被排放到环境之中而导致环境安全(污染、碳排放、全球气候变化)和生态安全问题。由是,除保证供给之外,我们面临的还有对冲突和对立目标的协调。

二、生态/环境的困境与走出

技术虽然被视为一柄"双刃剑",但对面临的各种问题,人们却总是热衷于"技术解决";人口虽然被视为一个大问题,但在解决各种问题的实质性对策中,作为"基本国策"的人口控制却很少被提及——而"技术依赖"和人口—经济规模控制的缺位,却正是中国——浙江和各地区生态/环境陷入"局部改善、总体恶化"困境的认知论和对策论根源。

(一)中国生态/环境的困境与困惑

中国生态/环境陷于"局部改善,总体恶化"的困境;"总体恶化"随"增加投入,强化管理,创新体制"的发展,则使人们陷入"路在何方"的困惑[9]。

——"局部改善,总体恶化":中国生态/环境的现状和困境

对中国的生态/环境,"局部改善,总体恶化"(国家环保总局,2010)既是现状,也是面临的困境——通过长期的努力,人们改善了一个个局部的环境,但就是不能通过"局部改善"的累积达成"总体改善",甚至连遏制"总体恶化"的趋势也未能做到。"局部改善"给人们带来希望,"总体恶化"则似乎成了中国生态/环境的"顽症"而强烈地冲击着人们的信心。

——"增加投入,强化管理,创新体制":技术—体制性的应对

主导性、逻辑性的意见是循"事实—推理/原因—应对/目标"展开的:既然能通过投入(技术等)、管理、改善体制做到"局部改善"(事实),那么,就能通过一个个"局部改善"的累积,达成"总体改善"(推理);之所以未能达成"总体改善",在于总体上的"投入不足、管理不善和体制障碍"(原因)。所以,只要进一步"增加投入,强化管理,创新体制"(应对),便能阻遏"总体恶化"的趋势,走出困境而最终实现生态/环境的"总体改善"(目标)。

——"总体恶化"的发展，对技术—体制性解决根本性的质疑和"路在何方"的困惑

在 20 世纪 70 年代，山是绿的、天是蓝的、水是清的、空气是鲜的；如今，山已不再那样绿，水已不再那样清（不少已发黑、发臭），天空则变得昏暗，雾霾一年比一年肆虐，大城市的空气则使人有"窒息"之感。与之对照是：前 30 年是几乎无环境意识的芸芸众生，技术落后、管理水平低、体制缺陷显著和超标排放……后 30 年是环境意识不断增强的公民，技术进步、管理水平提高、体制不断完善，治理力度不断提高……

"总体恶化"随技术—体制性投入的发展，将对技术—体制性解决根本性/第一策地位的质疑，以及改善生态/环境"路在何方"的困惑，尖锐地摆在了 14 亿国人的面前。

（二）技术的本质和"软肋"

对技术本质、规模问题的正确认知①，是探寻"局部改善"与"总体改善"之间横亘之物，由"局部改善"通向"总体改善"之路的必需和关键[10]32-34。

——技术的本质：物质、能量耗散指向和"时间节约"

技术在本质上是指向物质、能量耗散而节约时间的。由是，人们才可能借助技术进步，在更短的时间里耗散更多的物质、能量——如在 1 天用光过去需 20 年才能"转换"完的自然物（"一天等于二十年"）②，把社会推向人口—经济的"高位均衡态"而创造辉煌的文明。

——技术的"软肋"："天花板效应"，物质、能量节约与"时间节约"的极不对等

技术（人）既不能消灭，也不能创造物质和能量——对物质、能量的节约，作为"转换器"的技术所能做的事情，只限于提高转换/利用效率；热力学第二定律的存在，则为利用效率随技术进步的提高设置了"天花板"——永远小于（<）100%。

对物质能量的耗散是个存在极大上升空间的"大数"，对物质能量的节约因"天花板效应"的存在而是个极不对等的"小数"——由是，对物质能量的耗散在很大程度上形成不可逆的（"覆水难收"）"破坏效应"和环境相应的低修复③。是故，技术永远无法改变人口—经济规模与物质能量耗散、环境冲击量和环境破坏的正相关而"失灵"：不能有效修复生态/环境，克服"环境约束"和"资源瓶颈"，进而"增长的极限"（"熵垒"）④。

是故，作为资源、能源节约的循环经济、低碳经济，对消除人口—资源"瓶颈"，协调人口与资源、环境关系，遏制生态/环境退化的作用是有限的。

---

① 经济与环境倒"U"形曲线关系理论、发展与碳排放"脱钩"等所表明的，是对技术本质和规模问题的缺乏认识。

② 每人每天消费的用水量、能量，当代人为原始人的 42 倍和 115 倍[11]80-83。据此，与原始社会（100 万人）相比，当代社会（70 亿人）的总用水量、总耗能提高了 29.4 万倍和 80.5 万倍。浙江 2010 年的能源消费（万吨标煤），相当于 1990 年、1980 年的 6.17 倍和 16.40 倍。

③ 低修复表明"谁破坏谁修复"的法规很大程度上是一句缺乏生态常识的空话。

④ "技术万能论"使人们既希望运用科学推动经济发展，又希望借助技术相应地节约资源和保护环境——而自然却只允许人们实现一个愿望。在这里，"相应地"指，技术在推动经济发展，带来资源利用和废弃物产生增加的同时，还要能通过资源节约（以及替代、开发）满足（增长了的）经济的需求，通过减少排放和提高环境消纳能力保持良好的环境。物质、能量节约与"时间节约"的不对等既是对"增长极限"在理论层面的论证，也是对"没有免费午餐"的技术支持：你要增加人口、提高物质享受，就得面对拥挤的交通和忍受雾霾的伤害。

（三）无技术－制度解的"规模问题"

——"规模问题"和无法逾越的"规模障碍"

"规模问题"指，由规模（数量、质量）规定和引致的，只有通过改变自身规模才能解决的问题。由是，规模问题是无技术－制度解的。如，种群规模过大（超越生境容量）导致生物出生率下降、死亡率上升（"最大种群规模效应"）；规模降至"有效种群规模"（避免近亲繁殖，保证成体进行随机交配的"最小种群规模"）之下，同样会导致种群衰退和消亡[13]210——解决问题的唯一方法是缩减或扩大种群规模。

地球、月亮绕着且只能绕着太阳、地球转——为太阳、地球质量（m），进而万有引力大于地球、月亮所规定——表明的，是"规模障碍"的无法逾越——只有在宇宙再一次"大爆炸"中才存在解。阿基米德无法撬起地球的原因，即在于"规模障碍"而非"杠杆原理"的错误：找不到足够长的"杠杆"——6.14×10^{26} km，为宇宙直径（1560 亿光年）的 430 倍，当然也在宇宙中找不到"支点"。

——"规模问题"的历史见证和现实

帝国被她的重量所压垮：历史在很大程度上就是一个数量问题　王朝的更替、帝国的衰亡——"历史在很大程度上就是一个数量问题"（爱德华·黑莱特·简）：中国历史上的 12 次人口高峰，无一例外地与农民起义、资产阶级革命和外族入侵相关联：其中 9 次导致王朝更替、2 次（安史之乱、太平天国）对王朝带来重创，1 次（辛亥革命）结束封建社会[14]86-88——借用伽利略的话来说，他（王朝、帝国）是被自身的重量压垮的（"如果他的高度不寻常地增加，他就会在自重下跌倒和摔坏"）[15]121 ①。

历史时期自然灾害、饥荒、瘟疫与人口规模和分布的正相关　（参见第八章之人口与环境关联演变的历史见证）

"规模效应"、"排斥效应"、"破坏效应"、环境冲击量与人口－经济规模的正相关（参见第八章之人口与资源、环境的一般关系；本章的相关内容）

——无技术－制度解的"规模问题"

"资源枯竭"和"环境退化"是由大规模人口－经济引至的规模问题。对技术"时间节约"本质、"软肋"，经济发展与资源耗散和污染不可改变正相关关系，技术在环境冲击量中扮演角色（参见第八章之浙江人口与资源－环境关联演变）的分析表明，同生物界、自然界中的规模问题一样，除缩减（人口－经济）规模②之外，此种规模问题也是无解的③——唯一有别的是，技术可对规模问题予以弱化，即降低规模与问题的关联程度。

社会制度、体制创新和管理涉及的，也只是个效率问题——且加强管理、创新体制带来的效率提高，在显著性上又弱于技术。是故，同技术一样，制度变迁和体制创新对在根

---

① 规模问题是一个随处可见的普遍性问题：沙堆到一定高度会自行崩塌，珠穆朗玛峰再增高就会被自身的重量所压垮；一只蚂蚱会成为小孩的"宠物"或为画家带来"灵感"，十几亿只蚂蚱就会变成导致千里赤地的"蝗灾"；小"共同体"（乡村社会）有助于亲密邻里关系的形成，大"共同体"（城市）则会导致人际关系的淡漠……[14]141-143。

② 提出存在"无技术解问题"的是哈丁（1960），在他看来，人口（规模）问题即是一个"没有技术解决办法的问题"[16]147。当梅多斯等（1992）指出"贫穷是无法通过无限制的物质增长终止的；它必须通过人类物质经济的收缩来解决"时，便明确将"规模问题"归为"无技术解问题"[17]前言4。

③ 生态/环境稳定性与土地承载力反向关联[6]所表明的，也是如此。

本上彻底解决规模问题一样是无能为力的——如同中国、浙江历史时期自然灾害与人口规模（和利用强度）的关联一样。（参见第八章之人口与环境关联演变的历史见证）

——"数量原理"："规模问题无技术解"的理论解

对"规模问题无技术解"还可从数量原理中获取理论解释。（参见第八章之"数量原理"和"层级－尺度理论"：新人－地关系的理论）

"规模问题无技术解"与"技术万能论"不相容；前者的成立是对后者的否定。前者符合、后者违背"物质不灭"、"能量守恒"和"热力学第二定律"（熵定律）。

（四）中国生态/环境困境的走出

——人口数量：决定人类社会、"生物圈"命运的"序参量"

人口数量是规定人类社会中人口的各种现象、结构、质量乃至每一个人命运的"序参量"。正如"协同学"的创始人赫尔曼·哈肯所指出的："在所有已讨论过的情况中，序参数与个体之间存在着一种特殊的关系……即与某一物种的个体数目相关联……在这些数量细节的后面隐藏着无数个个体的命运，它们是由总人口这个序参数虽然只是总体地，却又是极其严格地决定的。"[18]78

数量的巨额增长和改变自然能力的极大增强，使人类成了一种巨大的，如同太阳能量、气候变化一样改变地球面貌的"外营力"——由是，人口数量在规定人类命运的同时，也成了规定"生物圈"中每一个生物物种命运的"序参量"。

浙江人口与资源、环境演变的未来，既取决于人们的环境觉悟和各种对策的实施，也与人口的规模密切相关——当20多年后人口达 $6550×10^4$ 人（629 人/km^2）的峰值（2037年，中位预测）时[19]485，人口的"规模效应"、"分母效应"将会进一步显现。

——中国生态/环境的"总体恶化"：规模"强制"下的一种必然

不少人认为，过量使用化肥、农药造成了严重的环境污染：中国耕地约为世界的1/11，而化肥、农药施用量却皆占世界的1/3，为全球平均强度的3.7倍，其他地区强度的4.9倍。且其中七成是不必要的。过量使用化肥和农药并造成严重环境污染是不争的事实，但人们却似乎忘记了也许更为根本的事实：

化肥、农药使用量与粮食产量和人口规模的正相关——中国以 9％的耕地，生产了22％的粮食，养活着 20％、密度为全球平均 2.7 倍的人口。显然，对化肥、农药大量且极大超出世界平均强度的使用，和对环境支持力的极大透支，正是中国庞大人口－经济规模"强制"下的一种必需：如果化肥、农药施用数量显著下降，我们还能生产那么多粮食、养活那么多人口吗？中国生态/环境的"总体恶化"，正是规模"强制"下的一种必需——虽然化肥、农药的效益在不断下降，但只要能增加些许产出，人们还是会继续投放化肥、农药以增加对 14 亿人口而言所必需的粮食[9]。

极低的人口资源比——占世界 9％的耕地和 20％的人口——在迫使人们过量使用化肥。农药的同时，还使中国的环境承受着 4 倍于全球平均水平的强干扰——每年因农业、采矿等活动搬动和迁移的岩石、土壤达 391.7 亿吨，占世界 1360 亿吨的28.8％；人均 31.8 吨，为世界平均 22.7 吨的 1.4 倍；每平方公里移动量 4200 吨，为世界平均的 4.03 倍[11]14。（附录一）

——缩减人口规模：通往生态/环境"总体改善"的必由之路

对一个数量、规模巨大的人口和经济来说，资源安全便意味着大量能源、物质有保证地、源源不断地被投入到生产过程中去,进而大量污染物被产生出来并被投入到环境中去,导致生态/环境的不安全。由是,庞大规模的人口－经济便成了"局部改善"与"总体改善"之间的"横亘",缩减人口－经济规模便成了协调人口与资源、环境关系,保证发展安全的根本和关键。而它的缺位,便成了中国生态环境陷于"总体恶化"困境的根本原因:

技术－制度投入带来了一个个局部环境的改善,而维持超越一切时代的,亘古未有的,且还继续增加的人口数量和经济规模所必需的巨大物耗、能耗和废物、废热排放,则阻断了"局部改善"通向"总体改善"之路——技术－制度可使一座座小木屋(通过生火炉)在冬日"春意盎然",但广阔的原野依然是"冰天雪地"。如果不这样理解问题,便无法解释 20 世纪 80 年代前"环境无为时代"(除少数先行者外,无明确环境意识,社会无自觉环保行动的一种情景。)生态/环境显著好于当下的不争事实。

就浙江而言,1978－2010 年对环境的冲击量,人口增加了 0.45 倍,经济总量(按可比价)增加了 47.45 倍。由之而来的,是地表水(地表水系、平原河网、湖泊、水库)水质的下降,水环境的退化,地下水漏斗的形成和扩大,地面沉降的发展,雾霾的急剧增加和近岸海域水质的急剧恶化……被誉为"人间天堂"的杭州,即因高于其他城市的人口－经济冲击量(市区人口密度 1417 人/km²,为全省均值的 2.7 倍;经济密度 15452×10⁴ 元/km²,为全省均值的 5.8 倍[20]550)而成为浙江环境空气质量最差的城市和雾霾的最大受害者———一年之中,约 40% 以上的时间(2006－2010 年年均雾霾日高达 160 天)看不到太阳,或只能看到挂在空中的一盏"红灯笼"。

——"他山之石"

与世界部分国家的比较表明,人口数量多(高人口密度)与低效率(高耗能强度)的并存是浙江协调人口与资源、环境关系,保证发展安全的症结所在:高能源密度在导致对环境高冲击量(污染等)的同时,由于耗能强度高/能源－经济密度比低,并未带来相应的高经济密度;高的人口密度则规定了,与(相对)高经济密度对应的,也只能有低的人均GDP。(表 9-1,图 9-1)

2010 年,浙江人口密度(人/km²,下同)523 人,为英国(254 人)、法国(109 人)的 2.06 倍和 4.80 倍,为美国(33 人)、俄罗斯(8.2 人)、澳大利亚(2.9 人)的 16 倍、64 倍和 180 倍;能源密度(10⁴t/km²,油当量)1134,仅少于日本(1263),是英(809)、法(415)、美(243)的 1.40 倍、2.73 倍和 4.67 倍,俄罗斯(40)、巴西(31)澳大利亚(16)的 28 倍、36 倍和 71 倍;经济密度(10⁴ 美元/km²)400,低于日本(1444)、英国(917)和法国(441),是美国(157)、巴西(24)、澳大利亚(16)、俄罗斯(9)的 2.56 倍、16 倍、25 和 46 倍;耗能强度(t/10⁴ 美元,油当量)2.833t,高于孟加拉国(2.316t),为加拿大(2.098t)的 1.35 倍,美国的(1.554t)1.82 倍,巴西(1.277t)的 2.22 倍,澳大利亚(0.998t)、法国(0.9841t)、英国(0.882t)的 2.84 倍、2.88 倍和 3.21 倍。

能源密度与经济密度的比值(能源密度=1),浙江为 0.353,高于俄罗斯(0.214)、印度(0.275)、中国平均(0.225)而低于表列其余国家,为日本(1.143)、英国(1.134)、法国(1.063)和澳大利亚(1.002)的 1/3 左右。人均 GDP(美元/人,7652),为巴西(10816)、俄罗斯(10437)的 71% 和 73%,英国(36120)、法国(41019)、美国(47284)、澳大利亚(55590)的 21%、19%、16% 和 14%。

表 9－1　2010 年浙江和部分国家的人口、经济和能源消费

国家和地区	面积	人口		能源消费		GDP			能源－经济密度比	耗能强度
	$10^4 km^2$	10^4 人	人/km^2	10^6 t 油当量	10^4 t /km^2	10^8 美元	10^4 美元/km^2	美元/人	能源密度=1	t/10^4 美元
澳大利亚	774	2223	2.9	123.3	16	12355	16	55590	1.002	0.998
加拿大	997	3406	3.4	330.3	33	15741	16	46215	0.477	2.098
俄罗斯	1708	14037	8.2	685.6	40	14651	8.8	10437	0.214	4.680
巴西	855	19325	23	2277.9	31	20903	24	10816	0.783	1.277
美国	936	31000	33	266.9	243	146578	157	47284	0.643	1.554
法国	58.0	6296	109	242.9	415	25825	441	41019	1.063	0.941
德国	35.7	8160	229	306.4	858	33156	929	40631	1.082	0.924
英国	24.5	6222	254	198.2	809	22475	917	36120	1.134	0.882
日本	37.8	12748	337	477.6	1263	54589	1444	42820	1.143	0.875
印度	329	121594	370	559.1	170	15380	47	1265	0.275	3.635
孟加拉国	14.4	16447	1142	24.3	169	1049	73	638	0.432	2.316
中国	960	134141	140	2613.2	272	58783	61	4382	0.225	4.446
浙江	10.4	5447	523	118.1	1134	4168	400	7652	0.353	2.833

资料来源：新浪博客－blog. sina. com. cn/s/b...2011－12－02,新浪博客－blog. sina. com. cn/s/b... 2013－03－27,百度文库－wenku. baidu. com/view...2010－12－31。

注：浙江的能源按 1t 油当量＝1.4286t 标准煤换算；GDP 按 1 美元＝6.6515 元人民币（2010 年均价）换算。

澳大利亚与孟加拉国的对照,则使人口规模在协调人口与资源、环境关系中举足轻重的根本作用更加凸显:(2015)从经济密度看,澳大利亚是贫困的(15.94×10^4 美元/km^2),孟加拉国是富裕的(142.88×10^4 美元/km^2,是澳大利亚的 8.96 倍);从人均 GDP 看,孟加拉国是极端贫困的(1267 美元/人),澳大利亚是极为富裕的(50962 美元/人,是孟加拉国的 40.22 倍)——在这里,人口数量神奇般地将贫困转化为富裕,将富裕转化为贫困:只相当孟加拉国 0.26％的人口密度(2.8 人/km^2),把澳大利亚送上"天堂";为澳大利亚 387 倍的人口密度(1084/km^2),则在"分母效应"下将孟加拉国推进了"地狱"[1]——正如艾里奇所言,"不管你从事的是什么事业,不控制人口就输了你的事业"[18]11-12。

---

① 数据来源：www. 360doc. com/content...百度快照；www. sundxs. com/phb/116...百度快照。

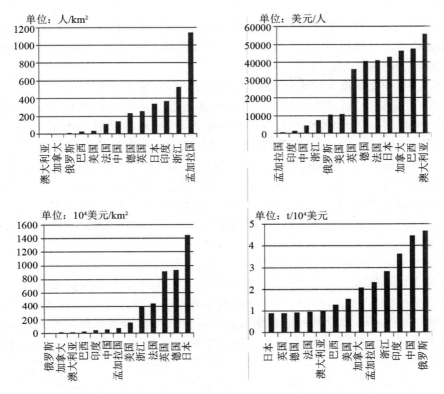

图 9-1　2010 年浙江省和部分国家的人口、经济和耗能强度(据表 9-1)

三、指导思想、综合对策和保障措施

(一) 指导思想和原则

　　协调人口与资源、环境关系,保证浙江发展安全应以建设"生态文明",贯彻"环境保护优先",提升环境觉悟,坚持"供给决定需求",制定资源利用、环境保护的一体性规划,缩减人口—经济规模,提高经济运行质量,减轻环境冲击量为指导思想和原则。

　　——建设"生态文明",贯彻"环境保护优先"

　　"生态文明"即尊重自然、生命,贯彻"生态目的性"——维护地球生物圈的多样、和谐、美丽、稳定和持续,实现人与自然"和解"、人与人"和谐"的文明[14]242-243。

　　"生态文明"建设的要义,(本研究以为)一是确立敬畏生命、尊重自然的生态伦理观,给生命(生物)留出足够的生存空间,推动思想观念的"绿化";二是确立环境意识、生态意识、节约意识,转变发展模式,推动经济过程的"生态化";三是确立人口意识(人口规模无技术、制度解)和人口—环境—经济一体化思想,实施"环境保护优先",协调人与自然的关系,保障生态和经济的可持续;四是确立"为人民服务"的"惠民"思想,既要让广大民众享受发展的成果,又要让他们喝上干净的水,呼吸上新鲜的空气;五是加强"社会和谐",推进城乡一体化;六是确立"代际观念",给后代留下可供生存、发展的足够空间。

在党的十七大上，"生态文明"的理念被正式写进了政治报告①；十八大的政治报告，则进一步强调要大力推进"生态文明"建设，并一改"保护与发展并重"的认知而提出了"环境保护优先"的理念和原则②。

"生态文明"理念的提出、"生态文明"建设的开展，对环境保护与经济发展关系认知相继由"经济发展第一"、"环境保护与经济发展并重"到"环境保护优先"的转变，既标志着中国环境意识、环境认知的提升和环境自觉的开始，也是对以牺牲环境换取经济增长的反思，对生态/环境"局部改善，总体恶化"困境的回应。（附录二）

在生态文明建设中，必须坚决贯彻"环境保护优先"的理念和原则，"建立系统完整的生态文明制度体系，实行最严格的源头保护制度、损害赔偿制度、责任追究制度，完善环境治理和生态修复制度，用制度保护生态环境"；健全自然资源资产产权制度和用途管制制度，划定生态保护红线，实行资源有偿使用制度和生态补偿制度，以及改革生态环境保护管理体制[24]。

——环境觉悟：从环境意识、环境认知到环境自觉

环境意识指主体通过接受宣传教育③，意识到人与生物平等和保护环境对人类生存和可持续发展的重要性，是环境觉悟的初级阶段和在公众层面环保工作的社会基础；环境认知指主体通过对环境伦理和生态知识的学习，在伦理、道德和科学知识层面认识到人与生物平等、保护环境对人类生存和可持续发展的重要性，是环保工作深入开展的社会基础；环境自觉指环境认知在伦理、道德层面的进一步深化，保护环境成为主体的一种自觉行为，一种如同空气、水和食物的不可或缺。从环境意识到环境认知再到环境自觉，是环境觉悟由浅入深的认知过程。

对策实施的保障既是具体的，更是认知的——没有对保护环境根本性的认知，保障措施便"形同虚设"，人们便会对破坏或"视而不见"，或"听之任之"、"敷衍塞责"。

在浙江生态/环境的退化中，将"围涂造田"纳入发展规划和绍兴第二天然湖泊——贺家池的"名存实亡"（参见第五章之湿地生态系统），是环境意识、环境认知和环境自觉缺失的典型。是故，对经济率先发展，生态/环境严重退化的浙江来说，保障"发展安全"

---

① "建设生态文明，基本形成节约能源资源和保护生态环境的产业结构、增长方式、消费模式。循环经济形成较大规模，可再生能源比重显著上升。主要污染物排放得到有效控制，生态环境质量明显改善。生态文明观念在全社会牢固树立。"[22]

② "坚持节约资源和保护环境的基本国策，坚持节约优先、保护优先、自然恢复为主的方针，着力推进绿色发展、循环发展、低碳发展，形成节约资源和保护环境的空间格局、产业结构、生产方式、生活方式，从源头上扭转生态环境恶化趋势，为人民创造良好生产生活环境，为全球生态安全做出贡献。"[23]

③ 利用各种关注自然、人类，保护环境和生物的各种纪念日开展宣传教育，是促进热爱自然、热爱生命（生物），提高环境觉悟的重要一环。国际性和（中国）全国的环境节有：国际湿地日（2月2日）、中国植树节（3月12日）、世界森林日（3月21日）、世界水日（3月22日）、世界气象日（3月23日）、中国爱鸟周（浙江4月4—10日）、世界地球日（4月22日）、国际生物多样性日（5月22日）、世界无烟日（5月31日）、世界环境日（6月5日）、世界海洋日（6月8日）、世界防治荒漠化和干旱日（6月17日）、中国土地日（6月25日）、世界人口日（7月11日）、清洁地球日（9月15日）、国际保护臭氧层日（9月16日）、国际减轻自然灾害日（10月1日）、世界动物日（10月4日）、国际减少自然灾害日（10月14日）、世界粮食日（10月16日）。

在认知上的首要,便是要开展"生态文明"建设,实现由"保护与发展并重"向"环境保护优先"的转变。这一转变的关键,则是对干部政绩、业绩的考核由经济向环境保护(绿色)的转变,以及建立领导干部环境保护(终身)"责任追究机制"。

——从"需求—供给"到"供给—需求":坚持"供给决定需求",彻底转变资源、环境利用模式

"需求—供给"与"供给—需求"是资源、环境利用中两种对立的模式。

"需求—供给"是"有效需求"理论的产物,其经典语言是"需求创造供给",与之关联的是"无限性"和"不受限制的发展"——正如西蒙所大胆地宣称的,资源是"为了满足人们的需求而被创造出来的"[25]590;(当农民需要土地时,就会开垦出更多的土地)在实践中,它引导供给服从需求、满足需求,而很少考虑需求的合理性,供给的有限性、可能性,由此导致对资源的过度利用和环境破坏[26]。"供给—需求"是一种古老的人—地观,其经典语言是生态学的"供给决定需求",与之关联的是"有限性"、"不能无中生有"和"受限制的发展";其实践结果往往是压迫人口和消费的——保护环境是出发点,在有限供给的情况下,必须在降低消费水平与减少人口之间作出选择。

第二次世界大战以来,随着人口—经济的爆炸性增长,尤其是近 30 多年来世界由"空"向"满"的转变和人、"人工物"对世界的充斥,"需求—供给"已越来越显现出其固有的"竭泽而渔"和压迫环境的性质。是故,对资源、环境的利用,必须抛弃违背热力学定律的"需求创造供给"的观点和"以需定供"的做法,牢固确立"供给决定需求"的生态学思想和"以供定需"的原则,严格执行各种"红线制度"(不得超越的各种刚性规定),实现由"需求—供给"向"供给—需求"的彻底转变[26]。

——遵循自然协调"对立需要"的"妥协原则",强化综合研究,从局部优化到总体优化,制定资源利用、环境保护的一体性规划

生物圈的"自调节……并不以满足一种特殊需要为目的,而是以一整套经常互相对立的需要达到妥协为目的,这样才可以最好地满足整个环境的需要"[27]60。长期而广泛的实践表明,当违背自然的"妥协原则"而"以满足一种特殊需要为目的"而行事时,被优化的具体对策之间矛盾的发生便具有了不可避免性,资源利用、环境保护也必然是低效的。是故,为了提高资源利用、环境保护的总体效益,便必须遵循自然协调"对立需要"的"妥协原则",强化综合研究,从局部优化到总体优化,制定资源利用、环境保护的一体性规划。

——缩减人口—经济规模,提高经济运行质量,减轻环境冲击量

当我们认定庞大规模的人口—经济是中国生态/环境"局部改善"与"总体改善"之间的"横亘"时,缩减人口—经济规模便成了协调人口与资源、环境关系,减轻环境冲击量,保证发展安全的题中应有之意。

缩减人口规模之于浙江,除作为"基本国策"的"稳定低生育水平",控制人口增长外,还有人口迁移。(撇开人口"巨规模"流动的其他是与非)不可讳言的是,迁移人口在给浙江带来活力和经济总量增加的同时,也显著地增加了环境冲击量——人口(2010 年常住人口 5446.51×10^4 人,比户籍人口多出 14.7%、698.56×10^4 人),相应的经济规模,资源耗散和环境污染——而成为环境"总体改善"的阻碍。

缩减经济规模,提高经济运行质量之于浙江,一是杜绝低水平重复建设;二是大力削

减产能过剩；三是控制城镇化规模，提高城市化质量；四是节制房地产发展，大力降低"空置率"；五是努力提高产品质量和使用年限[1]。

(二)综合对策

发展安全的特征和本研究对人口与资源、环境关联演变和粮食安全的分析表明，协调浙江人口与资源、环境关系，保证发展安全的对策既应是针对性的(参见本研究以上各相关章节)，也应是综合而相互关联的。

——制定资源利用、环境保护的一体性规划

(参见本节指导思想和原则)

——缩减人口－经济规模，提高经济运行质量，大力减轻环境冲击量

(参见本节指导思想和原则)

——封山育林、开展国土整治和小流域治理；实施生态移民，推动人口梯度转移

封山育林、开展国土整治和小流域治理是缓解人口对资源、生态/环境压力，保持水土，水源涵养林和野生动植物栖息地、原生地保护的战略性对策。

浙江深山区人口虽然不多，但分布范围广，其生产、生活活动对水土保持，水源涵养林和野生动植物栖息地、原生地的保护影响甚大，鉴于此，有必要结合生态公益林建设、小流域治理、在全省实施人口梯度转移战略，减轻中、深山区人口压力，保护源头生态/环境安全。在浙江不少地区，这种梯度转移已经取得了很好的生态/环境效益、社会效益和经济效益，应进一步加大实施力度。

——推进新型城市化和城市人口、产业"郊区化"

浙江城市化存在的主要问题：一是速度快而结构不合理[2]和质量亟待提高；二是青壮年涌入城镇而导致乡村人力资源流失，造成"乡村空心化"、"农业女性化"而影响农村发展和城乡和谐；三是人口、产业向中心城区集中(在使交通、排水等基础设施"不堪重负"的同时)而极大强化了城市对水、空气的污染强度和"热岛效应"——2000年以来雾霾的急剧增加(参见第三章之霾污染的现状、变化和主要污染物)，快速城市化无疑是一个重要原因。

是故，应大力推进新型城市化，建设城乡平衡社会，提高城市化质量，并将人口、产业的"郊区化"作为减弱水、空气强度污染和"热岛效应"，推动城乡一体化建设，应对"乡村空心化"和"农业女性化"的重要对策。

——强化节能减排，积极推行清洁生产，大力发展循环经济和低碳经济

坚持"减量化－再利用－再循环"的"3R"原则，强化节能减排，积极推行清洁生产，大力发展循环经济和低碳经济，基本形成节约能源、资源，保护生态/环境的产业结构、增长

---

[1] 低水平重复建设等是包括浙江在内的中国经济的大祸患——既导致了经济的"虚胀"和垃圾GDP("注水的猪肉")，又极大地浪费着资源、污染着环境。在当前的舆论氛围中，将人口迁移与增加环境冲击量相联系，尤其是为保护环境而主张缩减经济规模，控制城市化和房地产，显然是不合时宜的。但可深信，对城市化、房地产，以及历史上发生过的，与资源利用和环境保护密切关联的大事件——如中国作为"世界工厂"、"世界市场"和具世界规模大移民的是与非，历史是会给出评价的。

[2] 1984－2010年，城镇人口比重由14.51％升至61.64％，增47.13个百分点，年递增率5.72％。与快速城市化同时发生的，是结构的不合理——特大城市(＞100万人)、大城市(20万～100万人)、中小城市(＜20万人)的数量为3个、3个和15个[19]。

方式和消费方式。

——积极推进产业结构和布局调整,坚持"轻型经济",保障能源安全和生态/环境安全。

积极推进产业结构和布局调整,采取强硬措施淘汰落后设备、技术和工艺,分期、分批关停技术落后、污染严重和治理无望的企业;大力限制高能耗、高污染、低效益产业扩张,严格控制新污染源;积极扶持低能耗、低污染、高效益产业和高新技术产业的发展。(附录三)。

浙江能源、矿产极度缺乏,建设资源节约型的、"两头"(原材料、市场)在外的"轻"(轻工业、加工业)型经济体系以适应省情,和国民经济绿色核算体系以推动高耗能、高(污染)排放粗放型经济向集约型经济转变,是浙江突破资源瓶颈,保证能源和生态/环境安全的根本性对策。而"轻"型经济体系对浙江的适应性,在江南早期工业化(1550—1850)和改革开放以来皆已得到验证[28]。

——坚持预防为主和源头治理

生态环境的保护和治理,要坚持预防为主和源头治理的原则。

主动防控与积极治理相结合,以主动防控为主;源头控制与"下游"治理相结合,以源头控制为主;陆源控制与海洋(近岸海域)治理相结合,以陆源控制为主;单项治理与综合治理相结合,以综合治理为主;农村、农业面源治理与村貌整治相结合;处罚与奖励相结合;政府主导与市场调节相结合。

按照"资源化、无害化、减量化"原则,提高对废气、废水、固体废物的处理率,大力控制工业源头、农业/农村面源和生活污染,强化对大气、水体、土壤污染的综合防治和土壤环境质量的保护。

——大力建设、发展(扩大)各类自然保护区

——严格执行关于资源利用、环境保护的各种"红线制度"

——实施六大基础工程,强化对城市环境空气、土壤、水体,湿地、近岸海域生态/环境的综合治理,推动环境质量的全面提升。(附录四、附录五)

(三)实施保障

协调人口与资源、环境关系,保证发展安全既要有针对性、综合性的对策,还要有对策实施的保障——否则,便会被"束之高阁"而成为"一纸空文"。

——加强法规、法制建设

加强法规、法制建设,做到有法可依;强化执法力度,加大处罚,提高违法成本,促使企业治污成本内部化。

第一,环评参与决策。在城市建设、土地利用、资源开发、工业小区建设、产业结构调整等重大规划、项目和决策中,切实贯彻、落实环评制度。

第二,严格环境质量认定和新建项目审批,提高市场准入"门槛"。积极开展ISO14000环境管理系列标准和环境标志认定工作,严格环境质量认定,严格新建项目审批,提高市场准入"门槛"。

第三,实行"以奖代补",促进企业节能技术改造。

第四,推行行业、流域、地域"限批"制度,解决地方保护主义"顽症"。

第五,推行污染物排放总量控制和排污许可证制度。

第六,积极开展各种环保专项整治行动,强化执法力度。

第七，严格执法，建立和完善执法责任制，加强对重点排放企业的监管和执法力度，确保企业达标排放。

第八，及时修正与环境保护不相符合的规定，改变法律建设滞后状况。（附录六）

——构建生态补偿长效机制，推行第三方治理

第一，理顺价格关系，推动生态/环境"补偿机制"建设，协调各方利益关系。强化价格机制改革，理顺价格关系；积极推动生态/环境"补偿机制"建设，征收矿产资源开发、生态补偿费，建立矿山环境保护和土地复垦保证金制度等，协调资源开发与使用、生态/环境保护、建设与受益各方的利益关系。

第二，推动环保科技和环保产业的发展，鼓励发展环境标志、环境友好产品。

第三，实施生态/环境保护责任制。按照"利用者保护、污染者治理、破坏者恢复"的原则[①]，推行生态/环境保护责任制。由利用者、污染者、破坏者对环境进行（或支付费用）保护、治理和恢复，并视情节对污染者、破坏者进行处罚。

第四，引入市场机制，先易后难，逐步推行"第三方治理"（由利用者、污染者、破坏者支付费用，专业机构治理）。

——加强体制、防治能力建设，提高环境监管和保护力度

第一，组建环境保护委员会，加大环境保监管和保护力度。在省、市、县各级，组建环境保护委员会（以环境保护机构为执行机构，政府一把手为领导，各方参与），统筹相关环境事宜，加大环境监管和保护力度。

第二，实行环境保护"一票否决制"和"单位负责、地方监管、国家监察"的"三级监管制"，强化各级政府的环境保护责任，加大环境监管的力度。

第三，加强防治能力建设，提高环境监管水平。加强环境研究体系建设；加快、完善环境统计、环境信息、环境监测、环境监管、污染预警、突发事件应急网络系统建设，全面提升预警能力；建立统一的环境保护和监管机制，进一步提高环境监管的自动化水平。

第四，加强宣传教育，提高全民环境意识，动员公众参与和监督。

——修改环境法，提高违法成本，加大对环境违法的惩处和环境犯罪的打击力度，应对违法性环境破坏，落实"利用者保护、污染者治理、破坏者恢复"的原则

第一，提高违法成本，加大对环境违法惩处和环境犯罪的打击力度，落实"利用者保护、污染者治理、破坏者恢复"的原则。相关环境法中对环境违法惩处和环境犯罪的打击力度甚轻，难以起到威慑和打击环境违法、犯罪的作用，使"利用者保护、污染者治理、破坏者恢复"原则在一定程度上成了"一纸空文"。是故，应修改相关环境法，提高违法成本，加大对环境违法惩处和环境犯罪的打击力度，使环境法真正起到威慑违法、犯罪分子和保护环境的作用；对环境违法，既要有足够力度的经济处罚（随经济发展调整），还要追究违法主体（个体、法人）的刑事责任而不得以罚代刑。

第二，将"执法成本"计入"违法成本"，降低"执法成本"，提高执法效率，减少"环境违

---

① 此环境保护的重要原则，因生态学缺位而存在理论缺陷——把生态/环境视为一般商品，忽视了其"不可逆性"或低"可逆性"（参见本章之"技术的本质和'软肋'"）；在实践中则允许，进而助长了污染和破坏。是 GDP 导向和"边污染边治理"的产物，须引起学界和职能部门重视。

法"，推动"环境守法"。修改相关环境法，将"执法成本"计入"违法成本"（经济处罚、刑事责任），打破"守法成本高、执法成本高、违法成本低"的"两高一低"困境，由之降低"执法成本"，提高执法效率，减少"环境违法"，推动"自觉守法"①。

——组建"生态警察"，联合（合力）执法、强力执法和威慑（预防）犯罪

我国的环境执法面临两方面的困境。一是生态/环境对人类生存的根本性和可持续发展的战略意义尚未被社会、行政领导和企业家所深刻认知，除个体、团伙外，以法人、单位为主体，在发展经济名义下的违法、犯罪仍层出不穷，且由于涉及地方、部门利益而查处难度大（行政干预、地方保护主义），责任人得不到追究；一是环境保护执法处于分散（环境、林业、国土资源、农业、渔业、海洋等部门）和（除森林公安机关）无刑事侦查权的软弱状态——这是环境犯罪猖獗、不法分子（从个体、团伙到法人、单位）得不到应有惩处，环境正义得不到伸张的极为重要的原因。

提高认知是一个费时的过程而非朝夕之功；部门利益、地方保护主义也非一纸公文便可消除。是故，组建生态警察②，合力（集各部门力量）执法、强力执法，是在自觉保护环境（意识、行动）缺位背景下，应对部门利益、地方保护主义，保障环境正义，威慑（预防）违法、犯罪的必需和根本之策。

组建生态警察，也是对政府环境意识、环境认知、环境自觉的检验。对环境严重退化的浙江，应在省一级率先组建生态警察——如同经济率先在全国发展那样。

——建立信息公示制度，推动舆论和公众监督；建立环境保护承诺制度，运用信用约束机制，推动企业自律守法和环保部门忠于职守

第一，建立信息公示制度，实行有奖举报制度，推动舆论和公众监督。建立信息公示制度，将企业的主要信息公示于众，定期、不定期公示环境监测结果，实行有奖举报（及举报人保护）制度，推动舆论和公众监督。

第二，建立环境保护责任承诺制度，运用信用约束机制推动企业自律守法和环保部门忠于职守。政府管理部门、企业应对各自所承担的环境保护责任（包括失责的自我惩戒），做出具体的、详细的承诺，公示于众，运用信用约束机制，推动企业自律守法和环保部门忠于职守。

第三，建立环境保护奖惩制度，开展"自然之友"、"环保守法"的公众评选活动，进一步推动企业自律守法和环保部门忠于职守。建立环境保护奖惩制度，对履行环境保护责任承诺的管理单位、企业予以奖励，对履行环境保护责任承诺不到位的管理单位、企业予以惩罚；开展"自然之友"/"环境监管缺位"（管理单位）、"环境守法"/"环境违法"（企业）

---

① 如查处一起违法事件，环保部门的"执法成本"为 100 万元，违法主体的"违法成本"（被处罚）为 5 万元——这无疑会使违法增加、守法减少。若将"执法成本"计入"违法成本"，对违法主体的处罚将由 5 万元上升到 105 万元——对"违法成本"的降低或避免刑事责任，将促使违法主体主动配合环境执法，由之收"一石多鸟"之功效——降低"执法成本"，提高执法效率，减少"环境违法"，推动"环境守法"。

② 俄罗斯是最早（1996）组建"生态警察"而打击环境犯罪效果显著的国家。除俄罗斯外，目前设"生态警察"（或称环保警察、绿色警察）的国家还有美国、德国、法国、奥地利、澳大利亚等。2009 年，云南省迪庆州组建了我国第一支生态安全警察（通过森林公安局更名），几年来在打击环境违法、犯罪，保护森林、野生动物上取得了前所未有的成就。

的公众评选活动，进一步推动企业自律守法和环保部门忠于职守①。

第四，加强信息平台建设，保证信息公示、环境保护承诺制度，信用约束机制和舆论、公众监督等的落实。

——实施环境保护业绩考核制和领导干部"问责制"，建立切实可行的"责任追究机制"，应对职务性和决策—规划性环境破坏

将对干部的（政绩、业绩）考核，由国民生产总值转变为环境保护以应对职务性环境破坏；实施领导干部（"一把手"和直接领导）环境保护"问责制"，应对决策—规划性（如"围涂造田"规划）、重大违法性环境破坏②，以及体现在其中的地方利益、部门利益对环境的破坏。

领导干部"问责制"应包括两个方面：一是对决策—规划性环境破坏的"问责"；一是对（辖地）重大违法性环境破坏的"问责"。

实施环境保护业绩考核制和领导干部"问责制"是推动社会"环境觉悟"提高，落实各项对策，推动环境保护工作深入开展的根本和关键。而为保证其之落实，还应建立切实可行的（终身）"责任追究机制"。

附录一：中国人口—经济规模扩张与生态/环境退化的历时关联和空间遍历

——人口—经济规模扩张与生态/环境退化的历时关联

与前 30 年生态环境相对良好对应的，是相对较小规模的人口、经济，进而较低的环境压力；在后 30 年，与生态环境"总体恶化"伴随的是人口数量的显著增加，经济规模、居民总消费的急剧扩张——1978 — 2010 年，人口增加了 0.39 倍、37832 × 10^4 人（96259 × 10^4 人～134091 × 10^4 人），同期，经济总量（国内生产总值，不变价）增加了 19.59 倍，居民水平消费（人均，不变价）增加了 9.63 倍，为此必需的能源总投入（按标准煤计）增加了 4.69 倍、267792 × 10^4 t（57144 × 10^4 t～324936 × 10^4 t）[9]、[29]48、67、93、259。

——人口—经济规模扩张与环境冲击量关联的空间遍历

系统的遍历性既是时间的，也是空间的。从空间遍历看，环境压力或冲击量与人口、经济规模和总消费的关联同样是十分紧密的——对中国（大陆）31 个省、区、市数

---

① 堤岸上堆满了各种工业、生活垃圾，未经处理的污水经河道、沿海排污口源源不绝地被排入港湾，空气中弥漫着迫使人们掩鼻而过的浓烈腥臭，海水发黑发臭，退潮后露出的是发黑的淤泥及不堪入目的各种杂物，主航道已因严重的淤积而变浅变窄，稍大一点的渔船、货轮在浅水潮时便无法进港——这是温岭礁山渔港环境恶化多年来愈趋严重的写照。而在 20 世纪 60 年代，这里却是一个海水清澈见底，黄鱼、鲈鱼数量繁多，三面环山的避风良港。这里的企业，大多可被评为"环境违法"企业（一位鱼粉加工企业的老板对记者说，他从来没有用过废水处理设备，20 多年来污水都是直接排放）；当地的环保部门，入选"环境监管缺位"的资格也绰绰有余。（被污染的温岭礁山港 www.sqyxqc.com/a/w...753.html2014-11-06）

② 对环境的破坏，大体可区分为违法性、职务性和决策—规划性三种。违法性环境破坏指行为主体破坏环境的行为已触犯了相关法律、法规；职务性环境破坏指发生在行为主体履行职务性行为（落实决策、实施规划）中的环境破坏；决策—规划性环境破坏指落实决策、实施规划导致的环境破坏。在三种环境破坏中，决策—规划性环境破坏最为广泛且危害最大：除作为职务性环境破坏的总和外，几乎所有大的环境破坏，都是在贯彻、执行决策—规划下发生的，都是有组织的和广大民众参与的。对环境破坏而言，"我们都是有罪的"。（维斯贝尔斯即说过"我是有罪的，因为当罪恶发生时，我在场，并且我活着"）

据[29]44、57、63、66、95、269、407-408、413、419的分析表明：人口规模与国内生产总值（GDP）极显著（置信度α＝0.001，下同）正相关（R＝0.8332），与居民总消费极显著正相关（R＝0.8415，）；国内生产总值与能源总消费极显著正相关（R＝0.8415）；能源总消费与工业废水和生活污水、化学需氧、氨氮、工业废气、二氧化硫（含生活）排放和固体废物产生量极显著正相关（R 依次为 0.7514、0.6830、0.8141、0.8818、0.8386 和 0.7066）；居民消费总量则与生活废水、化学需氧、氨氮排放极显著正相关（R 分别为 0.9589、0.7314 和 0.8336）[9]。

附录二："绿水青山就是金山银山"[30]、[31]、[32]、[33]、[34] ①

习近平同志关于"绿水青山就是金山银山"（2005 年对余村的题词）的"两山理论"，是环境保护与经济发展矛盾背景下破解"先污染后治理"传统发展模式的探索和生态发展模式的确立，内涵相互关联的三方面。

一是"既要绿水青山，又要金山银山"。反映了民众对幸福生活、美好环境的期盼和追求。

二是"绿水青山就是金山银山"。绿水青山会转化为金山银山；要金山银山就得有绿水青山/有了绿水青山才会有金山银山——环境保护"功在当代，利在千秋"的价值判断，保护与发展的辩证关系，和"环境可持续"对"经济可持续"的保证。

三是"宁要绿水青山，不要金山银山"。是在环境保护与经济发展出现矛盾（既因于人口过剩，也因于环境退化，或二者皆因）时的权衡取舍——绿水青山可转化为金山银山，但金山银山换不来绿水青山；是对"发展第一"、"发展与保护并重"思想的批判和摒弃；体现着对"生态文明"理念、"环境保护优先"原则的贯彻，对生态底线、生态发展的坚守。

"生态文明"理念和"环境保护优先"原则所负荷的，是"民生"——"环境就是民生，青山就是美丽，蓝天就是幸福"，是"公平"——"良好生态环境，是最公平的公共产品，是最普惠的民生福祉"，和"蓝天常在、青山常在、绿水常在"的"中国梦"。

2005 年以来，浙江将"绿水青山就是金山银山"作为发展的核心理念，相继以"绿色浙江"、"生态浙江"和"两美浙江"为目标，通过以环境污染整治和生态文明建设为主旨的"811"专项行动②，和以发展循环经济为主旨的"991"行动计划③，运用"五水共治"，"四换三名"（腾笼换鸟、机器换人、空间换地、电商换市，培养名企、名品、名家，打造行业龙头），"四边三化"（公路边、铁路边、河边、山边，四边区域的洁化、绿化、美化）等方法，重拳出击

---

① 浙江安吉"三化"保生态打造美丽乡村升级版.（www. wtoutiao. com/p/4b6Oegy. html－快照）

② "811"行动（2004）即通过 11 项专项行动——绿色经济培育、节能减排、五水共治、大气污染防治、土壤污染防治、三改一拆、深化美丽乡村建设、生态屏障建设、灾害防控、生态文化培育和制度创新，实现 8 个方面的目标——绿色经济培育、环境质量、节能减排、污染防治、生态保护、灾害防控、生态文化培育和制度创新。（www. wenming. cn/syjj/dfcz/zj...－快照－中国文明网）

③ "991"行动计划（2011－2015）即在循环型工业、生态农业等 9 个领域，着力发展循环经济；打造循环经济的九大载体——示范城市和乡镇、示范基地和园区、示范企业、循环型产业链……实施节能减碳、产业园区循环化改造、餐厨废弃物资源化利用、再制造产业化、污泥和垃圾资源化利用、关键技术突破、绿色消费促进等十大工程。（www. 1633. com＞浙江＞省经信委－快照）

治理环境，重典治污修复生态，坚决关停污染企业，淘汰落后产能，斩断只要金山银山不要绿水青山的利益链条，强势倒逼产业转型升级；依托山好、水好、空气好的环境优势，发展生态农业、生态工业和生态旅游，着力将环境优势转化为经济优势。10 年来，在生态省建设，将绿水青山转化为金山银山路径，有浙江特色的绿色发展、循环发展、低碳发展模式的探索中，取得了骄人的成效。

就全省来看，淘汰落后产能企业 3500 多家（2014），关停重污染、高耗能企业 2250 家（2015），高污染小作坊 1.88 万家（2014）。2014 年，累计消灭垃圾河 6496 公里，整治黑臭河 5042 公里；化学需氧量、氨氮、二氧化硫、氮氧化合物提前一年实现"十二五"减排目标，能耗水平位居全国前列。2015 年，地表水Ⅰ－Ⅲ类、劣Ⅴ类占 72.5％和 6.8％，各比 2010 年增、减 16.0 个百分点和 14.5 个百分点。2015 年接待游客 5.35 亿人次，旅游收入 7139 亿元，分别比 2009 年增 1.19 倍、2.91 亿人次、1.70 倍、4496 亿元。至 2015 年，累计建成现代生态循环农业示范县 22 个、区 204 个、企业 101 个；培育美丽乡村创建先进县 12 个、精品村 515 个、风景线 104 条；建成国家级生态县 16 个，生态乡镇 691 个；省级生态市 4 个，生态县（市、区）62 个。

余村所在的安吉县，10 年来以美丽乡村建设为抓手，一以贯之地打生态牌、走生态路，在打造"三个安吉"（富裕安吉、美丽安吉、幸福安吉）的奋斗中，环境保护和经济社会发展更是取得长足的进步。全县森林覆盖率 71.1％，地表水水质总体良好——（监测断面）全部（2005 年占 88％）为Ⅱ、Ⅲ类水，100％满足功能要求，（县）出境断面水质稳定保持在Ⅱ类水体以上；农村生活垃圾收集覆盖率达到 100％。2005－2015 年，三次产业构成由 12.3∶49.3∶38.4 调整为 8.6∶46.2∶45.2；GDP 增 2.4 倍、214.04 亿元升至 303.35 亿元，人均增 2.3 倍、45556 元升至 65379 元；城镇居民人均可支配收入增 1.8 倍、26444 元升至 41132 元，农民人均纯收入增 3.35 倍、16522 元升至 23556 元。

安吉是中国美丽乡村建设的发源地，主导制定了《美丽乡村建设指南》GB/T32000－2015 国家标准，"中国美丽乡村标准化研究中心"也于 2015 年在安吉成立。

至 2015 年，累计建成 179 个"中国美丽乡村"，其中精品村 164 个、重点村 12 个、特色村 3 个；美丽乡村全覆盖的 12 个，美丽乡村创建覆盖率达 95.2％。10 年来，通过美丽乡村创建和现代综合农业产业园区的建设，安吉实现了三次产业的统筹推进和互动（一产"接二连三"，"跨二进三"），成为全国休闲农业与乡村旅游发展的示范和标杆。与 2005 年相比，2015 年生态旅游业游客增 226 倍、1183.6 万人次达 1495.2 万人次，收入增 17.5 倍、166.09 亿元达 175.60 亿元；对外贸易（进出口总额）增 5.96 倍、22.35 亿元达 26.10 亿美元。安吉白茶年产值达到 20 多亿元，生态工业异军突起，以 1.8％的立竹量（72×10³hm），创造了占全国 20％（180 多亿元）的竹产值；椅业也从块状经济走向年产值达 280 多亿元的现代产业集群。骄人的成绩使安吉获得了诸多荣誉：

"联合国人居奖"（中国首个获得县）；全国百强县；中国生态文明奖（首届）、国家生态文明示范县、全国"两山"理论实践示范县；全国水土保持生态文明县、全国农村生活污水处理示范县；国家级中国美丽乡村标准化创建示范县，美丽中国最美城镇、中国生态文明奖先进集体、"中国金牌旅游城市"（全国唯一）、全国森林旅游示范县；国家循环经济示范县、国家农业综合开发县、全国农村产业融合发展试点示范县、国家级出口竹木草制品质量安全示范区、国家毛竹生物产业基地……

"中国最美历史文化小镇"（鄣吴镇），首批"国家生态文明建设示范乡镇"（试点，上墅乡）、"中国最美乡村"（高家堂村），安吉小鲵国家级自然保护区（龙王山自然保护区）。浙江省外贸转型升级试点县、农村一、二、三产业融合发展试点县、首批"清三河"达标县。

"绿水透迤去，青山相向开"——愿江南美景重现浙江！愿浙江大地变得更美！

附录三：浙江能源安全问题和对策

——能源安全问题：对外高度依赖，能源缺口持续扩大

能源的极度贫乏是浙江的"软肋"，形成急剧增长的高度对外依赖，构成浙江发展中最为突出的，将长期规定浙江发展和作为"发展安全"隐患的，为严峻国际能源情势和（以环境污染为背景）对清洁能源压力所加剧的能源瓶颈。（表 9-2，图 9-2）

浙江陆域无油，煤炭储量（9434×10⁴t）不足 1 年消费，自给率甚低而缺口迅速扩大。1990—2010 年能源平均自给率 8.66％，大多数年份在 7％～9％之间且呈减小态，最低的 2000 年只有 6.69％。

1990 年能源缺口（标准煤）2515.68×10⁴t，1992 年、1994 年、1997 年、2000 年相继突破 3000×10⁴t、4000×10⁴t、5000×10⁴t、6000×10⁴t。2000 年能源缺口 6121.13×10⁴t，比 1990 年增 1.43 倍、3605.45×10⁴t，年均 360.55×10⁴t，年递增率 9.30％。

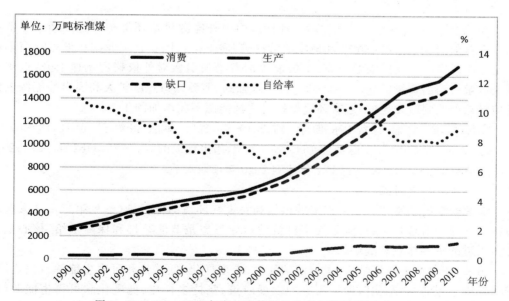

图 9-2　1990—2010 年浙江省能源的生产与消费（据表 9-2）

2001 年以来，缺口则以更大的规模增加着：2002 年、2005 年、2006 年、2010 年相继突破 7000×10⁴t、10000×10⁴t、12000×10⁴t 和 15000×10⁴t。2010 年能源缺口 15375.35×10⁴t，比 2000 年增 1.51 倍、9254.22×10⁴t 标煤，年均 925.42×10⁴t 标煤——为 1990—2000 年的 2.57 倍，年递增率 9.65％。

表 9 - 2　1990—2010 年浙江省能源的生产与消费

年份	消费	生产	缺口	自给率	年份	消费	生产	缺口	自给率
	10^4 t			%		10^4 t			%
1990	2732.9	317.2	2515.8	11.61	2001	7253.1	516.4	6736.7	7.12
1991	3123.2	324.1	2799.2	10.38	2002	8279.6	745.6	7534.0	9.01
1992	3484.2	355.6	3128.7	10.21	2003	9522.6	945.8	8577.0	11.10
1993	4044.2	388.8	3655.4	9.61	2004	10824.7	1091.6	9733.1	10.08
1994	4496.7	402.5	4094.1	8.95	2005	12031.7	1273.0	10758.7	10.58
1995	4851.3	460.7	4390.7	9.50	2006	13218.9	1216.2	12002.6	9.20
1996	5165.4	379.2	4786.4	7.34	2007	14524.1	1169.4	13354.7	8.05
1997	5446.7	392.2	5054.7	7.20	2008	15106.9	1228.8	13878.1	8.13
1998	5657.0	494.0	5163.0	8.73	2009	15566.9	1238.4	14328.5	7.96
1999	5960.1	454.8	5505.3	7.63	2010	16865.3	1489.9	15375.3	8.83
2000	6560.4	439.2	6121.1	6.69					

资料来源：[20]333 - 334。

在需求强劲、能源缺口急剧扩大的同时，国内外能源供给环境却日趋严峻——生产国与消费国的政治－经济博弈和地缘政治冲突；需求扩大因新兴工业国相继崛起而形成对全球能源供给持续巨大的压力；中国能源消费增长引致对外依赖度迅速上升，近年石油进口量占到消费量的 58％～60％。与需求强劲、能源缺口急剧扩大和国内外能源供给环境日趋严峻同时发生的，还有环境保护对清洁能源不断增加的压力。

据测算，能源总消费（标准煤）到 2010 年、2020 年会相继升至 12413×10^4t、18819×10^4t[35]。2010 年实际消费 16865.3×10^4t，超出预期的 35.87％、4452.3×10^4t；2013年实际消费 18800×10^4t[36]，提前 7 年达到 2020 年预期水平。

——能源安全对策

能源安全的基本要义是有保障的供给和对大气环境的低污染（参见第三章之大气环境污染的综合治理）。浙江能源安全对策的指导思想是节能减排和保障供给，核心是建立多渠道的供给体系和战略储备。

第一，积极调整能源结构，发展清洁能源，走多样化、低碳化和可再生能源开发之路。推动经济过程的"生态化"，即少污染的发展政策，坚持多样化、低碳化和可再生能源（水力、风力）开发的原则，积极调整能源结构和发展清洁能源——降低煤炭比重，利用天然气并迅速增加其比例；控制煤电，大力发展核电、水电；积极开发、利用沼气、风能、太阳能等可再生能源①。

---

① 2010 年消费煤炭 13950×10^4t，石油及石油制品 2518×10^4t，天然气 31.8×10^8 m³，电力 2821×10^8 kW·h（其中水、核、风电 485×10^8 kW·h）。按标煤计的比例，煤炭占 61.3％，石油占 22.1％，电力、天然气、其他占8.8％、2.4％和 5.4％[37]。

第二,努力降低能源的中间消费,大力发展和应用节能减排技术,显著提高能源利用效率,降低单位产值耗能。浙江当前由于中间消费(加工、转换、输送、储存等)的损失,能源利用效率为 40% 左右,节能空间仍然十分显著。

浙江单位产值耗能在国内处于低水平——按标准煤,2010 年万元(人民币)GDP 0.72 吨(2011 年降至 0.59 吨,仅次于北京、广州,排第三位)[37][38];而同发达国家及一些发展中国家相比,节能空间仍然很大——按油当量,2010 年万元(美元)GDP 2.833 吨,为加拿大(2.098 吨)的 1.35 倍,美国(1.554 吨)的 1.82 倍和英国(0.882 吨)的 3.21 倍。(表 9-1,图 9-1)

第三,严格控制高耗能、高污染行业的发展,强力实施重大节能工程,积极调整、优化产业结构,使之进一步"轻型化"。

第四,严格限制、杜绝重复建设和低水平扩张,提高经济运行质量。

重复建设和低水平扩张在带来产能过剩和垃圾 GDP,降低经济运行质量的同时,又造成能源和资源的极大浪费,应予以严格限制,直至杜绝。

第五,坚持科技创新,加强地区、国际合作,推动煤炭能源洁净化进程。

煤炭是中国能源的主体,储量占化石能源的 95%,在初始消费中的主导地位难以改变,或(因石油枯竭)迟早要回到这一格局,故应坚持科技创新,加强地区、国际合作,推动煤炭能源的洁净化进程。

第六,确立能源危机意识,实施能源储备、能源替代战略,扩大外贸,进行石油、煤炭储备,开展能源替代的方案与技术研究,对能源安全进行双重保险。

第七,建立能源供给/需求,调整(结构)/调配(地域、行业),效率(中间消费)/效益(终端消费)节约/减排的全程动态监测、管理系统,开展能源安全中长期研究。

第八,增强能源安全意识,倡导节约能源的生活方式。

附录四:浙江生态/环境治理的六大基础工程和"五水共治"

密切关联的"蓝天工程"、"净土工程"、"净水工程"、"湿地保护工程"、"碧海工程"和"森林质量提升工程"是浙江生态/环境综合治理等六大重点工程;"五水共治"则将环境治理融于生态文明,精神文明和美好家园的建设之中。

◆ 实施"蓝天工程",调整以煤炭为主的能源结构,积极使用清洁能源,强化大气环境质量保护,大力推进城市绿化工程,控制酸雨和雾霾的发展

调整以煤炭为主的能源结构,发展"清洁煤"技术,积极使用清洁能源,提高能源利用率;实施燃煤电厂脱硫工程,征收二氧化硫排放费,对重点污染源实行在线监测,大量减少二氧化硫、二氧化氮、烟尘和粉尘排放,强化环境空气质量保护,严格控制汽车尾气污染,大力推进城市绿化工程,保持区域空气质量良好,提高城市空气质量优良率,降低酸雨率,控制酸雨和雾霾的进一步发展。(参见第三章之环境空气污染的综合治理)

◆ 实施"净土工程"

提高"三废"处理率,大力控制工业源头、农业/农村面源和生活污染,减少化肥、农药、废物污染,强化土壤环境质量保护。

◆ 实施"净水工程",强化对水体环境的质量保护,降低对近岸海域的陆源污染;开展

"地下水保护工程"，遏止地下水漏斗的扩大和地面沉降

"清水工程"包括"净水入江工程"和"水体整治工程"。"净水入江工程"即通过"蓝天工程"（降低酸雨强度、酸雨率，减少雾霾），"工业污染整治工程"，"农业面源污染整治工程"，"净土工程"（减少化肥、农药、废物污染），封山育林、减少土壤流失，相继降低从降水－土壤－水体各环节的污染和相互污染，提高进入河网、沼泽、湖库、江河水水质，从源头上控制水体污染和保护水源；"水体整治工程"即通过对河网、河道的清淤，湖库富营养化的防治，保持水体的一定洁净度，降低对近岸海域的陆源污染。与此同时，还应积极开展"地下水保护工程"，综合治理地下水环境，遏止地下水漏斗的扩大和地面沉降。（参见第四章之水资源、水环境安全对策）

◆ **实施"湿地保护工程"，强化生物栖息地和野生生物保护**

节制"涉海工程"，设定围垦红线，积极"退耕还湿"、"蓄水还泽"，大幅度增加湿地数量，显著提高湿地比重；大力控制淡水、滩涂（海洋）养殖，有计划地缩小养殖规模；大力开展湿地植被和生物栖息地恢复工程，抓好红树林的保护与发展；大量增加、扩大自然保护区，提升湿地保护等级和保护效果。进行功能分类，实行分区保护。（参见第五章之湿地和近岸海域环境保护；附录一：浙江湿地功能区和保护）

◆ **实施"碧海工程"，适度开发海洋资源**

"碧海工程"的要义，一是积极发展沿岸"绿色"产业带，打造"洁净海岸"，减少废水和污染物的排江入海；二是大力开展"净水入海行动"，通过"沿海排污口治理工程"和滩涂养殖的控制，大量减少排海污染物；三是大力建设"海洋牧场"，发展"碳汇渔业"，大力建设人工鱼礁，重建生物栖息地，恢复海洋物种多样性，严格实施伏季休渔制度，恢复退化的海洋渔业资源；四是强化对海洋保护区和岛礁的保护；五是适度开发海洋资源，保证利用的持续性[①]。（参见第五章之湿地和近岸海域环境保护）

◆ **实施"森林质量提升工程"，全方位推进森林生态系统的正态（向）演替**

"森林质量提升工程"的要点是，坚持保护第一，质量第一，生态效益第一的原则，大力发展生态林、阔叶林、针阔混交林，彻底扭转幼龄化、纯林化和针叶化趋势；大力提高林分郁闭度和单位面积蓄积量；积极推动山区人口梯度转移，封山育林，保护山区生态系统和水源涵养林，全方位推进森林生态系统的正态（正向）演替，全面提升森林系统质量、林业发展水平和综合服务能力。（参见第六章之森林生态系统正态演替的目标和对策）

◆ **"五水共治"，融环境治理于生态文明、精神文明和美好家园的建设之中**

水是生命之源、文明之源、文化之源、生态之基、生产之要；山水林田湖是一个生命共同体——人的命脉在田，田的命脉在水，水的命脉在山，山的命脉在土，土的命脉在树。浙江是著名水乡，因水而美、因水而兴、因水而名，在环境治理，特别是净土、净水、湿地保护和净海工程的实施中，一定要抓好"五水共治"（治污水、防洪水、排涝水、保供水、抓节水），"清三河"（垃圾河、黑河、臭河）和截污纳管、河道清淤、工业整治、农业农村面源治理、排放口整治、生态配水与修复等工程，努力提高水环境质量，消除劣Ⅴ类水，融生态/环境治理于生态文明、精神文明的建设之中，使人们在热爱水、珍惜水和节约水的氛围

---

① 浙江为海洋大省，海域面积广阔（$26 \times 10^4 \, km^2$），渔业资源丰富，物种多样性高（1700多种），并有可观的油气理论蕴藏量（$200 \times 10^8 \, t$）和深水良港。积极开发海洋资源，对浙江有着极为重要的意义。

中,保护生态/环境,建设美好家园。

附录五：湿地功能分区和保护[39]

浙北水网平原湿地功能区 主要保护对策,一是控制围垦、限制养殖;二是加大水污染综合治理和河口治理力度;三是严格控制并逐步减少地下水超采量;四是对重点湿地进行强制性保护和限制性利用。

浙东滨海及岛屿湿地功能区 主要保护对策,一是控制滩涂围垦、工程建设,限制滩涂养殖;二是加大对陆源污染物、海洋污染物的控制和治理;三是严格执行禁渔期、禁渔区制度,建设一批重点海洋生物保护区;四是加强湿地生物多样性保护,增建一批国家、省级湿地自然保护区(小区);五是加强沿海防护林带建设,加大红树林的保护和发展力度。

浙中西南内陆湿地功能区 重点工作,一是加强生态公益林建设,积极发展阔叶林、灌木林,加强水源涵养地和生物多样性保护,大力控制水土流失;二是控制农药、化肥等化工产业的发展,关停、淘汰各种新、老"五小"企业,大力减少工业排放;三是严格保护各类天然湿地,建设一批骨干水利工程,增加人工湿地面积。

附录六：野生生物保护的"困境"

法律与条例的相左和条例对法律的服从,使对野生生物的保护陷入"困境"①。

◆ 清凉峰的"困惑"：难以恢复适宜梅花鹿生存环境的国家级自然保护区

松、杉等速生树种在经济利益驱使下的大规模发展,从根本上破坏了临安清凉峰梅花鹿(全国野生梅花鹿约 1000 头,清凉峰 10 年前的数据为 200 头)自然保护区的环境——(20世纪 70 年代的清凉峰)以稀疏的乔木为主,间有灌木、草甸和沼泽。若不减少松、杉,适宜梅花鹿的生存环境便无法恢复,其有减无增的现状将继续下去,但法律与条例的相左和条例对法律的必须服从,则现状无从打破——《中华人民共和国自然保护区条例》(1994)允许适当改变,而《国家森林法》(2001)却明确规定,自然保护区内严禁采伐。

◆ 天目山的"尴尬"：无法保护濒危国家级保护植物的国家级自然保护区

在天目山国家级自然保护区,比松、杉生长更快的毛竹的大蔓延,排挤阔叶林而使一批国家级保护植物,如一级的银杏,二级的榧树、榉树濒临危机。自然保护区内严禁采伐对毛竹的"保护",同样使天目山自然保护区陷入无法保护这些濒临危机的国家级保护植物的"尴尬"境地。

◆ 乌岩岭的"困境"：不能为鸟类中的"大熊猫"——黄腹角雉提供充足食物和栖息地的国家级自然保护区

在温州泰顺的乌岩岭自然保护区,栖息着 400 只(全球约 5000 只)被称作鸟类中大熊猫的黄腹角雉。为给其提供亟须的食物和栖息地,就必须调整树种结构——采伐对黄腹角雉而言的不宜树种针叶林(为人工种植),扩大适宜树种阔叶林。而这种调整,同样为《国家森林法》所限。

---

① 田晓晋.浙江人造林威胁国宝生存 保护区面临生态困惑.青年时报,2009-09-16。

参考文献

[1] [美]赫尔曼·E.戴利.超越增长——可持续发展的经济学[M].诸大建,胡圣,等译.上海：上海译文出版社,2001.

[2] [美]莱斯特·R.布朗.建设一个持续发展的社会[M].祝友三,等译.北京：科学技术文献出版社,1984.

[3] [美]莱斯特·R.布朗.B模式：拯救地球延续文明[M].林自新,暴永宁,译.北京：东方出版社,2003.

[4] [美]威廉·福格特.生存之路[M].张子美译,朱泆校.北京：商务印书馆,1981.

[5] 原华荣,王凌艳.人口数量与中国发展安全[A].浙江大学非传统安全与和平发展研究中心、塔里木大学非传统安全与边疆民族展研究中心.非传统安全研究(1)[C].北京：知识产权出版社,2012：105－114.

[6] 原华荣,周仲高,黄洪琳.土地承载力的规定和人口与环境的间断平衡[J].浙江大学学报(人文社会科学版),2007(5)：116－123.

[7] 原华荣."马尔萨斯革命"和"适度人口"的"终结"——"小人口"原理(第1卷)[M].北京：中国环境出版社,2013.

[8] 原华荣,徐晓秋,孟东军.西部开发中的有关应用理论问题[J].浙江大学学报(人文社会科学版),2011(5)：107－117.

[9] 原华荣.中国生态/环境"总体恶化,局部改善"困境的症结和出路[J].西北人口,2016(1)：26－31,37.

[10] 原华荣."拯救"、"回归"和"人类革命"——"小人口"原理(第4卷)[M].北京：中国环境出版社,2013.

[11] 中国科学院可持续发展研究组.中国可持续发展战略报告(1999)[M].北京：科学出版社,1999.

[12] [美]尼古拉斯·乔治斯库－罗根.熵定律和经济问题[A].赫尔曼·E.戴利,肯尼思·N.汤森.珍惜地球——经济学、生态学、伦理学[C].马杰、钟斌、朱又红译,范道丰校.北京：商务印书馆,2001：87－103.

[13] [美]爱德华·O.威尔逊.生命的多样性[M].王芷,唐佳青,王周,等译.长沙：湖南科学技术出版社,2003.

[14] 原华荣.文明的脉动、启迪、挑战和应对——"小人口"原理(第2卷)[M].北京：中国环境出版社,2013.

[15] [意]伽利略.关于两门新科学的对话[M].武际可,译.北京：北京大学出版社,2006.

[16] [美]加勒特·哈丁.公地的悲剧[A].[美]赫尔曼·E.戴利,肯尼思·N.汤森.珍惜地球——经济学、生态学、伦理学[C].马杰、钟斌、朱又红译,范道丰校.北京：商务印书馆,2001：146－166.

[17] [美]唐奈勒·H.梅多斯,丹尼斯·L.梅多斯,约恩·兰德斯.超越极限——正视全球性崩溃,展望可持续的未来[M].赵旭,周欣华,张仁俐,译.上海：上海译文出版社,2001.

[18] [美]赫尔曼·哈肯.协同学——大自然构成的奥秘[M].凌复华,译.上海：上海译文出版社,2001.

[19] 浙江省第六次全国人口普查办公室.迈向小康社会的中国人口(浙江卷)[M].北京：中国统计出版社,2015.

[20] 浙江省统计局,国家统计局浙江调查总队.浙江统计年鉴——2011[M].北京：中国统计出版社,2011.

[21] [美]保罗·艾里奇,安妮·艾里奇.人口爆炸[M].北京：新华出版社,2000.

[22] 中国共产党第十七次全国代表大会政治报告.北京,2007.

[23] 中国共产党第十八次全国代表大会政治报告.北京,2012.

[24] 中共中央关于全面深化改革若干重大问题的决定(中国共产党第十八届中央委员会第三次全体会

议).北京,2013.

[25] [美]朱利安·L.西蒙.人口增长经济学[M].彭松健,周维,邱沛玲,等译.北京:北京大学出版社,1984.北京.

[26] 原华荣.人口、环境、扶贫理论与战略[A].中国人口与环境(第4辑,中国人口环境资源与可持续发展学术讨论会论文集).北京:中国环境科学出版社,1998:71-76.

[27] [英]E.戈德史密斯,等.生存的蓝图[M].程福祜译.王人龙校.北京:中国环境科学出版社,1987.

[28] 原华荣."浙江现象"解读[J].浙江大学学报(人文社会科学版),2005(6):52-61.

[29] 中华人民共和国国家统计局.中国统计年鉴—2011[M].北京:中国统计出版社,2011.

[30] 照着这条路走下去——纪念习近平发表"绿水青山就是金山银山"重要讲话十周年系列活动材料汇编.中共安吉县委宣传部,2015.

[31] 浙江省环境保护厅等.2015年浙江省环境状况公报.2016.

[32] 安吉县统计局.安吉县2005年国民经济和社会发展统计公报.2006.

[33] 安吉县统计局.2015年安吉县国民经济和社会发展统计公报.2016.

[34] 2017年安吉县政府工作报告.2017.

[35] 浙江省科学技术协会课题组."十一五"时期浙江经济资源环境系统优化研究.杭州,2004.

[36] 浙江省统计局、国家统计局浙江调查总队.浙江统计年鉴——2014[M].北京:中国统计出版社,2014.

[37] 浙江省经济与信息委员会,浙江省统计局.2010年浙江省能源利用与状况白皮书.杭州,2011.

[38] 浙江省经济与信息委员会,浙江省统计局.2011年浙江省能源利用与状况白皮书.杭州,2012.

[39] 浙江省林业厅.浙江省湿地保护规划(2006—2020).杭州,2006.

附　文

"空间创新"与杭州市的可持续发展[*]

【内容提要】 "空间创新"、生态整治、旅游和房地产业是实现杭州总体发展目标的部分主要战略举措;第二产业对经济发展、劳动就业具重要作用,亦应受到足够重视。对发展以"地域瓶颈"为主的空间制约,使"空间创新",特别是"地域创新"成为杭州市可持续发展的必须和关键。"空间创新"的宗旨,在于通过"地域创新"及行政建设、区位建设和"大杭州"观念的确立,为一个正在崛起的"大杭州"提供足够的发展空间——为生态整治提供实施空间,为旅游、房地产和第二产业提供发展空间,为外向发展提供市场空间,为杭州的未来预留空间。

【关键词】 "地域创新";"空间创新";"大杭州";可持续发展

本文拟通过"地域创新"及行政建设、区位建设和确立"大杭州"观念与旅游、房地产、第二产业发展,生态整治和杭州崛起关系的分析,论述"空间创新"对杭州可持续发展的必要性和根本性。

一、杭州的发展与"地域瓶颈"

(一) 战略目标

杭州是浙江省政治、经济、文化、教育、科技、金融、交通、贸易中心和长江三角洲经济圈的重要城市。改革开放以来,经济发展迅速、社会进步显著——1999 年,杭州市国内生产总值(当年价)1225×10^8 元,在 15 个副省级市中仅次于广州(2363×10^8 元)、深圳(2056×10^8 元)而居第三位;工业总产值 1200×10^8 元,在省会(未计拉萨)、副省级市等 35 个城市中仅次于上海(5458×10^8 元)、广州(2335×10^8 元)、天津(2265×10^8 元)、深圳(2037×10^8 元)、北京(2000×10^8 元)和南京(1307×10^8 元)而居第 7 位;在岗职工年平均工资 12187 元,在省会、副省级市中仅低于深圳(20714 元)、广州(16671 元)、上海(16641 元)、北京(14054 元)、厦门(14010 元)和宁波(13259 元)而居第 7 位;城镇居民人均年支配收入 9085 元,低于深圳(20240 元)、广州(12019 元)、厦门(9626 元)和宁波(9492 元)居副省级市第 5 位;外贸出口总额 50.8×10^8 美元,少于深圳(282.1×10^8 美元)、广州(78.2×10^8 美元)而居副省级市第三位[1]350−351,[2]9。

一个"大杭州"正在崛起——从经济发展水平和作为一流国际风景旅游城市及历史、文化名城的地位看,杭州不应只属于浙江,属于长江三角洲,而应属于中国,属于世界。为体现城市的性质、地位和有效地发挥其所担负的功能,杭州市应充分发挥旅游资源和历史文化名城的优势,以生态建设为基础,以知识创新和信息、高新科技为动力,在可持续发展的宗旨下把建设经济强市、科技强市、国际一流风景旅游城市、著名历史文化名城

* 原载《浙江省情》2001 年第 1 期,第 15 - 20 页。写作背景是"杭州市人口居住选择研究"——杭州市委政研室、市城乡建委、浙江大学人文社科处(人文社会科学研究院前身)"住在杭州"子课题。

和国内、国际会议中心作为自己的战略目标。由此,使杭州走向全国,走向世界;同时,使全国走进杭州,使世界走进杭州。

（二）战略重点

为实现杭州的总体发展目标,在近期(5—10年)应选择知识创新、"空间创新"、生态整治、旅游业、房地产业和"住在杭州"为战略重点。

知识创新　知识创新是杭州实现总体目标和可持续发展的动力。其要点是实施"名校战略"、"名所战略"、"名人战略",发展教育产业、文化产业和科技产业,建设"大学城",构造人才高地和建设"天堂硅谷";发展"网络经济"和信息、高新技术产业;并用信息、高新技术改造传统产业。

旅游业、房地产业　得天独厚和丰富的旅游资源、历史和文化底蕴、宜于居住的自然环境,使旅游、房地产业成为杭州独特的、相辅相成的,且与生态建设取向一致的产业和新的经济增长点。由此,大力发展旅游、房地产业,建一流国际风景旅游城市,创一流人居环境,并使之服务于吸引人才和资本,既是杭州发展目标之本身,又是实现总体战略的重要环节。

生态整治　良好的生态环境是创造一流人居环境和优良投资环境,展现一流国际风景旅游城市风采,再现历史、文化名城魅力,吸引人才和资本,建经济强市的基础和前提。而不尽如人意的水质和大气状况,噪声、水土流失和频繁发生的洪涝、干旱,则构成实现杭州总体发展目标和可持续发展的有力制约。由此,以提高城市品位、美化城市形象,实现生态系统稳定和"蓝天、碧水、绿色、清静"为宗旨的生态整治,便成为杭州实施可持续发展的基础。

"住在杭州"　"住在杭州"既是杭州可持续发展的战略重点,又是涵盖旅游、房地产业和生态整治的次一级战略。其宗旨是,以人为本(与资本对应的人)、以住为主,创一流的人居环境,引一流的人才资本;利用得天独厚的自然、人文资源和雄厚的经济实力,通过旅游、房地产业的发展、生态整治和"空间创新",把杭州建成"中国东南最适宜居住的城市",为实现杭州总体发展目标服务。

"空间创新"

（三）"地域瓶颈"与观念约束

一个"大杭州"的最终崛起,取决于诸多因素。而空间——"实在空间"和"观念空间"的限制是这诸多因素中的关键。影响"大杭州"最终崛起的空间制约,主要表现为"地域瓶颈"、行政约束、区位约束和观念约束。

"地域瓶颈"　市区面积小、人口密度高、用地矛盾紧张既制约着房地产业的发展、旅游业的建设、生态整治的实施,又导致了旅游和历史文化资源保护与房地产发展、旅游业建设和生态整治与第二产业发展的矛盾;既影响了城市总体规划的制定和实施,又限制着城市功能的发挥。由此,形成制约杭州总体目标实现和最终崛起的,具根本性的"地域瓶颈"——地域空间的不足。

行政约束　行政约束指现行行政管理格局下市与县关系对用地矛盾,也即"地域瓶颈"的强化。

区位约束　对杭州大发展的区位约束,主要有两点。一是东方大都会上海的掩蔽和排斥作用。杭州近距上海,车程2小时左右并将进一步缩短。这既为杭州发展带来有利的一面——信息、技术的获取和通过这一桥头堡（窗口）对全国市场的占领；同时也会因上海极强的聚集（吸引）力而导致资金的流失、市场的丧失和同类产品的被排斥。二是对外交通，特别是铁路客运通达度对杭州发展的制约。

观念约束　观念约束主要表现为把杭州的定位局限于地域性城市——浙江省省会和长江三角洲经济圈重要城市。

二、"空间创新"与"大杭州"

（一）"地域创新"

杭州市区面积 683km²，居 15 个副省级市之末，在省会市（未计拉萨）中只大于长沙、南昌、合肥、西宁、石家庄、海口市而排第 24 位，为以上城市平均 1885km² 的 0.38，仅相当北京的 0.12，上海的 0.22，深圳的 0.34，广州的 0.47。在上述省会、副省级市中，市区面积在 1400km²，即为杭州面积 2 倍以上的城市有 20 个，2000km² 以上的有 13 个，3000km² 以上的有 6 个，超过 4000km² 的有 4 个。杭州建城区面积 105km²，排省会城市第 20 位，在副省级市中仅大于厦门、宁波而排第 13 位。市区人口密度 2479 人/km²，居副省级市之首，排省会城市第 9 位，为省会和副省级市平均 1436 人/km² 的 1.73 倍。

从用地矛盾到与同类城市的比较，从城市性质、功能到"大杭州"的崛起，狭小的地域空间都使杭州处于"小马拉大车"的状态。"地域创新"的宗旨即在于通过扩大市区范围和建城区面积，以解决用地矛盾和增大发展空间。

（二）行政和区位建设

行政建设　行政建设的宗旨在于理顺市、县关系，做到管理权、人权与财权的统一，缓解"地域瓶颈"以增大发展空间。

区位建设　区位建设的宗旨，一在于减弱上海的掩蔽和排斥作用；二在于提高交通，特别是铁路客运的通达度。杭州至各省会（未计海口、拉萨）、副省级市（10 个与省会相重）等 33 个城市的通达度为 0.50，与东（S）、西（W）两地区的通达度为 0.58 和 0.35，与南（S）、北（N）两地的通达度为 0.73 和 0.28；与东南（ES）、东北（EN）、西南（WS）、西北（WN）的通达度为 0.85、0.38、0.44 和 0.14——总体通达度不高，与东部，特别是东南联系较密切，与西部，特别是西北（进出都要通过上海）联系不便，难以适应抓住西部大开发求杭州发展的形势。

从对杭州的区位掩蔽、排斥作用到提高通达度，杭州的区位建设都与上海密切相关。鉴于此，深入研究杭州与上海的相互关系便成为一种必需。

（三）"空间创新"与"大杭州"

"地域创新"、行政建设、区位建设和"大杭州"观念的确立以消除"实在空间"和"观念空间"的限制，为杭州的崛起和可持续发展提供一个广阔的空间为目的。

"空间创新"　从存在形态，"空间创新"包括"地域创新"、行政建设和区位建设；从观念形态，"空间创新"要求确立"大杭州"的观念。"空间创新"的宗旨，即在于通过"地域创新"、行政建设、区位建设和"大杭州"观念的确立以消除"实在空间"和"观念空间"的限制，为杭州的崛起和可持续发展提供一个广阔的空间。

"大杭州"　"大杭州"既是一种观念，也是一种实在。"大杭州"要求一个从"观念空间"到"实在空间"的大杭州——从观念看，杭州不只属于浙江省和长江三角洲经济圈，而应属于中国，属于世界；从实在看，杭州既要有强大的经济，又要有大范围的地域空间。

"空间创新"与"大杭州"观念 从"小杭州"的角度，看到的只能是经济强市和国际旅游城；而在"大杭州"的视野中，杭州则既是中国的经济大市和国际性旅游城，又因受区位和观念约束而具定位于浙江省和长江三角洲经济圈的地域局限性，和由市区规模限定的"实在空间"上的小杭州。从"小杭州"观念出发，既不需要"地域创新"以扩大发展空间，也不需要区位建设以减弱地域性约束；从"大杭州"观念出发，通过"地域创新"和区位建设以支持杭州的崛起和可持续发展，则是十分必需的。故确立"大杭州"观念，既是"空间创新"的重要内容，又是"空间创新"的推动力量从而前提条件——没有"地域创新"和区位建设的大杭州仅是一种"观念空间"，而没有"大杭州"观念的支持，"地域创新"和区位建设，从而"实在空间"上的大杭州也是难以实现的。

三、"空间创新"与杭州市的可持续发展

(一)"房价门槛"与"地价瓶颈"

"房价门槛"和与之紧密相关的"地价瓶颈"已构成杭州房地产业健康发展的障碍。

"房价门槛" 在全国各城市房价下降的大趋势中，杭州房价却持续上涨，至 2000 年第二季度已达 3850 元/m²。这一价位，已超出 90％群众的可接受价格——据调查，可接受每平方米在 3500 元以上价格的人不到调查对象的 1/10(8.1％)，而＜2500 元的人超过 1/2(54.4％)，＜1500 元的人占到 1/5(20.2％)，有 1/10(11.6％)多的人不到 1000 元。按当前价格，购 60m²、80m² 一套住房所需的金额，即相当平均家庭 11 年和 15 年的收入（据调查，当前家庭年平均收入为 2.05 万元）。过高的房价，构成使多数老百姓难以圆住房梦的"房价门槛"。

"地价瓶颈" 过高的房价与过高的地价密切相关。随着房地产开发导致的用地矛盾的增大，杭州地价一直处于上升之中（仅近 1 年中便上涨 9.6％）。从 2000 年 7 月中旬止通过竞标出卖的 12 块土地看，市区较好地段的地价已达 8000 元/m² 左右，楼面地价按多层（楼/地系数 1.5）计超过 5000 元/m²，按小高层（楼/地系数 2.5）计超过 3000 元/m²，按高层（楼/地系数 4.0）计也在 2000 元/m² 以上。地价占房价的份额，也由以前的 20％～30％上升到当前的 50％～60％。而国外的地价，加税收也不过占房价的 20％左右。地价大幅度上升的正效应是政府收入的增加进而用于城市建设费用的增加；其负面效应则是形成促使房价上涨、投入减少，进而窒息房地产业持续繁荣的"地价瓶颈"。

(二)产业结构与外资引进

产业结构 改革开放以来，杭州市国内生产总值在迅速增长的同时，其结构也发生了显著变化——第一产业比重由 1978 年的 22.3％减至 1999 年的 8.0％，同期第三产业的比重由 18.1％增至 40.7％；第二产业在产值增长 36 倍(16.93×10⁸ 元－628.50×10⁸元)的同时，比重仍占到 51.3％；下降幅度也只有 13.9％、8.3 个百分点[2]106−107,[3]22。产业结构的变化、产值和构成均表明，第二产业仍是杭州经济的重要支柱。

1999 年，杭州市工业总产值 1200.1×10⁸ 元，在省会市中仅低于上海、广州、天津、北京、南京而排第 6 位，在副省级市中仅低于广州、深圳而居第 3 位。国内生产总值（排副省级市第 3 位，下同）、全社会固定资产投资（排 3）、城镇居民年均可支配收入（排 5）等在副省级市乃至全国省会城市中的前列地位，皆与居前列的工业产值有密切关系[2]9。对杭

州来说,重视工业的发展,依然是必要的。

外资引进 1997 年,杭州市区外商直接投资 25243×10^4 元,绝对量少,排序后——仅为上海的 0.05,深圳和广州的 0.15,且显著低于惠州、佛山、南通、常州、苏州、无锡、东莞、中山、汕头、镇江等 10 个地级市;在省会市(未计天津、西宁、拉萨)中排第 11 位,在副省级市中排第 10 位,在以上省会、副省级市和 10 个地级市中排第 26 位。该年在省会(未计拉萨)、副省级市和 10 个外商直接投资超过杭州的地级市共 45 个城市的市区,第二产业仍占显著比重——超过 55％的有 9 个,50％～54％、45％～49％的各 11 个,杭州为 48.45％居中排第 24 位。在外商直接投资超过杭州的 25 个城市中,第二产业比重有 15 个超过杭州——其中 6 个在 55％以上,4 个超过 60％,最高达 67.79％和 74.39％。可见,第二产业仍为引进外资的重要渠道。

劳动就业与职工收入 据调查,杭州家庭户年收入低于 1.5 万元的占 23.7％,低于 1.0 万元的占 7.8％;个人年收入低于 1.0 万元者占 31.7％(当地居民为 41.9％),低于 0.6 万元者占 8.8％(当地居民为 12.0％)。企业年收入低于 1.5 万元的家庭占 34.5％,低于 1.0 万元的家庭占 10.6％,分别高出事业单位同类比例 21.7 个百分点和 6.9 个百分点;企业年收入低于 1.0 万元的个人占 61.3％,低于 0.6 万元的个人占 16.2％,分别高出事业单位同类比例 49.1 个百分点和 13.8 个百分点。据预测,今后进入劳动力市场的求职者每年将净增万人。相当数量低收入者及下岗职工的存在,和新增劳动者构成的就业压力,都使发展第二产业以扩大就业容量和提高职工,特别是企业职工收入水平成为一种必需。

(三)"空间创新"与杭州市的可持续发展

"地域创新"与房地产业的健康发展 "住在杭州"的核心是"住"——发展房地产业和旅游业,进行生态整治,把杭州建成中国东南最适宜居住的城市。通过"住在杭州,游在杭州,学在杭州,投资在杭州,创业在杭州",构成对人才和资本强大的吸引力。而"住在杭州"战略的实施,又是杭州实现总体发展目标和崛起的重大举措。由此,房地产业的健康发展,便成为"住在杭州"战略实施,进而杭州发展和崛起的关键。

房地产业的健康发展赖于诸多因素,而平抑地价以削低"房价门槛",使大多数老百姓买得起房则是关键所在。由此,通过"空间创新",特别是"地域创新"——扩大市区面积,缓解用地矛盾以消除"地价瓶颈",又成为杭州房地产业健康发展的关键。

"地域创新"与第二产业发展 作为经济重要支柱、扩大就业容量和吸引外资重要渠道的第二产业,缘何在国家"信息化"与"工业化"并举政策背景下在杭州被置于"进三退二"的考虑之中? 根本的原因,即在于其产生的污染与生态整治和建设国际一流风景旅游城市的矛盾——发展的内在矛盾和由此带来的两难抉择。而在用地紧张的"小杭州",这一内在矛盾又是难以解决的。走出两难抉择唯一、合理的途径是,通过"地域创新"解决用地矛盾,为第二产业提供在周边发展的空间,并用高新科技对其进行改造以提高效率、减少污染和吸引国内外资金——由此,实现"二、三并举"、以信息化促工业化,进三而不退二,使第二产业得到必要的发展。

"地域创新"与生态整治和旅游业发展 生态整治,旅游、房地产、第二产业发展是相互密切关联的,"地域创新"的作用,亦是在这种相互关联中实现的。"地域创新"之于生态整治,一在于通过扩大市区范围为其提供一个大的治理空间,特别是对水土流失治理的流域空间；二在于通过为房地产、第二产业提供发展空间以减少产业发展与其在用地、排污方面的矛盾。"地域创新"之于旅游业发展，一在于通过用地矛盾的解决，消除房地产业发展与旅游和文化资源、历史文物保护的矛盾，减少第二产业污染的影响；二在于通过地域的扩大以利于具重大、深远意义的旅游资源在更大空间内的重组。

"空间创新"与杭州的崛起和可持续发展　"空间创新"对杭州崛起和可持续发展的作用，即在于为其提供充足的发展空间。具体可归结为两大方面。一是通过"地域创新"，行政建设、区位建设以消除由"地域瓶颈"、行政约束和区位约束构成的"空间障碍"，为杭州的崛起和可持续发展提供"实在空间"——生态整治的实施空间，房地产、旅游和第二产业的发展空间，外向发展的市场空间和为未来的预留空间，并由此推动"住在杭州"战略卓有成效的实施，进而服务于"知识创新"；二是通过"大杭州"观念的确立以消除观念约束，为杭州的崛起和可持续发展提供"观念空间"。

以"地域创新"和观念创新为中心的"空间创新"规定，为了杭州的崛起和可持续发展，必须极大拓展杭州现有的市区范围和建城区面积，在包括萧山、余杭、富阳、临安部分地区在内的 2000km 左右的土地上和 200 多 km² 的建城区内展宏图，而不只是局限于在 680km² 的市区和 100km² 的建城区内做文章；必须加强区位建设，特别是提高通达度以加强与全国各省区，特别是西部和西北的联系，而不只是把这种联系主要局限于中国的东南部；必须确立"大杭州"观念，克服地域性和（上海）"后花园"意识——杭州属于中国，属于世界，而不只是属于浙江省和长江三角洲经济圈，要让中国和世界走进杭州。由此，以"知识创新"为动力，以经济和科技为依托，一个崛起和可持续发展的"大杭州"，必将尽快走向中国，走向世界。

参考文献

[1] 中华人民共和国国家统计局.中国统计年鉴(2000)[M].北京：中国统计出版社,2000.
[2] 杭州市统计局.杭州概览(2000).杭州,2000.
[3] 杭州市统计局.杭州年鉴(1999)[M].北京：中国统计出版社,1999.

图书在版编目(CIP)数据

1980—2010：浙江人口与资源—环境关联演变/ 原
华荣著.—杭州：浙江大学出版社，2017.12
ISBN 978-7-308-17292-9

Ⅰ.①1… Ⅱ.①原… Ⅲ.①人口—关系—环境资源
—研究—浙江 Ⅳ.①X24②C924.245.5

中国版本图书馆 CIP 数据核字（2017）第 196441 号

1980—2010：浙江人口与资源—环境关联演变

原华荣　著

责任编辑	田　华	
责任校对	杨利军　张培洁	
封面设计	春天书装	
出版发行	浙江大学出版社	
	（杭州市天目山路 148 号　邮政编码 310007）	
	（网址：http://www.zjupress.com）	
排　　版	杭州林智广告有限公司	
印　　刷	浙江省良渚印刷厂	
开　　本	787mm×1092mm　1/16	
印　　张	13.5	
字　　数	320 千	
版 印 次	2017 年 12 月第 1 版　2017 年 12 月第 1 次印刷	
书　　号	ISBN 978-7-308-17292-9	
定　　价	45.00 元	

浙江大学出版社发行中心邮购电话：(0571) 88925591；http://zjdxcbs.tmall.com